“十四五”时期国家重点出版物出版专项规划项目
先进制造理论研究与工程技术系列

移动计算

（第3版）

杜睿山　袁　满　张　岩　刘志刚　编著

哈爾濱工業大學出版社

内 容 简 介

本书第 1 ~ 3 章主要介绍移动计算的发展和应用、无线通信网络、无线广域网络技术等,其中包括移动计算的概念、移动计算环境、移动计算的特点等内容,并在对移动通信关键技术和规范深入分析的基础上,论述了 5G 移动通信的网络架构和 5G 移动通信新技术;第 4 ~ 6 章结合移动应用开发平台内容,论述了 Android 编程及鸿蒙编程的内容,并在最后一章给出了鸿蒙开发实例。

本书的撰写目的是帮助读者从多方面了解移动通信系统技术及鸿蒙平台的相关内容,内容涉及面比较广、实用性强,既可作为高等院校计算机、信息、通信、电子商务等专业专科、本科以及研究生相关课程的教材或教学参考书,也可供从事移动计算研究与移动业务开发的技术人员阅读参考。

图书在版编目(CIP)数据

移动计算/杜睿山等编著. —3 版. —哈尔滨:
哈尔滨工业大学出版社,2023.7
(先进制造理论研究与工程技术系列)
ISBN 978 - 7 - 5767 - 0197 - 5

Ⅰ.①移… Ⅱ.①杜… Ⅲ.①移动通信-计算 Ⅳ.
①TN929.5

中国版本图书馆 CIP 数据核字(2022)第 118938 号

策划编辑 王桂芝
责任编辑 张 荣 林均豫
出版发行 哈尔滨工业大学出版社
社 址 哈尔滨市南岗区复华四道街 10 号 邮编 150006
传 真 0451 - 86414749
网 址 http://hitpress.hit.edu.cn
印 刷 哈尔滨市颉升高印刷有限公司
开 本 787 mm×1 092 mm 1/16 印张 17 字数 432 千字
版 次 2008 年 10 月第 1 版 2023 年 7 月第 3 版
2023 年 7 月第 1 次印刷
书 号 ISBN 978 - 7 - 5767 - 0197 - 5
定 价 58.00 元

再版前言

随着计算机网络技术的飞速发展，分布式应用也得到了快速的发展。同时，传统的一些集中式的应用逐渐向基于网络的分布式应用转变。特别是近些年来，随着各种移动网络技术的发展，更加拓展了分布式应用的发展空间。人们已不再满足于只在固定网络上获取信息，而是要求随时随地都能够获取所关心的信息或企业的内部信息，实现移动办公。随着移动计算概念的提出，计算扩展到了移动网络之上，为分布式应用的开发提供了基础设施。移动计算技术研究中，移动通信和互联网这两个发展快、创新活跃领域的融合产生了巨大的发展空间，创新的业务模式、商业模式层出不穷，甚至在不断改变整个信息产业的发展模式。当前，移动计算技术带来的信息通信技术变革已成为国家战略制高点，因此如何运用鸿蒙等移动应用开发平台进行移动互联应用开发变得日益迫切。

本书是在作者从事科研过程中，结合科研中的一些体会，对相关技术进行整理后写就。全书共分6章，其中第1章对移动计算的概念、移动计算环境、移动计算应用等进行了介绍；第2章对无线通信的基本知识进行了介绍，其目的是让学生通过学习这些内容，初步了解通信的基本原理、无线局域网、蓝牙技术以及 ZigBee 技术等；第3章介绍了无线广域网中的 GSM、GPRS、第三代移动通信技术、第四代移动通信技术和第五代移动通信技术等；第4章主要介绍了目前主流的移动开发平台，即 Android 平台体系以及各种组件的用法等，并针对各种组件给出了具体的开发实例，以帮助学生消化与理解这些内容；第5章介绍了鸿蒙系统、鸿蒙 UI 编程、Ability 编程及数据存储编程等内容；第6章结合鸿蒙系统开发给出了移动应用的两个实例：名单应用程序和分布式计票器应用。

本书第1章、第2章以及第3章中3.3节由袁满撰写；第3章除3.3节外其余章节、第4章和第5章由杜睿山撰写；第6章由张岩和刘志刚撰写。本书是在东北石油大学计算机与信息技术学院计算机科学系多年来对移动计算技术和移动开发研究基础上，结合北京中软国际教育科技股份有限公司在鸿蒙系统方面最新的成果撰写而成的，在此感谢东北石油大学计算机与信息技术学院各位领导和老师以及北京中软国际教育科技股份有限公司阎赫和戈英祯给予的帮助和支持。

本书是为解决教学之急而撰写的，由于作者水平有限，书中难免存在疏漏和不足之处，敬请读者提出宝贵意见，以便完善。

作　者

2023年5月

目　　录

第1章 移动计算引论

本章主要对移动计算的概念、移动计算环境、移动计算应用等内容进行介绍，旨在让读者理解移动计算的概念、移动计算基础环境及移动计算应用的领域。

1.1 移动技术的发展

随着 Internet 的迅猛发展和广泛应用、无线移动通信技术的成熟及计算机处理能力的不断提高，未来社会各个行业的新业务和新应用将随之不断涌现。移动计算正是为提高工作效率和能够随时随地交换和处理信息而提出的，该领域已成为各行业发展的一个重要方向，移动计算将是未来活跃在各行业市场上的主力先锋。众所周知，各行业信息平台的建设者们都希望这个平台能够成为行业运行的中枢，而由于技术进步的冲击，早期传统概念下的信息平台已经明显地呈现出疲软的态势。移动计算凭借其全新的融合力，将给正在构筑的行业信息化带来全新的感觉。人们对通过网络获取信息的依赖性越来越强，要求也越来越高，不仅体现在获取和提交信息量的增大，更体现在对获取信息的实时性和便利性的迫切需求上。为此，人们在终端、网络和软件平台的各个方面都做了不懈努力。在终端方面，出现了更多易于携带的移动设备，如掌上电脑、个人通信器(Personal Communicator)、笔记本电脑等，这些移动设备统称为移动计算机(Mobile Computer)。在网络方面，不仅利用固定网络，还发展了各种无线网络，并综合利用两者来传输数据。在软件平台方面，出现了除 Windows 95/2000/NT(可用于笔记本电脑)外的诸如 PalmOS、symbian、Win CE、Web Browser 等适用于移动客户端的操作系统，以及针对移动条件的数据库管理软件，利用移动终端通过无线和固定网络与远程服务器交换数据的分布计算环境下的移动计算。随着移动计算技术的发展，移动计算机将不仅可作为易于携带的单机，而且可作为一个网络应用的移动客户。这些技术的发展为移动计算的发展与应用奠定了基础。

1.2 移动计算(Mobile Computing)的概念

移动计算的概念的版本比较多，下面给出一些典型概念。

概念之一，ACM 给出的概念是：所谓移动计算，就是用户在任何时间、任何位置均能不间断地获取网络服务，包括数据服务和计算服务。

概念之二，《商场现代化》给出的概念是：所谓移动计算，指的是在任何地点和运动状态下，便携式设备的用户都能通过相应的网络设施从数据源处获得信息与服务。

概念之三,《遥感信息》给出的概念是:利用移动终端,通过无线通信网络与远程服务器交换数据的分布式计算,称为移动计算。移动终端所处的环境称之为移动计算环境,它以无线网络为主,支持移动用户访问网络数据,实现无约束、自由通信和共享的分布式计算环境。与传统固定网络分布式计算环境相比,移动计算环境主要具有移动性、频繁断接性、非对称性和低可靠性等特点。建立在移动环境上的移动计算是一种新技术,它使得计算机或其他信息设备在没有与固定的物理连接设备相连的情况下能够传输数据。移动计算的作用在于将有用、准确、及时的信息与中央信息系统相互作用,分担任何时间、任何地点需要中央信息系统的用户。

概念之四,《微计算机信息》给出的概念是:随着计算机网络的日益发展,在终端网络和软件平台等方面取得了显著性的进步。这些显著进步不仅满足了人们对信息获取实时性和便利性的需求,而且还推动了移动计算技术的迅猛发展。利用移动终端通过无线和固定网络与远程服务器交换数据的分布计算环境,称为移动计算。移动计算允许主机在网络中自由移动,并且移动对用户是透明的。一般来讲,移动计算具有以下一些主要特点:移动性、网络条件的多样性、连接频繁性、网络通信的非对称性、移动计算设备电源能力的有限性、低可靠性。

概念之五,《Mobile Computing》给出的概念是:移动计算就是利用计算机与通信技术,在用户离开固定设施时也能在不间断地工作的情况下创建业务解决方案的规程。除了移动性和远程计算功能之外,它还蕴涵着拨号、ISDN,或者是无线网络、基于无线笔的应用、笔记本、掌上电脑、通信服务器等功能,同时也包括运动中的用户。

综上所述,尽管不同的组织或不同的书给出的移动计算的概念是不同的,但这些概念均包含在移动过程不中断用户的业务,即用户在任何时间、任何地点均能够从网络中获取所期望的服务。

1.3 移动计算环境

移动计算环境由服务端、移动端及网络组成,如图 1.1 所示。移动端设备主要包括笔记本、掌上电脑、智能手机及手机等各种移动终端设备。服务端的主要功能是接受移动端的请求,根据请求完成相应的服务处理功能,并将处理的最终结果返回给移动端。一般情况下,服务端放置在有线网络上,负责完成资源组织、业务处理及相应的服务支撑功能,例如,用户的安全认证、服务的计费、业务管理、服务质量控制等基本功能。

移动计算环境中的移动通信不仅指目前的 GSM、CDMA、GPRS、3G、4G、5G 网络,而且还包括作为移动计算网络承载环境传统意义上的互联网和移动承载网络上的数据网。除此之外,还包括各种“微网”,诸如家庭终端网络、Ad Hoc、P2P 等多种终端模式的网络环境。目前,移动承载网络有支持移动数据服务的 GPRS、EDGE、CDMA200 及 3G、4G、5G 等移动数据网,其中有以无线接入技术为主,支持游牧计算的 WLAN、WiMax 等 Hotspot 无线接入网络;有支持掌上电脑接入 Internet 的 Bluetooth。

移动通信和无线接入技术的飞速发展为移动计算环境的成熟奠定了基础,人们通过“移动代理”方式、通过软手段解决终端和服务端复杂性和不兼容性等问题,特别是软件技术,例如,Web Service、XML、J2EE、NET 等技术的快速发展和广泛应用将逐步克服由终端设备和网络技术不同带来的一些问题,建设真正随心所欲的移动计算环境。

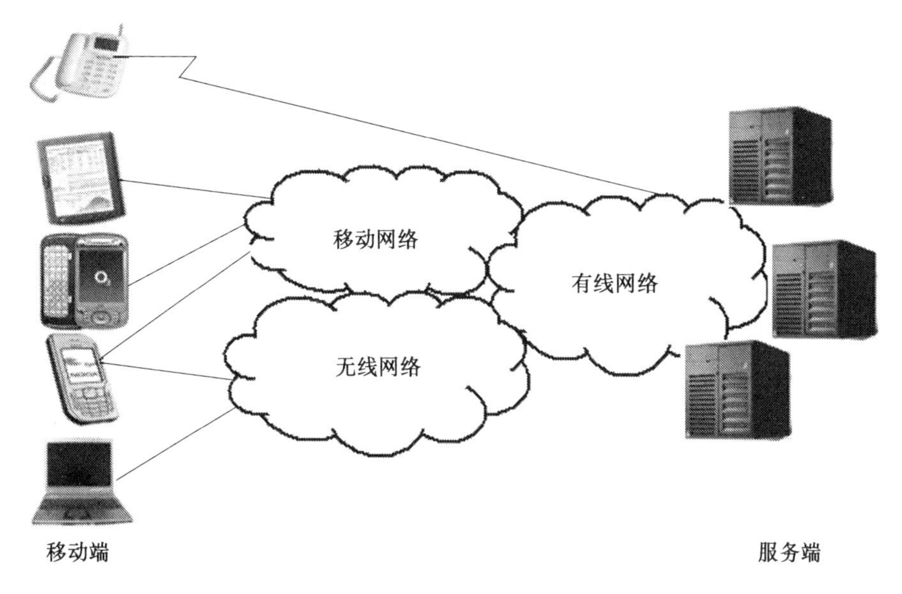

图1.1 移动计算环境

1.4 移动计算的系统模型

移动计算系统中包括3类节点，即服务器(SVR)节点、移动支持节点(MSS)(或称移动服务基站)、移动客户机(MC)节点，移动计算系统模型如图1.2所示。

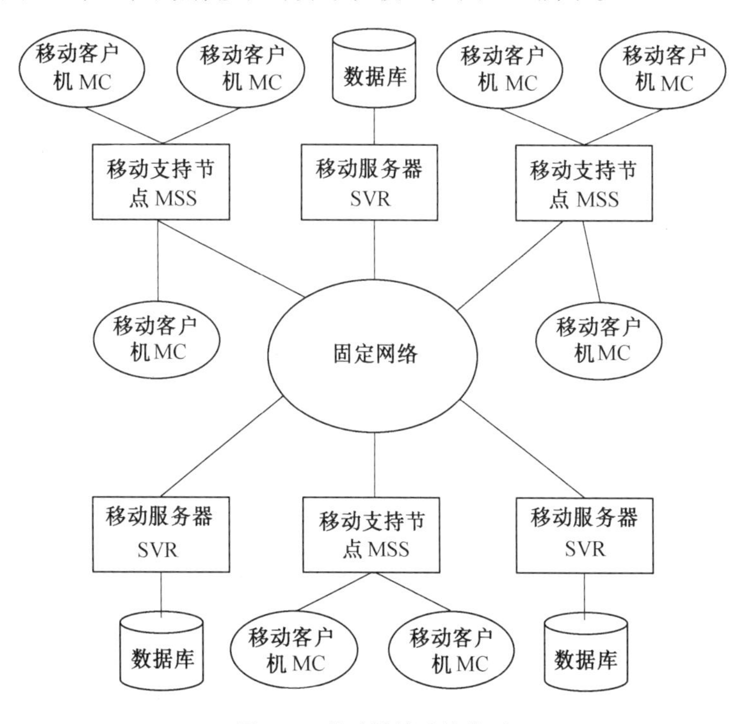

图1.2 移动计算系统模型

从图 1.2 可以看出，移动客户通过移动支持节点 MSS 接入固定网络，移动客户通过移动网络与有线网络获取有线网络上提供的数据服务。移动服务器具有对移动用户的管理、注册、注销及接入的功能等。

1.5 移动计算的特点

与固定网络上的分布式计算相比，移动计算具有以下一些主要特点：

(1) 移动性。移动终端在移动过程中，可以通过无线传输方式与其他无线网络或固定网络中的节点或其他移动终端进行通信。计算节点的移动性可能会导致系统访问方式的变化和资源的移动。

(2) 网络条件多样性。移动终端的微型化和便携性满足了工业和生活的不同需求。从固定网络到无线网络，从广域的蜂窝网络到办公室的局域网，从用于工业的自组织网络到个人使用的蓝牙、门禁卡及无线鼠标等，网络均呈现了不同的形式。这些网络既可以是高带宽的固定网络，也可以是低带宽的无线广域网，甚至是个人的点对点通信网络。

(3) 频繁断接性。在无线通信中，由于传输载体的特性以及受电源，无线通信费用、网络条件、移动性等因素的影响和限制，信息在传输过程中会受到各种干扰，断接不可避免。断接过程包括主动式和被动式的间连和断接。

(4) 网络通信的非对称性。通常客户端与服务器之间的通信是由客户端发起请求，服务器将请求的文本、音频、视频传送给客户端。客户端与服务器传输数据的流量有很大的差别，即客户端仅仅发送简单的请求字符串（上行链路），而服务器需要给客户端传送大量各种类型的数据（下行链路）。而随着各种移动应用的逐渐涌现，用户也可以上传大量图片、音/视频文件，由此网络通信的对称性也在不断地发生改变。因此，下行链路和上行链路的通信带宽和代价为了适应移动应用的变化，也在相应地发生变动。

(5) 移动终端电量和资源有限。移动终端主要依靠蓄电池供电，其容量有限，且电池技术的发展速度远低于处理器和存储器技术的发展速度。移动终端本身的续航能力和计算资源的充分利用需要从各个方面寻找解决方案。

(6) 传输的可靠性低。相对于有线网络，无线网络可用的网络条件会面临更多的干扰，如带宽、费用、延迟以及服务质量等，并且可能会随时发生变化，容易出现网络阻塞或故障，给移动计算带来潜在的不可靠性。

由于移动计算具有上述特点，因此在构造一个移动通信系统时，不仅要考虑移动终端在无线环境下如何实现数据传输和资源共享，还要确保如何在有限的资源条件下，用户能随时随地获取信息和处理信息。

1.6 移动计算的发展

从 20 世纪 80 年代至今，不断发展的无线通信技术已经对我们的生活、社会、文化、政治和经济等方面产生了极大的影响。自 1980 年以来，第一代蜂窝网络（1G）商业化，随后不断变化的各代无线通信技术在移动性、关键技术、频谱效率、网络架构、安全性和私密性、数据、覆盖范围等方面都有着不同程度的进化与发展。目前，第五代移动通信系统（5G）的商业化和标准化已完成。与前几代移动通信技术相比,5G 不仅支持通信,还支持计算、控制和内容分发功能。随着新的计算密集型应用程序(如 VR,AR)的出现,还有物联网的推动,新兴的 5G 网络的流量和计算需求发生前所未有的增长。移动计算作为第五代移动通信技术中的一项关键技术,可以利用移动计算资源为移动设备提供计算服务。因此,移动计算承载着许多对计算性能与时延具有较高要求的未来应用,包括自动驾驶,沉浸式多媒体等。

将云计算和无线通信网络结合在一起的第一个计算范例是移动云计算(Mobile Cloud Computing,MCC)。通过将计算能力和数据存储从移动设备转移到云,MCC 开发人员和服务提供商能够构建更复杂的应用程序。但是,MCC 也有相当大的缺点。首先,用户与中心云之间的物理距离大,延迟大,不能满足对延迟敏感型应用程序的严格要求。其次,隐私和安全难以保证。高度集中的数据信息使得中心云非常容易受到暴力攻击,另外通过无线环境传输到云上的数据可能会被窃听者监听。最后,由于带宽约束和可能造成的网络拥塞,在大量用户和中心云之间交换大批量数据是一个挑战。因此,作为移动云计算的演进,移动边缘计算应运而生。

最早出现的边缘计算的概念即所谓的 Cloudlet,是 2009 年由 M. Satyanarayanan 等人提出的。简单来说,Cloudlet 是指资源丰富且受信任的计算机或位于网络边缘位置且与 Internet 连接良好的计算机集群。Cloudlet 的主要目的是将云计算扩展到网络边缘,支持资源贫乏的移动用户运行资源密集型、交互式的应用程序。虚拟机配置使 Cloudlet 可以在没有干预的情况下以独立模式运行。除此之外,还有思科在 2012 年提出雾计算的概念。雾计算的本质是将计算服务器从核心扩展到网络边缘,从而减少了向中心云传输的数据量。因此,终端用户收集到的最密集的计算和数据都可以通过雾节点进行处理和分析,从而降低了执行延迟和网络拥塞。由于雾节点通常部署在网络边缘的位置,它们分布广泛,在地理上可以大量使用。然而,无论是雾计算还是 Cloudlet 等传统的移动边缘计算,都没有将计算节点集成到移动网络中,因此很难向移动用户提供高可靠、低时延的计算服务。

2014 年底,欧洲电信标准化协会(ETSI)移动边缘计算行业规范小组(MECISG)提出了新的多接入边缘计算(Multi-access Edge Computing,MEC)的概念。这里提出的多接入边缘技术旨在将电信和 IT 云服务联合起来,在移动用户附近的无线接入网络中提供云计算能力,因此 MEC 得到广泛的应用,如无人驾驶、VR/AR、无人机和浸入式媒体。ETSI 在 2017 年正式将移动边缘计算更名为多接入边缘计算,将 4G、5G、WiFi、固定连接等异构接入技术纳入移动边缘计算范畴以增强移动边缘计算的额外优势。MEC 的关键思想是"在无线接入网内并紧邻移动用户的移动网络边缘提供 IT 服务环境和云计算功能"。发展 MEC 的需求来自许多因素的驱动,例如智能和物联网设备的普及性不断提高,数据量和通信速度增长迅速,对新的高带宽和低延迟应用程序的快速开发的需求不断增加,新无线技术的发展,以及对体验质量(QoE)和服务质量(QoS)的要求不断提高。在这些因素中,低延迟计算被认为是 MEC 发展的主要驱动因素。由于低延迟是网络性能的基本指标,并且许多新兴应用程序(VR、交互式游戏和关键任务控件等)都需要低延迟,因此对低延迟计算的需求正在迅速增长。MEC 的发展因业务转型的巨大机遇而进一步巩固,开拓了不同行业和行业的新市场,如 IoT、工业 4.0、V2X、智慧城市和触觉互联网。

1.7 移动计算的应用领域

1. 移动计算与无人驾驶汽车

汽车和人工智能技术的最新进展正在推动自动驾驶汽车的发展,并有望在未来几年中实现商业化并出现在道路上。然而,在计算和通信领域中仍有许多挑战,待解决后才可以真正实现无人驾驶:从计算的角度来看,需要在汽车上执行各种计算任务以进行实时环境感测和驱动决策;从通信的角度来看,车载网络应使无人驾驶车辆能够支持车载安全和与非安全相关的应用,共享车载信息以及提供高清的视频数据,同样,协作驾驶需要车辆之间进行通信以便于在无人驾驶车辆之间共享位置、速度、加速度以及其他有效控制信息。无人驾驶车辆之间这些必需的信息交换会增加通信数据流量,并具有不同的 QoS 要求。

无人驾驶汽车在移动计算系统中的应用有两方面。一方面,无人驾驶汽车需要处理汽车与汽车之间,汽车与道路之间,汽车与基站之间的大量数据,这些数据在汽车与基站中传递与处理。当无人驾驶汽车本身计算能力不足时,就可以通过部署在道路附近的移动计算服务器对数据进行处理,并将计算结果返回到相应车辆。另一方面,车辆还可以是计算服务的提供者。在未来的智慧城市中,配备有通信、计算和存储功能的车辆(如自动驾驶汽车)可以被视为处理爆炸性增长的无线数据流量的重要网络资源。为了充分利用这些闲置的计算资源,可以允许这些车辆的计算资源被其他车辆用于处理计算任务。在未来的智慧城市中,具有计算单元的车辆可能被用作移动计算系统的临时服务器,这是一种潜在的情况,尤其是当移动计算系统本身拥有的计算资源不足以保证 QoS 时。

2. 移动计算与无人机

从目前为止的实际应用上看,由于其自主性、灵活性和广泛的覆盖范围,无人机(UAV)被认为是多种应用方式开发的促成因素,包括军事、监控、电信、医疗物资的交付和救援等。但是,在这些应用中,无人机的作用主要集中在导航、控制和自主性上。因此,无人机的通信问题通常被忽略或被认为是控制和自主性的一部分。具体而言,由于其不断降低的成本和设备的小型化,小型无人机目前更容易为大众所用,因此小型无人机多用于天气监测、森林火灾探测、交通控制、紧急搜救、货物运输等。由于城市或山区地形严重遮挡或自然灾害对通信基础设施具有较大影响,基于无人机的无线通信系统可以在没有基础设施覆盖的情况下进行无线通信而备受关注。无人机在移动计算系统中的应用具有以下两方面。

一方面,无人机由于其物理尺寸的限制,计算能力一般来说非常有限,因此这些设备无法对收集的数据进行处理与计算。而移动计算可以为这一问题提供解决方案:移动计算使计算资源更接近这些计算能力较弱的移动设备,为这些设备提供低时延的计算服务。

另一方面,低空无人机可以用作基站或中继站,以增强通信系统的性能,且不同于固定位置的基站,无人机可以利用其移动性靠近任意一个用户,通过这种方式建立视距(LoS)链接和更好的通信渠道。通过将支持边缘计算的无人机部署到计算能力较弱的物联网设备附近,不仅可以节省基站等基础设施成本,还可以根据物联网设备的计算需求提供计算资源。

3. 移动计算与 AR/VR

增强现实(AR)技术将数字内容与物理现实环境实时结合并交互,可以广泛应用于医疗、娱乐、教育和智能驾驶等各个领域。为此,增强现实技术引起了业界和学术界的极大关注。到目前为止,已经出现了许多高级的AR设备和平台,例如Google Glass、Microsoft HoloLens、Magic Leap One 3等等。但是,AR服务需要在非常短的响应时间内完成密集的计算,例如相机校准、映射、跟踪和渲染,其中运动图片的延迟通常被认为小于15~20 ms,而预期包错误率低于10^{-5},否则用户会感到头晕和恶心。因此,AR服务是第五代通信系统中依赖于超可靠和低延迟通信的有吸引力的用例之一。另外,考虑到用户设备处有限的计算能力,仅通过本地计算资源来满足AR服务的等待时间和可靠性要求同样是一个难题。移动边缘计算是AR服务最有希望的技术推动力之一,与核心云服务器相比,边缘节点(EN)为距离更短的移动设备提供了扩展的计算能力,可以显著减少响应时间和服务执行所消耗的能量,但通过无线信道将任务卸载到MEC会产生额外的通信成本,例如传输错误和等待时间。为了满足启用了MEC的AR的严格延迟和可靠性要求,制定最佳的卸载策略正是当前研究人员关注的重点。

4. 移动计算与物联网

由于计算、存储技术以及通信网络的显著进步,数十亿个具有其特定领域应用的设备能够连接到Internet以生成/收集数据,相互之间交换重要信息并通过复杂的方式协调决策。这种现象开启了互联网的新时代,即所谓的物联网(IOT)。物联网的基本概念:任何事物都可以在任何时间、任何地点与全球信息和通信基础设施互连,所提到的事物可以是存在于物理世界中的物理事物,也可以是存在于信息世界中的虚拟事物。物联网在有效解决现代社会的各种挑战和改善人类生活质量(例如更安全,更健康,更高效,更舒适)中起着重要作用。物联网的基本体系结构由3层组成:感知、网络和应用。在第一层中,物理传感器从事物或环境中收集有用的信息/数据,然后将其转换为数字形式,并用唯一的地址标识标记所有对象。第二层的主要职责是帮助并确保感知层与应用层之间的数据传输。第三层是根据用户的相关需求提供个性化的服务,并将用户与应用程序联系起来。

由于某些应用程序和服务的深层需求,物联网可能在应用程序和网络层之间增加一层,该层由移动计算和雾计算服务器组成,以执行某些特定的分布式计算任务或预数据处理。ETSI在其报告中将IoT视为最重要的移动计算应用程序实例之一。将移动计算应用于物联网系统有许多好处,包括减少通过基础架构的流量,减少应用程序和服务的延迟等。其中,最重要的是由移动计算引入的低延迟,适用于要求在毫秒级范围内往返延迟的5G触觉互联网应用。设想:将移动计算技术用作位于IoT体系结构中间层的网关,该网关可以聚合和处理IoT服务生成的小数据包,并在到达核心网络之前提供一些附加的特殊边缘功能,因此可以减少端到端的延迟;移动计算技术还能够通过智能计算卸载策略支持显著的附加计算功能,从而降低小型IoT设备的能耗并延长其电池寿命;由于移动计算平台将由网络运营商在5G网络的任何层(例如eNB、多RAT聚合点、邻近移动设备)提供和部署,因此也可以向授权开发人员和内容提供商开放以部署通用且不间断的物联网应用服务;基于移动计算的环境和平台,边缘的人工智能(AI)可以在实现分布式IoT应用程序和智能系统管理方面获得巨大的好处,现在已被视为超越5G标准化的一部分。此外,物联网也通过互惠互利为移动计算注入活力,尤其是IoT将移动计算服务从传感器、执行器扩展到了智能车辆等所有类型的智能对象,扩大了移动计算的服务范围。将移动计算功能集成到IoT系统,可确保其展现较好的服务质量以及更易于实施。

小　　结

本章给出了移动计算的概念,重点介绍了移动计算所需要的环境,同时也讲述了关于移动计算在各领域的应用。

习　　题

1. 简述对移动计算概念的理解。

2. 结合生活中的切身体会,举出一些利用移动计算技术给出解决方案的实例。

3. 目前,关于支持移动计算的设备厂商较多,举出一些有代表性的移动设备厂商的产品及它们对移动计算机的支持情况。

4. 本章中介绍了移动计算环境,但介绍得比较简单,请细化介绍移动计算环境。

无线通信网络

本章重点介绍数据通信的基本概念和基本原理,无线局域网的技术标准及蓝牙技术。通过本章的学习,读者可掌握数据通信的基本概念和基本原理,了解无线局域网的相关技术标准。

2.1 数据通信概述

2.1.1 通信技术的概念与发展历程

通信按传统理解就是信息的传输与交换,信息可以是语音、文字、符号、音乐、图像等。任何一个通信系统,都是从一个称为信息源的时空点向另一个称为信宿的目的点传送信息。各种通信系统,如以有线电话网、无线电话网、有线电视网和计算机数据网为基础组成的现代通信网,通过多媒体技术,正在为家庭、办公室、医院、学校等提供文化、娱乐、教育、卫生、金融等方面的广泛的信息服务。可见,通信网已经成为现代社会最重要的基础设施之一。

通信技术是随着科技的发展和人类社会的进步而逐步发展起来的。早在古代,人们就寻求各种方法实现信息的传输。我国古代利用烽火传送边疆警报,古希腊人用火炬的位置表示字母符号,这种利用火光传输信息的方式构成了最原始的光通信系统。古人战争中利用击鼓鸣金传达命令,构成了声通信系统。后来又出现了信鸽、旗语、驿站等传送信息的方法,然而,这些方法在距离、速度、可靠性与有效性方面均没有明显的改善。

人们利用不同的媒介创造了声、光等各种通信手段。随着现代科技的发展,特别是到了近代,远距离通信由声光通信发展到了电磁波通信。电磁波在理论和应用上的突破不断扩展通信距离,极大地提升了信息传输的效率。

在近代通信发展中,1837 年,美国人莫尔斯发明了电信史上早期的编码——“莫尔斯电码”,同年,英国人库克和惠斯通设计制造了第一个有线电报系统。1844 年 5 月 24 日,莫尔斯通过电报机将电文从华盛顿传到了数十千米外的巴尔的摩。1858 年,英国、美国等国家开始铺设横跨大西洋海底的电报电缆,实现了信息的长途传输,大大加快了信息的流通。1876 年,美国人贝尔发明了电话,并且在 1878 年进行了首次长途电话实验,随后还成立了著名的贝尔电话公司。

在无线通信领域,1864 年,麦克斯韦建立电磁理论,预言了电磁波的存在。1888 年,德国物理学家赫兹首次在实验中证实了电磁波的存在。1897 年,意大利人进行了大量无线电通信试验,并且在 1901 年验证了从英国到加拿大横跨大西洋的无线电通信,推动无线电通信走向全面实用阶段。

在信息传输系统方面,古代用于军事的驿站、传递信件的邮政体系等构成了面向特定用途的信息传输网络。20 世纪 20 年代到 40 年代是无线网络的早期发展阶段,利用短波的几个频段开发了专用的移动通信系统,如 1928 年美国警用车辆的车载无线电系统,它标志着移动通信的开始,其特点是工作频率较低,网络仅为专用系统开发。

1940～1960 年,无线网络系统得到了初步应用。在第二次世界大战期间,美国陆军通过无线电波完成了信息的传输。1946 年,贝尔实验室在圣路易斯建立第一个公用汽车电话网,随后法国、英国等国家也研制了公用移动电话系统。

20 世纪 60 年代中期到 70 年代中期,美国采用大区制、中小容量,将无线通信网络接入公用电话网,构建了移动电话系统。20 世纪 70 年代中期到 80 年代中期,无线通信飞速发展。1971 年,夏威夷大学的研究人员构建了 ALOHA 网络,这是最早的 WLAN。1978 年,贝尔实验室成功研制了先进移动电话系统(Advanced Mobile Phone System,AMPS),构建了蜂窝网络,并在 1983 年投入商用。德国在 1984 年完成 C 网,英国在 1985 年开发了全接入通信系统(Total Access Communications System,TACS)。1980 年,瑞典、丹麦、挪威和芬兰北欧 4 国开发了 Nordic 移动电话(Nordic Mobile Telephone,NMT)——450 系统。从这个时期开始,现代通信逐步进入移动通信的发展阶段。

从 20 世纪 80 年代中期开始,数字移动通信系统逐渐发展成熟。欧洲国家首先推出了 GSM 系统,随后美国和日本等国家也制定了各自的数字移动通信体制。移动通信系统逐步进入家庭,通过无线网络把人们联系在了一起。现在,移动通信与互联网相结合所建立的通信体系进一步融入人工智能技术,成为新时代通信发展的趋势。

2.1.2 通信原理与通信系统模型

通信是将信息从发信者传输给另一个时空点的收集者。因此,通信的目的就是传输信息。通信系统是指实现这一通信过程的全部技术设备和信道(传输媒介)的总和。通信系统种类繁多,其具体设备和功能可能各不相同,均可用图 2.1 概括表示,它包括信息源、发送设备、信道(信号传输的通道)、接收设备和受信者五部分。

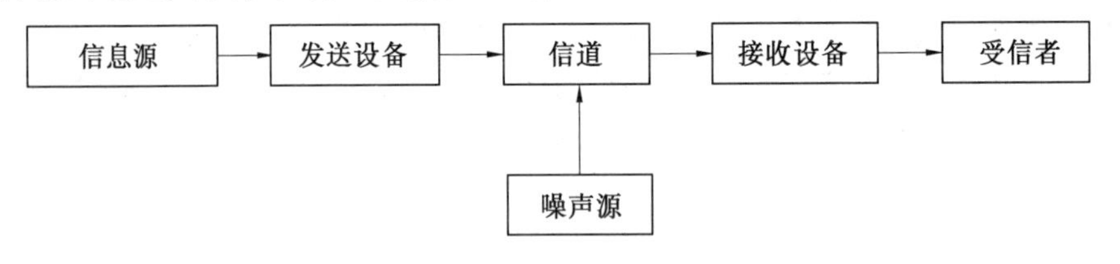

图 2.1 通信系统的简化模型

在图 2.1 中,信息源的作用是产生信息。根据信息源输出信号的性质和形式的不同,可分为模拟信息源和离散信息源。模拟信息源输出信号的幅值在时间上是连续的,离散信息源输出的信号在时间上是离散的。通常,由信息源产生的信息是非电量的。发送设备的作用如下:

(1)将信息变为一个时变电信号。

(2)将电信号转变为适于在信道中传输的信息形式。转变方式是多种多样的,调制是最常见的转变方式。

信道是指信号传输的媒介,信号经它传送到收转换器。媒介可以是有线的,也可以是无线的。信号在信道中传输，必然会引入发转换器、收转换器和传输媒介的热噪声，以及各种干扰、衰落等，可将其集中在一起归结为由信道引入。接收设备的主要任务是从来自信道带有干扰的发送信号中提取出原始信息来，完成发转换器后的变换，进行解调、译码等，它实质上是发转换器的逆过程。信号经过收转换器转换后，便可直接传给受信者(用户)。

以上为单向系统，对于双向通信，通信双方都应有发送和接收转换器。对于多路通信，想要实现信息的有效传输，还必须进行信息的交换和分割，由传输系统和交换系统组成一个完整的通信系统来实现。

2.1.3 模拟通信系统和数字通信系统

为了传递信息，需要把信息转换成电信号。通常，信息被载荷在电信号的某一参量上，如果电信号的该参量携带着离散信息，则该参量必将是离散取值的，这样的信号称为数字信号，如电报机的输出信号；如果电信号的该参量取连续值，则称这样的信号为模拟信号，如普通电话的输出信号。按照在信道中传输的是模拟信号还是数字信号，可将通信系统分为模拟通信系统和数字通信系统。

模拟通信系统的简化模型如图2.2所示，需要两种变换。首先，发送端的连续信息要变成原始电信号，接收端收到的信号要反变换成原连续信息。但这里的原始电信号通常具有较低频率的频谱分量，一般不宜直接传输，因此，通信系统里常需要将原始电信号变成频带适合信号传输的信号，并在接收端进行反变换，这种变换与反变换通常称为调制和解调。经过调制后的信号称为已调信号，它有两个基本特征：一是携有信息，二是适合在信道中进行传输。通常，将发送端调制前和接收端解调后的信号称为基带信号。因此原始电信号又称为基带信号，已调电信号称为频带信号。

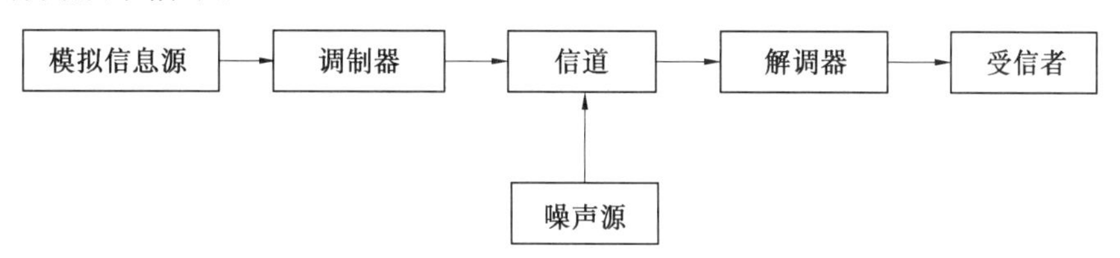

图2.2 模拟通信系统的简化模型

有必要指出，信息从发送端传递到接收端并非仅经过调制和解调变换，系统里可能还有滤波、放大、变频、辐射等过程。

数字通信系统的模型又是怎样的呢？数字通信的基本特征是它的传输信号是离散或数字的，从而使数字通信有许多特点。比如，对于模拟通信来说，强调变换的线性特征，即强调已调参量与基带信号成比例；而在数字通信中，则强调已调参量与基带信号之间的一一对应。

数字通信系统的简化模型如图2.3所示，数字信号在传输时，为了控制信道噪声或干扰造成的差错，需要进行差错控制编码，在发送端需要一个编码器，而在接收端需要一个解码器。当需要保密时，发送端对基带信号人为地进行“扰乱”，即加密，此时在接收端就需要进行解密。由于数字通信是一个接一个按“节拍”传送单元，即码元，接收端必须按与发送端相同的节拍接收，因此，在数字通信系统中还必须注意同步的问题。

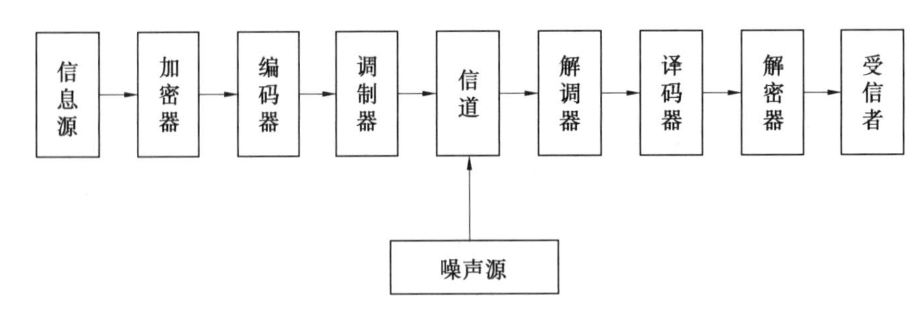

图 2.3　数字通信系统的简化模型

2.1.4　通信系统的分类

移动通信有多种分类方式:按业务类型可分为电话网、数据网和综合业务网;按使用对象可分为民用设备和军用设备;按使用环境可分为陆地通信、海上通信和空中通信;按多址方式可分为频分多址、时分多址、码分多址和空分多址;按覆盖范围可分为广域网和局域网;按工作方式可分为同频单工、异频单工、异频双工和半双工;按服务范围可分为专用网和公用网;按信号形式可分为模拟网和数字网。

而作为移动通信的应用系统,虽然全球范围内标准很多,但典型的系统可分为蜂窝移动通信系统、无线寻呼系统、无绳电话系统、集群移动通信系统、移动卫星通信系统以及分组无线网。按系统传统的服务范围来分,习惯上将蜂窝移动通信系统称为公用移动通信系统,而将其他几类移动通信系统称为专用移动通信系统。

2.1.5　信息及其度量

通信的目的在于传递信息。信息的来源多种多样,人们可从自然界、社会及书本等方面得到信息。它的表现形式也千差万别,或以光、电信号形式出现,或以文字、图像显示,或以语言形式表达。不同形式的消息可以包含相同的信息,例如,分别用语音和文字发送的天气预报,所含的信息内容相同。如同运输货物的多少采用“货运量”来衡量一样,传输信息的多少使用“信息量”来衡量。那么如何去度量信息?

信息的度量首先是在通信领域中进行研究的。仙农(Claude Elwood Shannon,1916—2001)分析,通信过程是随机信号和随机噪声通过通信系统的过程,通信系统是随机变量的集合。因此,他用概率测度和数理统计方法讨论通信的基本问题,并建立了由信源、信道与编/译码器、信宿组成的通信系统模型。

在仙农的通信系统模型中,当信源由若干随机事件组成时,随机事件出现的不确定度用其出现的概率描述,事件出现的可能性越小,概率就越小;反之,则概率越大。若系统无噪声干扰且不考虑信道与编、译码器对信息传输的影响,那么信宿(信息接收者)将获得无失真信息,对于信源中越是不可能出现的事件越感到意外和惊奇,越感到获得了原先不知道的信息;而对于出现可能性大的事件或是接收者事先已知的事件,则会感到不足为奇,没有兴趣。因此可以说信宿得到的信息量与事件出现的概率互为相反关系,仙农以某事件 x 的概率 $P(x)$ 的单调减函数表示信息量 H,即

$$H=H[P(x)]=-\log_a P(x) \tag{2.1}$$

这里的单调减函数取对数形式,恰能反映信息量 H 与概率 $P(x)$ 的关系。当某事件的概

率 $P(x)=1$ 时，$H=0$，对应于确定事件没有给出信息量；而当 $P(x)=0$ 时，$H=\infty$，对应于不可能出现的事件，其信息量无穷。在通信系统中，当信息源由若干个相互独立的事件组成时，它所提供的总信息量则应是各个独立事件的信息量之和，即

$$H[P(x_1)P(x_2)\cdots P(x_n)]=-\log_a[P(x_1)P(x_2)\cdots P(x_n)]$$
$$=H[P(x_1)]+H[P(x_2)]+\cdots+H[P(x_n)] \quad (2.2)$$

信息量的单位由式(2.1)中对数底数 a 确定，a 的取值又由信息源的性质决定，当信息源只包括两种状态的随机事件时，a 取值为 2，其信息量单位为比特(bit)；如果取 e 为对数的底，则信息量的单位为奈特(nat)；如果取 10 为对数的底，则信息量的单位称为十进制单位或哈特莱(Hartlay)。通常广泛使用的单位是比特。

【例 2.1】　一信息源由四个符号 a，b，c，d 组成，它们出现的概率分别为 $\frac{1}{8}$，$\frac{1}{8}$，$\frac{1}{2}$，$\frac{1}{4}$，且每个符号的出现都是独立的。试求某个消息：abcbdabdcbadbcacdadbcbdabcdbaabcbdabcbdabdbcdbacdadacdbc 的信息量及每个符号的平均信息量。

【解】　在此消息中，a 出现 13 次，b 出现 17 次，c 出现 12 次，d 出现 14 次，该消息共有 56 个字符。依式(2.1)和式(2.2)，出现 a 的信息量(单位为 bit，下同)为 $13\times(-\log_2\frac{1}{8})=39$，出现 b 的信息量为 $17\times(-\log_2\frac{1}{8})=51$，出现 c 的信息量为 $12\times(-\log_2\frac{1}{2})=12$，出现 d 的信息量为 $14\times(-\log_2\frac{1}{4})=28$，故该消息的信息量为

$$H/\text{bit}=39+51+12+28=130$$

$$\overline{H}/(\text{bit}\cdot\text{符号}^{-1})=\frac{H}{\text{符号数}}=\frac{130}{56}\approx2.3$$

2.1.6　数据通信中的几个技术指标

在数据通信中，有 4 个指标非常重要，即数据传输速率、传输带宽、时延和误码率。

1. 数据传输速率

数据传输速率是指单位时间内传输的信息量，可用“比特率”和“波特率”来表示。比特率是每秒传输二进制信息的位数，单位为“位/秒”，通常记作 bit/s，主要单位为 kbit/s，Mbit/s，Gbit/s。

2. 传输带宽

简单地说，带宽(Bandwidth)是指每秒传输的最大字节数，也就是一个信道的最大数据传输速率，单位也为“位/秒”(bit/s)。高带宽意味着系统的高处理能力。不过，传输带宽与数据传输速率是有区别的，前者表示信道的最大数据传输速率，是信道传输数据能力的极限，而后者是实际的数据传输速率，像公路上的最大限速与汽车实际速度的关系一样。

带宽本来是指某个信号具有的频带宽度，其单位是赫兹(或千赫，兆赫)，过去的通信主干线路都是用来传送模拟信号，带宽表示线路允许通过的信号频带范围。但是，当通信线路用来传送数字信号时，传送数字信号的速率即数据率就应当成为数字信道的最重要指标，不过习惯上仍延续使用“带宽”来作为“数据率”的同义词。

3. 时延

时延就是信息从网络的一端传送到另一端所需的时间，其计算公式为

$$时延=发送时延+传播时延+处理时延 \tag{2.3}$$

发送时延是节点在发送数据时使数据块从节点进入传输所需要的时间，也就是从数据块的第一比特开始发送算起，到最后一比特发送完毕所需的时间，又称“传输时延”，其计算公式为

$$发送时延(以\ s\ 为单位)=\frac{数据块长度(以\ bit\ 为单位)}{信道带宽(以\ bit/s\ 为单位)} \tag{2.4}$$

传播时延是电磁波在信道中需要传播一定距离所需的时间，其计算公式为

$$传播时延(以\ s\ 为单位)=\frac{信道长度(以\ km\ 为单位)}{电磁波在信道上的传播速率(以\ km/s\ 为单位)} \tag{2.5}$$

处理时延是数据在交换节点为存储转发而进行一些必要的数据处理所需的时间。在节点缓存队列中分组队列所经历的时延是“处理时延”中的重要组成部分。“处理时延”的长短取决于当时的通信量，但当网络的通信量很大时，还会产生队列溢出，这相当于处理时延为无穷大。

4. 误码率

误码率是指二进制数据位传输时出错的概率。它是衡量数据通信系统在正常工作情况下的传输可靠性的指标。在计算机网络中，一般要求误码率低于 10^{-6}，若误码率达不到这个指标，可通过差错控制方法检错和纠错。

2.1.7 传输介质类型及主要特性

1. 双绞线

双绞线(Twisted Pair Line)是一种最常用的传输介质，由呈螺旋排列的两根绝缘导线组成，两根导线相互扭绞，可使线对之间的电磁干扰减至最小。一根双绞线电缆由多个绞在一起的线对(如 8 条线组成 4 个线对)组成(图 2.4)。

图 2.4　双绞线

通常，一个网络系统的物理层规范规定了它所采用的传输介质、介质长度及传输速率等。双绞线比较适用于短距离的信号传输，既可用于传输模拟信号，也可用于传输数字信号，信号传输速率取决于双绞线的芯线材料、传输距离、驱动器与接收器能力等诸多因素。通过适当的屏蔽和扭曲长度处理后，可提高双绞线的抗干扰性能，当传输信号波长远大于扭曲长度时，其抗干扰性最好。因此，当传输低频信号时，双绞线抗干扰能力很强，传输距离较远；当传输高频信号时，其抗干扰能力下降，传输距离变短。

2. 同轴电缆

同轴电缆(Coaxial Cable)是局域网中应用较为广泛的一种传输介质。它由内、外两个导体组成，内导体是单股或多股线，外导体呈圆柱形，通常由编织线组成并围裹着内导体，内外导体之间使用等间距的固体绝缘材料来分隔，外导体用塑料外罩保护起来(图 2.5)。

在网络系统中，主要使用两种同轴电缆：一是 50 Ω 电缆，主要用于基带信号传输，传输带宽

为 1 ~ 20 Mbit/s，如 10 Mbit/s 以太网采用的就是 50 Ω 同轴电缆；二是 75 Ω 公用天线电视（CATV）电缆，既可用于传输模拟信号，又可用于传输数字信号。有线电视电缆的传输频带比较宽，高达 300 ~ 400 MHz，可用于宽带信号的传输。在有线电视电缆上，通常通过频分多路复用（FDM）技术实现多路信号的传输，它既能传输数据，也能传输语音和视频信号。

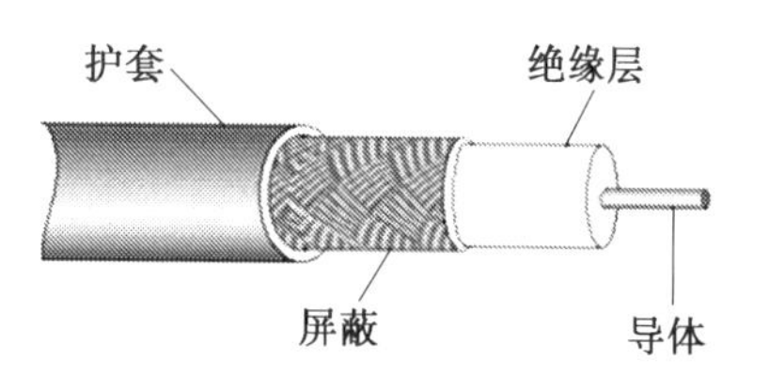

图 2.5　同轴电缆

3. 光导纤维

光导纤维（Fiber）是一种传送光信号的介质，它的内层是具有较高光波折射率的光导玻璃纤维，外层包裹着一层折射率较低的材料，利用光波的全反射原理来传送编码后的光信号（图 2.6）。根据光波的传输模式，光纤主要分为两种：多模光纤和单模光纤。

在多模光纤中，通过对光波的多角度反射实现光信号的传输。由于多模光纤中有多个传输路径，每个路径的长度不同，通过光纤的时间也不同，导致光信号在时间上出现扩散和失真，限制了它的传输距离和传输速率。

在单模光纤中，只有一个轴向角度传输光信号，或者说光波沿着轴向无反射地直线传输，光纤起着波导作用。由于单模光纤只有一个传输路径，不会出现信号传输失真现象。因此，在相同传输速率情况下，单模光纤比多模光纤的传输距离长得多。通常，单模光纤传输系统的价格要高于多模光纤传输系统。

由于光纤的衔接、分岔比较困难，一般只适用于点到点或环形结构的网络系统中。在不便敷设电缆的场合，可采用无线介质作为传输信道，常用的无线介质有微波、超短波、红外线及激光等。

4. 红外线

红外线（Infrared）的工作频率为 1 012 ~ 5 070 Hz，其方向性很强，不易受电磁波干扰。在视野范围内的两个互相对准的红外线收发器之间通过将电信号调制成非相干红外线而形成通信链路，可以准确地进行数据通信。由于红外线的穿透能力较差，易受障碍物的阻隔，在近距离的无线通信系统中，一般将红外线作为一种可选的传输介质。

5. 微波

微波（Microwave）是一种高频电磁波，其工作频率为 0.3 ~ 300 GHz。微波通信系统可分成地面微波通信系统（图 2.7）和卫星微波通信系统。

图 2.6　光导纤维

图 2.7　微波

地面微波通信系统由视野范围内的两个互相对准方向的抛物面天线组成，能够实现视野范围内的微波通信。地面微波通信系统主要作为计算机网络的中继链路，实现两个或多个局域网的互联，扩大网络的覆盖范围。

2.1.8 卫星通信技术

卫星通信就是利用人造地球卫星作为中继站转发无线电信号，在两个或多个地面站之间进行的通信。卫星通信技术能同时接通地球上的很多用户，进行几乎与距离无关的一点到多点之间的通信。这种能力既适用于地球上的固定终端，也适用于地面、空间和海洋上的移动终端(如飞机、舰船、移动车等)。在目前的国际通信中，卫星通信承担了75%以上的通信业务，可以说，卫星通信在现代通信中扮演了重要的角色。

在卫星问世之前，英国空军雷达专家克拉克于1945年10月在一篇文章中提出，在赤道上空高度为35 786 km处的同步轨道上放置3颗相隔120°的人造地球同步卫星，就可实现全球通信，这就是著名的卫星覆盖通信说。

1957年10月，苏联发射了第一颗人造地球卫星SPUTNIK-1(斯普特尼克1号)后，揭开了卫星通信的序幕。1964年8月美国宇航局(NASA)成功地发射了第一颗同步卫星CYNCOM-3(辛康姆3号)。该卫星定点于155°E的赤道上空，通过它成功地进行了北美和西太平洋地区间的电话、电视、传真的通信试验，并于1964年秋用它转播了东京奥运会盛况，显示了卫星通信的优越性和实用价值，轰动全球。1964年8月，国际通信卫星组织宣告成立，该组织于1965年4月发射了第一颗商用静止轨道通信卫星INTELSAT-I(简写为IS-I)，定点于35°W的大西洋赤道上空，开始了欧、美大陆间的商业通信业务。

我国于1970年4月24日成功发射了第一颗人造卫星“东方红一号”。1984年4月8日，我国成功地发射了第一颗试验同步卫星“STW-1号”，定点于103°E的同步轨道上，通过该卫星开通了新疆、西藏、云南等偏远地区的数字电话、广播及电视节目。1986年2月10日，我国第一颗实用同步卫星“东方红二号”发射成功，定点于103°E的赤道上空，这标志着我国的卫星通信已从实验、试用阶段进入实用阶段。

卫星通信可看成一种特殊的微波中继技术，中继站设在卫星上，电路两端设在地球上(称为地面站)，形成中继距离长达几千甚至几万公里的传输路线。

卫星通信系统是由卫星和地面站上、下两部分组成的。通信卫星起到中继作用，把一个地球站送来的信号经变频和放大传送给每一个地面站。地面站实际是卫星系统与地面公众网的接口，地面用户通过地面站出入卫星系统，形成连接电路。

卫星通信与其他通信方式相比较，具有以下特点：

(1)覆盖面积大，通信距离远。一颗静止卫星(即同步卫星)的天线波束可覆盖地球表面42.4%，3颗等间隔的同步卫星就可建立除两极外的全球通信。

(2)组网灵活，便于多址连接。各种地面站不受地理条件的限制，不管是固定站还是移动站，不同业务种类可组网在一个卫星通信网内。

(3)通信容量大。卫星通信工作在微波频段，使卫星的通信容量可达上万路话路。

(4)通信质量好，可靠性高。电磁波主要在接近真空的外层空间传播。

(5)经济效益好。卫星通信不受地理和环境条件的限制，具有建设快、投资少、经济效益高的优点。

2.1.9 微波中继通信技术与移动通信技术

1. 微波中继通信技术

微波是指波长在1 mm~10 m范围内的电磁波。微波中继通信是一种无线通信方式,无线通信是依靠无线电波在空间传播来实现信息传输的。微波中继通信又称微波接力通信,它是现代化通信的重要手段之一。

由于地球是椭球体,地面是个曲面,而微波邻近光波,具有类似于光波的直线传输特性,实现远距离通信不加中继会受地面阻挡,所以必须采用接力的方式,如图2.8所示。另一方面,微波在空间中传播会产生损耗,也需要用接力的方式对损失的能量进行补充,这是采用微波中继的另一个重要原因。

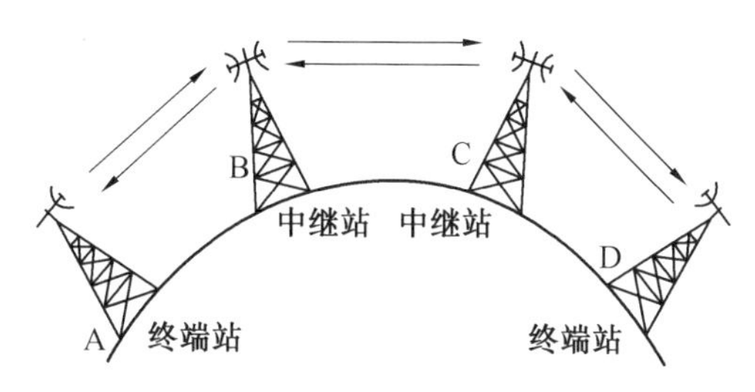

图2.8 卫星中继通信示意图

一个微波中继通信网,除长达数百千米乃至上千千米的主干线外,还有很多支线,除主干线和支线顶点设有微波终端站外,在线路中每隔50 km左右设置一个微波中继站和分路站,如图2.9所示。

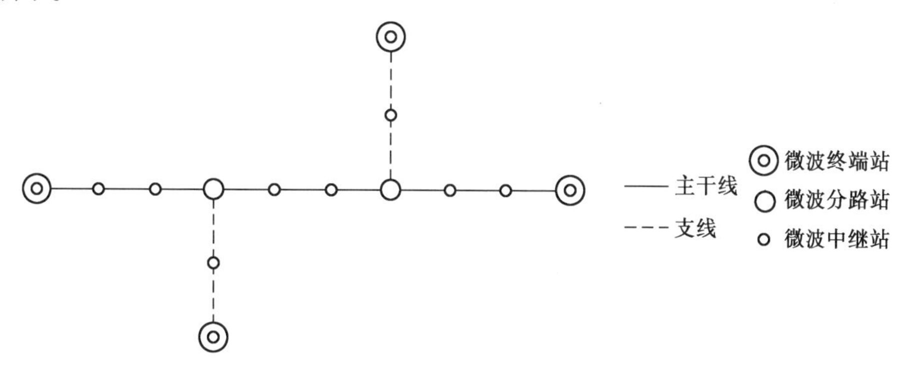

图2.9 微波中继通信网线路图

2. 移动通信技术

移动通信是指利用无线频段,使处于移动状态的用户与处于静止或移动状态的对方用户实时地进行通信。自20世纪80年代以来,移动通信成为现代通信网络中发展最快的通信方式,近年更是呈加速发展的趋势。随其应用领域的扩大和对性能要求的提高,促使其在技术上和理论上向更高水平发展,通常每10年将发展并更新一代移动通信系统。

从市场需求来看,移动互联网和物联网是下一代移动通信系统发展的两大主要驱动力,其中移动互联网颠覆了传统移动通信业务模式,而物联网则扩展了移动通信的服务范围。和现有的4G系统相比,5G系统的性能在3个方面提高了1 000倍:首先是传输速率提高1 000倍,平均传输速率将达到100 Mbit/s~1 Gbit/s;其次是总的数据流量提高1 000倍;最后是频谱效

率和能耗效率提高1 000倍。总体来看,移动通信技术发展呈现出以下新特点:

(1)5G研究在推进技术变革的同时更加注重用户体验,网络平均吞吐速率、传输时延以及对虚拟现实、3D(三维)体验、交互式游戏等新兴移动业务的支撑能力等成为衡量5G系统性能的关键指标。

(2)与传统的移动通信系统理念不同,5G系统研究不仅仅把点到点的物理层传输与信道编译码等经典技术作为核心目标,而且将更为广泛的多点、多用户、多天线、多小区协作组网作为突破的重点,力求在体系构架上寻求系统性能的大幅度提高。

(3)室内移动通信业务已占据应用的主导地位,5G室内无线覆盖性能及业务支撑能力作为系统优先设计目标,改变了传统移动通信系统"以大范围覆盖为主、兼顾室内"的设计理念。

(4)高频段频谱资源更多地应用于5G的移动通信系统,但由于受到高频段无线电波穿透能力的限制,无线与有线的融合、光载无线组网等技术被更为普遍地应用。

(5)可"软"配置的5G无线网络成为未来的重要研究方向,运营商可根据业务流量的动态变化实时调整网络资源,有效地降低网络运营的成本和能源的消耗。

移动通信系统的无线关键技术方向包括以下几点:

(1)新型信号处理技术,如更先进的干扰消除信号处理技术、新型多载波技术、增强调制分集等。

(2)超密集网络和协同无线通信技术,如小基站的优化、分布式天线的协作传输、分层网络的异构协同、蜂窝/WLAN(无线局域网)/传感器等不同接入技术的协同通信等。

(3)新型多天线技术,如有源天线阵列、三维波束赋型、大规模天线等。

(4)新的频谱使用方式,如TDD/FDD的融合使用、实现频谱共享的认知无线电技术等。

(5)高频段的使用,如6 GHz以上高频段通信技术等。

2.2 数据调制与编码

2.2.1 数据调制

在通信系统中,利用电信号把数据从信源传输到信宿,所传输的数据从信号性质上分为模拟数据和数字数据两种形式。模拟数据和数字数据要想在信道中长距离传输,需要进行调制或编码。所谓的调制就是载波信号的某些特征根据输入信号而变化的过程。无论是模拟数据还是数字数据,经过调制方式进行传输就是作为模拟信号传输,在接收端要进行解调,再还原出原始数据。数据与信号之间有4种可能的组合来满足各种数据传输方法的需要,分别为数字数据→数字信号,数字数据→模拟信号,模拟数据→数字信号,模拟数据→模拟信号。

1. 模拟数据的模拟信号调制

模拟数据的模拟信号调制最常用的两个技术是幅度调制(Amplitude Modulation)和频率调制(Frequency Modulation)。

幅度调制如图2.10所示,它是一种载波的幅度随原始模拟信号的幅度变化而变化的技术。载波的幅度在调制过程中变化,而载波频率不变。

频率调制是一种高频载波的频率随原始模拟信号的幅度变化而变化的技术。因此,载波频率会在整个调制过程中波动,而载波的幅度是相同的。

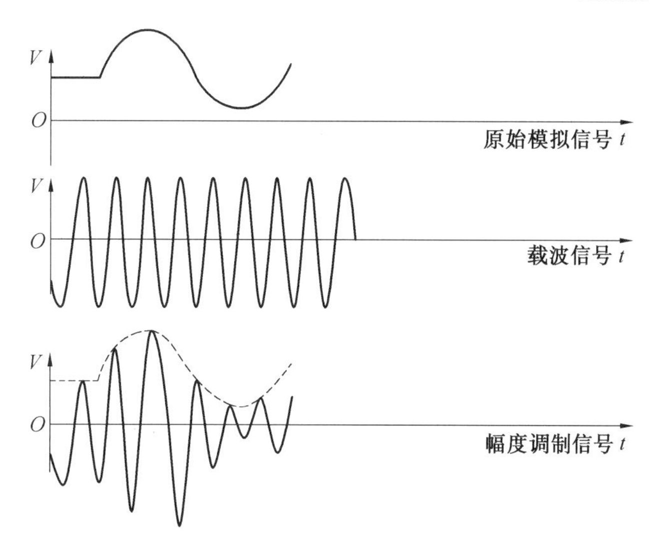

图2.10 幅度调制

2. 数字数据的模拟信号调制

模拟信号发送的基础是载波信号,是一种连续的、频率恒定的信号。可以通过调制载波信号的3种特性,即振幅、频率、相位来对数字数据进行编码。

(1)振幅调制。振幅调制是指把二进制的两个数字0和1分别用同一频率的载波信号的两个不同振幅来表示。一般情况,用振幅恒定载波表示一个二进制数,而用载波不存在表示另一个二进制数。振幅调制是数字调制方式中最早出现的,也是最简单的,但其抗噪声性能较差,因此实际应用并不广泛,但经常作为研究其他数字调制方式的基础。振幅调制如图2.11所示。

(2)频率调制。在二进制数字调制中,若载波的频率随二进制基带信号在0和1两个频率点间变化,则产生二进制频率调制信号,频率调制方式在数字通信中的应用较为广泛。在语音频带内进行数据传输时,国际电信联盟(International Telecommunication Union,ITU)建议在低于1 200 bit/s时使用,在微波通信系统中也用于传输监控信息。频率调制如图2.11所示。

(3)相位调制。在二进制数字调制中,当正弦载波的相位随二进制数字基带信号离散变化时,则产生二进制移相键控(2PSK)信号。通常使用信号载波的0°和180°相位分别表示二进制数字基带信号的“1”和“0”。相位调制如图2.11所示。

2.2.2 数据编码

数据在传递过程中,可以采用模拟信号的方式,也可以采用数字信号的方式。数字数据和模拟数据也可以用离散的信号来表示,这种离散信号的表示就称为信号的编码。在数据远距离传输时,为了减少在传输介质中的损耗和提高抗干扰能力,传输的数据必须编码为信号才能在介质上传输。

由于表示二进制数字的码元的形式不同,因此产生出不同的编码方式,主要有单极性不归零码、单极性归零码、双极性不归零码、双极性归零码、曼彻斯特码和差分曼彻斯特码,如图2.12所示。

单极性码表示传输中只用一种电平(+E或-E)和0电平表示数据,双极性码是用两种电

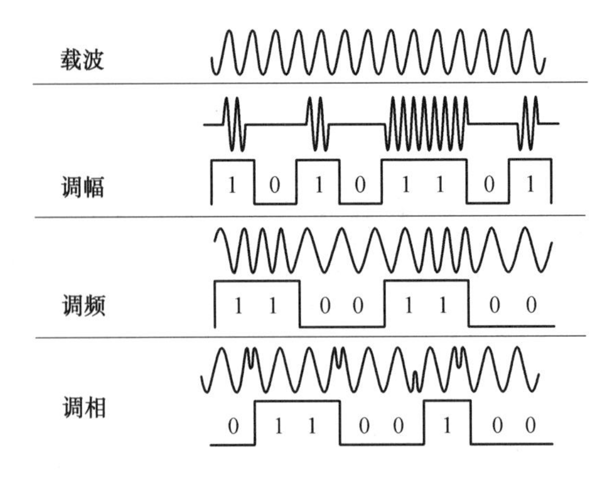

图 2.11 调幅、调频、调相示意图

平(+E 和-E)和 0 电平表示数据。单极性码简单适用于短距离传输,双极性码抗干扰能力强,适用于长距离传输。

不归零信号是指在一位的时钟周期内,信号电平保持不变,不会回到 0 电平;而归零信号则在一位的时钟周期结束的后半周期时,信号电平提前回到 0 位。不归零信号抗干扰能力强,适合工作于较高频率,但是不归零编码也有缺点,它难以决定一位的结束和另一位的开始,需要用某种方法来使发送器和接收器进行定时或同步。克服不归零编码缺点的另一种编码方式是曼彻斯特编码。在曼彻斯特编码方式中,每一位的中间有一个跳变,位中间的跳变既作为时钟,又作为数据。从高到低的跳变表示 1,从低到高的跳变表示 0。有时,人们也使用差分曼彻斯特编码,在这种情况下,位中间的跳变仅提供时钟定时,每位周期开始时有跳变为 0,无跳变为 1。对于曼彻斯特编码和差分曼彻斯特编码,由于时钟和数据均包含于信号数据流中,所以这样的编码被称为自同步编码。

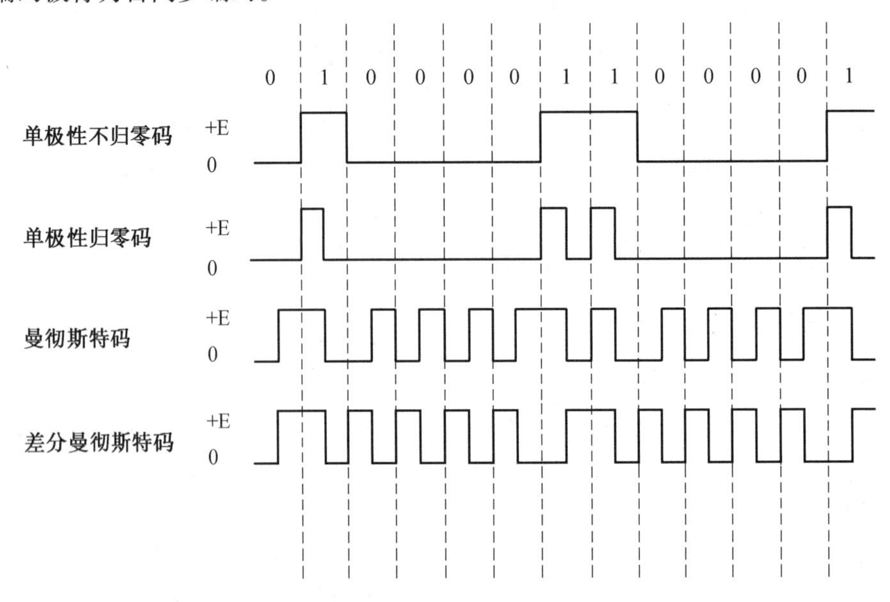

图 2.12 常见的数字信号编码

2.3 多路复用技术

多路复用是指在数据传输系统中,允许两个或多个数据源共享同一个传输介质,就像每个数据源都有自己的信道一样。多路复用将若干个彼此无关的信号合并为一个复合信号,然后在共用信道上进行传输,但在信号的接收段必须将复合信号分离,然后发送给每一个接收端。

多路复用器(Multiplexer)将来自多个输入线的多路数据组合、调制成一路复用数据,并将此数据信号送入数据链路。多路分配器(Demutiplexer)也称多路译码器,用来接收复用的数据流,再将信道分离还原为多路数据,并送到适当的输出端。多路复用器和多路分配器统称多路器,英文简写为 MUX。多路复用主要分为频分多路复用(Frequency Division Multiplexing,FDM)、时分多路复用(Time Division Multiplexing,TDM)、波分多路复用(Wavelength Division Multiplexing,WDM)和码分多路复用(Code Division Multiplexing,CDM)。

2.3.1 频分多路复用

频分多路复用是在一条传输介质上使用多个频率不同的模拟信号进行多路传输,频分多路复用器把传输介质的可用带宽分割成一个个"频段",每个输入装置都分配到一个"频段"。每一个"频段"形成了一个子信道,各个信道的中心频率不重合,子信道之间留有一定宽度的隔离频带,频分多路复用示意图如图 2.13 所示。

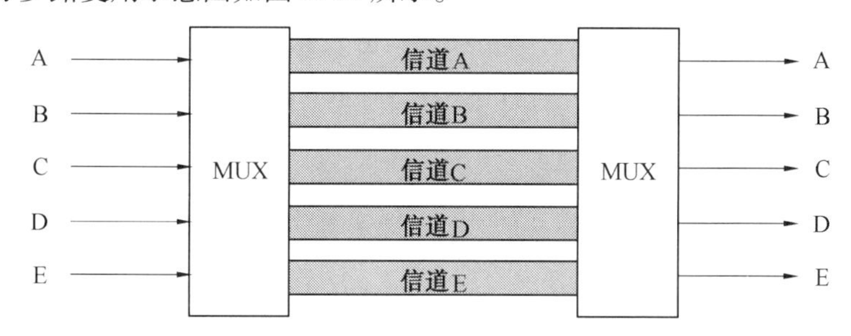

图 2.13 频分多路复用

频分多路复用技术主要应用在无线电广播系统、有线电视系统(CATV)和宽带局域网中。

2.3.2 时分多路复用

时分多路复用技术是将一条物理信道按时间分成若干个时间片,轮流地分给多个信号使用。TDM 要求各个子通道按时间片轮流占用整个带宽,时间片的大小可以按位、字节或固定大小的数据块传送的时间来确定。TDM 适用于数字信号传送,FDM 适用于模拟信号传送。时分多路复用示意图如图 2.14 所示。

时分多路复用采用分时技术,把传输线路的可用时间分成时隙,具体过程如下:

(1)接到多路复用器的每个终端都分配到一个时隙。

(2)多路复用器对每个终端进行扫描,以确定它是否有字符要传送。

(3)如果终端没有字符要传送,多路复用器便发送一个空字符,以保持序列顺序。

时分多路技术可以用在宽带系统中,也可以用在频分复用下的某个子通道上,即将整个信道频带分成几个子信道,每个子信道再使用时分多路复用技术。时分制按照子通道动态利用

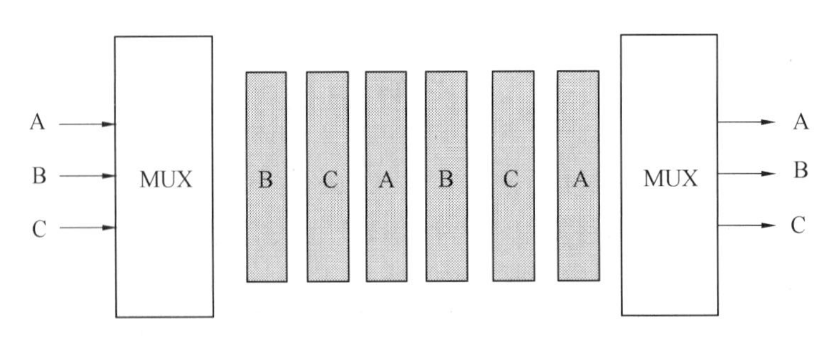

图 2.14 时分多路复用

情况又可再分为同步时分制和统计时分制两种。在同步时分制下,整个传输时间划分为固定大小的周期,每个周期内,各个子信道都在固定位置占有一个时间槽。这样,在接收端可以按约定的时间关系恢复各个子通道的信息流。但是,当某个子通道的时间槽来到时,如果没有信息要发送,这部分带宽就浪费了。统计时分制对同步时分制进行了改进,采用统计时分制时,发送端的多路复用器(又称集中器)依次循环扫描各个子通道,若某个子通道有信息要发送则为它分配一个时间槽,若没有就跳过,这样就没有空的时间槽在线路上传播了。

2.3.3 波分多路复用

波分多路复用类似于频分多路复用,是将 FDM 应用于全光纤网组成的通信系统中的一种频分多路复用技术。

波分多路复用是将两种或两种以上的不同波长的光载波信号,在发送端,经复用器汇合在一起并耦合到光线路的同一根光纤中进行传输;在接收端,经分波器将各种波长的光载波分离;然后由光接收器进一步处理以得到原始信号。由于传输的是不同波长的光载波信号,波长之间要有时间间隔,按间隔的不同分为稀疏波分复用和密集波分复用。

波分多路复用系统通常由光发送/接收器、波分复用器、光放大器、光监控信道和光纤 5 个模块组成。

(1)光发送/接收器:主要产生和接收光信号,要求具有较高的波长精度控制和较为精确的输出功率控制。

(2)波分复用器:包括合波器和分波器。合波器用于传输系统发送端,具有多个输入端和一个输出端,每个输入端口输入一个预选波长的光信号,输出端口将不同波长的光波由端口输出。分波器用于传输系统接收端,具有一个输入端口和多个输出端口,用于将多个不同波长的光信号分离出来。

(3)光放大器:可以作为前置放大器、线路放大器及功率放大器,是光纤通信中的关键器件之一。目前使用的光放大器分为光纤放大器(OFA)和半导体光放大器(SOA)两大类。

(4)光监控信道:根据 *OpticalInterfaces for Multichannel Systems With Optical Amplifiers*(ITU-T G.692)建议要求,密集波分复用系统要利用光纤放大器工作频带以外的一个波长对其进行监控和管理,主要体现在光监控信道的波长选择、监控信号速率、监控信号格式等方面。

WDM 技术具有如下优点:

(1)传输容量大,节省光纤资源。对于单波长光纤系统,收发一个信号需要一对光纤,而对于 WDM 系统,不管有多少个信号,整个复用系统只需一对光纤。

(2)对各类业务信号"透明",可以传输不同类型的信号,如数字信号、模拟信号等。

(3)网络扩容时不需要铺设更多的光纤,也不需要使用高速的网络部件,因此 WDM 是理想的扩容手段。

(4)方便组建动态可重构的光网络。在网络节点使用光分插复用器或者使用光交叉连接设备,可以组成具有高灵活性、高可靠性的全光网络。

2.3.4 码分多路复用

码分多路复用是以不同的编码来区分各路原始信号的一种复用方式,它与各种多址技术结合产生了各种接入技术,包括无线和有线接入。

前面所讲的 FDM 和 WDM 是以频段的不同来区分地址,其特点是独占信道而共享时间;TDM 是共享信道而独占时间槽,即在同一频宽中不同相位上发送和接收信号。码分多路复用完全不同于 FDM 和 TDM,它允许所有输入装置在同一时间使用整个信道,而采用码型来区分各路信号。码分多路复用适合于移动通信系统,在笔记本电脑、个人数字助理等移动计算机的通信中大量使用这种技术。

2.4 无线局域网(WLAN)

2.4.1 无线局域网简介

1. 基本概念

无线局域网(Wireless Local Area Network,WLAN)是以无线信道作为传输介质的计算机局域网。无线局域网不使用通信电缆连接计算机与网络,而是通过无线的方式连接,使网络的构建和终端的移动更加灵活。无线联网方式是对有线联网方式的一种补充和扩展,使网上的计算机具有可移动性。

与有线网络相比,WLAN 具有以下优点:

(1)安装快捷。在建设网络时,网络布线施工的周期长、对周边环境影响大。而 WLAN 的优势就是免去或减少了这部分工作量,一般只要配备一个或多个无线接入点(Access Point,AP),设备就可建立覆盖整个建筑或区域的局域网络。

(2)部署灵活。在有线网络里,入网设备的安放受网络接入点位置的限制。部署 WLAN 后,在无线网的信号覆盖区域内,入网设备在任何一个位置都可以接入网络。

(3)经济节约。由于有线网络缺少灵活性,因此网络规划时尽可能地考虑未来发展的需要,导致预设大量利用率较低的接入点,而一旦网络的发展超出了设计规划时的预期,则要再次投入费用进行网络扩充和改造。WLAN 可以避免或减少以上情况的发生。

(4)易于扩展。WLAN 有多种配置方式,能够根据实际需要灵活选择。WLAN 能够组建从只有几个用户的小型局域网到有上千用户的大型网络,并且能够提供漫游等有线网络无法提供的特性。

由于 WLAN 具有多方面的优点,因此其发展十分迅速。IEEE 802.11 标准定义了两种类型的设备,一种是无线终端(Mobile Terminal)也可称为移动节点(Mobile Node,MN),通常由一台计算机加上一块无线网络接口卡构成的,或者是配备无线网卡的笔记本电脑;另一种称为无线接入点,其作用是提供无线和有线网络之间的桥接。一个无线接入点通常由一个无线网络接口和一个有线网络接口(IEEE 802.3)构成,桥接软件符合 802.1d 桥接协议。接入点就像是无线网络的一个无线基站,将多个无线站聚合并转接到有线的网络上。

2. WLAN 的拓扑结构

WLAN 有两种主要的拓扑结构,即自组织网络(Ad Hoc Network)和基础结构网络(Infrastructure Network)。

自组织型 WLAN 是一种对等模型的网络,目的是满足特定需求(Ad Hoc)的服务。自组织网络由一组无线终端组成,这些无线终端以相同的工作组名、扩展服务集标识号(ESSID)和密码等对等的方式相互直连,在 WLAN 的覆盖范围之内,进行点对点或点对多点之间的通信(图 2.15)。

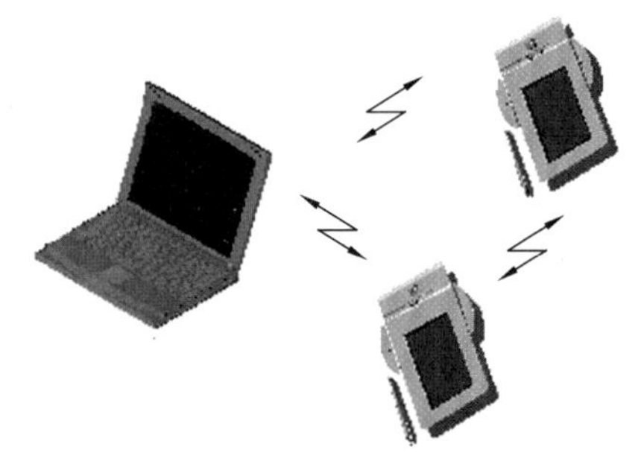

图 2.15 自组织网络(Ad Hoc Network)

组建自组织 WLAN 不需要增添任何网络基础设施,在这种拓扑结构中,不需要有中央控制器的协调。自组织网络使用非集中式的 MAC 协议,如 CSMA/CA。

自组织 WLAN 不能采用全连接的拓扑结构。对于网络中的两个移动节点而言,某一个节点可能会暂时处于另一个节点传输范围以外,它接收不到另一个节点的传输信号,因此无法在这两个节点之间直接建立通信。

基础结构型 WLAN 利用了高速的有线或无线骨干传输网络。在这种拓扑结构中,移动节点在基站(Base Station,BS)的协调下接入无线信道(图 2.16)。

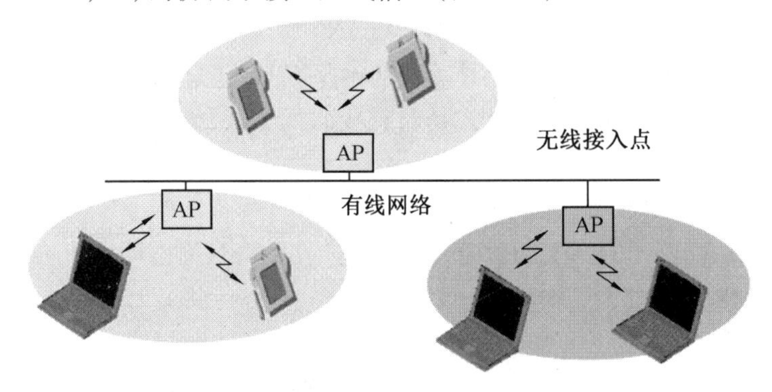

图 2.16 基础结构网络(Infrastructure Network)

基站的另一个作用是连接移动节点与现有的有线网络,这时基站被称为接入点。基础结构 WLAN 虽然也使用非集中式 MAC 协议(如基于竞争的 802.11 协议),但大多数基础结构 WLAN 都使用集中式 MAC 协议(如轮询机制)。由于大多数的协议过程都由接入点执行,移动节点只需要执行小部分的功能,因此其复杂性大大降低。

在基础结构 WLAN 中,存在许多基站及其覆盖范围下的移动节点形成的蜂窝小区,基站在小区内可以实现全网覆盖。在实际应用中,大部分无线 WLAN 都是基于基础结构网络。

一个用户从一个地点移动到另一个地点,被认为是离开一个接入点,进入另一个接入点,这种情形称为“漫游”(Roaming)。漫游功能要求小区之间必须有合理的重叠,以便用户不会中断正在通信的链路连接。接入点之间也需要相互协调,以便用户透明地从一个小区漫游到另一个小区。发生漫游时,必须执行切换操作。

多个移动设备使用同一频率，接入同一个接入点，组成了一个基本服务集(Basic Service Set，BSS)。多个基本服务集互相连接组成了一个逻辑上的分布式系统(Distribution System，DS)，称为扩展服务集(Extended Service Set，ESS)(图2.17)。

与基础结构网络的基本服务集和扩展服务集相比，由移动设备自组织网络形成的网络称为独立基本服务集(Independent Basic Service Set，IBSS)。

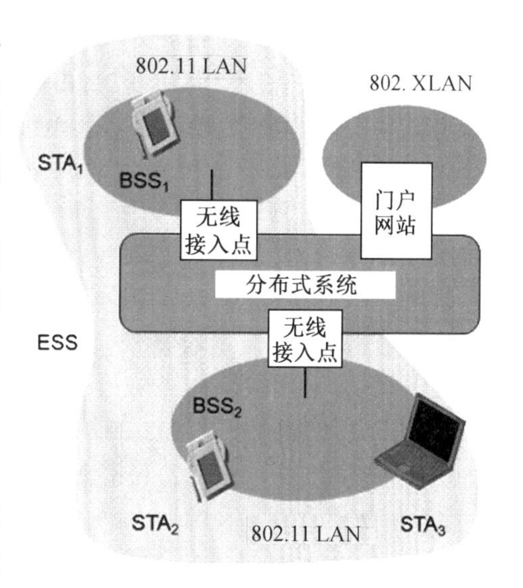

图2.17 基本服务集和扩展服务集

2.4.2 无线局域网标准

1. WLAN标准的变迁及标准系列

1990年，IEEE 802标准化委员会成立了IEEE 802.11无线局域网(WLAN)标准工作组。IEEE 802.11无线局域网标准工作组的任务是研究1 Mbit/s和2 Mbit/s的数据速率、工作在2.4 GHz开放频段的无线设备和网络发展的全球标准，并于1997年6月公布了该标准，这是第一代无线局域网标准之一。该标准定义物理层和媒体访问控制(MAC)规范，使无线局域网和无线设备制造商建立互操作的网络设备(图2.18)。

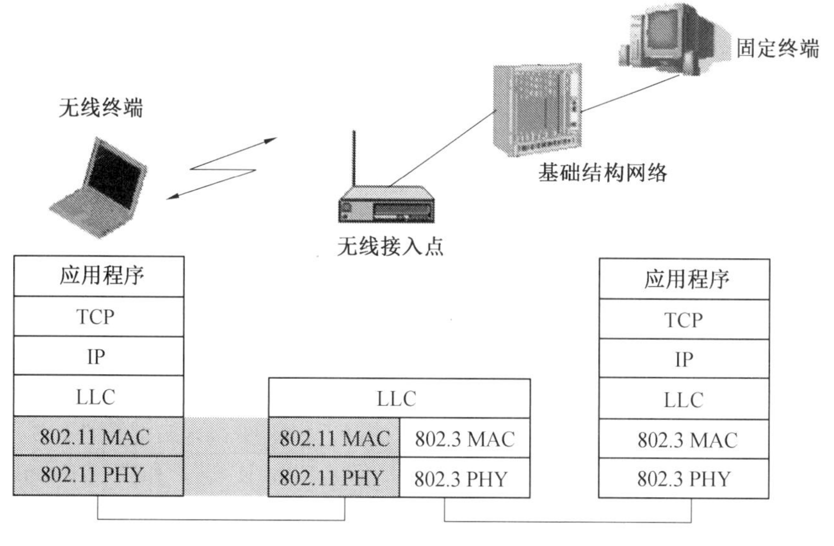

图2.18 IEEE 802.11协议栈

IEEE 802.11标准中物理层定义了数据传输的信号特征和调制，定义了两个RF传输方法和一个红外线传输方法，RF传输方法采用扩频调制技术来满足绝大多数国家工作规范。在该标准中RF传输标准是跳频扩频和直接序列扩频，工作在2.400 0～2.483 5 GHz频段。直接序列扩频采用BPSK和DQPSK调制技术，支持1 Mbit/s和2 Mbit/s的数据传输速率；跳频扩频采用GFSK调制技术，支持1 Mbit/s的数据传输速率，共有22组跳频方案，包括79个信道。红外线传输方法工作在850～950 nm段，峰值功率为2 W，支持的数据传输速率为1 Mbit/s和2 Mbit/s。

IEEE 802.11 系列标准除 802.11 外,还包括后续推出的 802.11a、11b、11g 等几个新的标准。802.11a 占用 5 GHz 自由频段,由于这一频段其他类型的应用不多,故干扰较少;它采用了传输速率较高的正交频分复用(Orthogonal Frequency Division Multiplexing,OFDM)技术,在 10 m 范围内速率可高达 54 Mbit/s,但随着距离的增加,其速率快速下降,70 多米时就会下降到10 Mbit/s以内。802.11b 占用 2.4 GHz 的自由频段,但由于无绳电话、蓝牙设备甚至微波炉都使用这个频段,其干扰要大一些;它采用相对简单的直接序列扩频(Direct Sequence Spread Spectrum,DSSS)技术,其速率理论上可以达到 11 Mbit/s,但考虑到物理层的开销以及自由频段易受干扰等情况,其实际速率远低于此。虽然 802.11a 开始制订的时间要早于802.11b,但因为802.11b容易实现,所以 802.11b 产品反而占据了较大的市场份额。

由于使用不同的频段,802.11a 的产品与 802.11b 不兼容。为了解决这个问题,IEEE 开发了 802.11g 协议,它在和 802.11b 兼容的基础上提高了速度和传输距离。802.11g 中规定的调制方式有两种,包括 802.11a 中采用的 OFDM 与 802.11b 中采用的补码键控调制(Complementary Code Keying,CCK)。通过规定两种调制方式,既达到了在 2.4 GHz 频段实现 802.11a 水平的数据传送速度,又与 802.11b 产品兼容。所以 802.11g 其实是一种混合标准,它既能适应传统的 802.11b 标准,在 2.4 GHz 频率下提供 11 Mbit/s 的数据传输速率,也符合 802.11a的标准,在 5 GHz 频率下提供 54 Mbit/s 的数据传输速率。但是干扰的原因决定了 802.11g不可能达到 802.11a 的高速率,而且这个协议到 2003 年 7 月才得到正式批准,使许多设备生产商已经转而直接采用 802.11a。

虽然 802.11g 标准最高数据传输速率可达到 54 Mbit/s,但对于在 WLAN 中的多媒体业务来说,这个速率还远远不够。因此,IEEE 成立了一个新的工作小组,准备制订一项新的高速 WLAN 标准 802.11n。该标准采用多输入多输出(Multiple Input Multiple Output,MIMO)技术和 OFDM 技术,计划将 WLAN 的传输速率从 54 Mbit/s 提高到 108 Mbit/s 及以上,实现与百兆有线网的无缝结合,其最高数据传输速率预计可达 320 Mbit/s。

除了上面提到的 WLAN 主要标准外,IEEE 还在不断地完善,还包含以下标准:

(1)802.11e:支持 QoS。802.11e 是 IEEE 推出的无线通用标准,它使企业、家庭和公共场所之间真正实现互通,并能满足不同行业的特殊需求。与其他无线标准不同的是,该标准在 MAC 物理层增加了服务质量(QoS),对现有的 802.11b 和 802.11a 无线标准提供多媒体支持,同时完全与这些标准向后兼容。

QoS 和支持多媒体是提供语音、视频和音频业务的无线网络的关键特性。宽带服务提供商把 QoS 和多媒体支持视为对用户提供视频点播、音频点播、IP 语音和高速 Internet 接入的重要部分。IEEE 在 802.11e 正式生效之前就制订了 QoS 基准,并成为 802.11e 的核心构件。

QoS 基准的主要机制在于能更好地控制多媒体应用的时间敏感信息。当无信号发送,即无争用期间(CFP),QoS 基准接纳时间调度和轮询通信,改善轮询的效能,并通过前向纠错(FEC)提高信道稳定性和有选择地重发。在无争用期间,还能改善信道存取,并能保持对向后兼容的轮询。这些机制为高带宽多媒体流、功率管理以及各种速率突发信息流的轮流接入提供最大效能。

即使是无线网络的密集部署,802.11e 标准也能增强 QoS 支持。在这样的环境中,多个 802.11e 子网可配置在互相能通信的范围内,而在通信期间不受不同子网中无线设备的干扰。

(2)802.11h:避免干扰。IEEE 802.11h 克服了现有其他 802.11 标准的缺陷。802.11a 无

线网络工作在5 GHz频段，支持24个不重叠的信道，对干扰的敏感性也比802.11g低，但因所在国家不同，利用5 GHz频段的环境会发生改变，同样会遇到与其他系统相互干扰的问题。802.11h针对这个问题所定义的机制，能使基于802.11a的无线系统避免与其他同类系统中的宽带技术相干扰。

802.11h为克服上述缺陷，引入了两项关键技术，即动态频率选择(DFS)和发射功率控制(TPC)。

DFS定义了检测机制，当检测到有使用相同无线信道的其他装置存在时，可根据需要转换到其他信道，以避免相互干扰，并对信道的使用进行协调。某个无线接入点利用WLAN装置的DFS查找其他接入点。当WLAN装置连接到某个接入点时，无线装置列出它能够支持的信道；当需要转换到新的信道时，接入点利用列出的信道数据确定最佳信道。

TPC通过降低WLAN装置的无线发射功率，减少WLAN与卫星通信的相互干扰。它还能用于管理无线装置的功耗和接入点与无线装置之间的距离。

802.11h定义的DFS和TPC机制的优势在于，根据5 GHz频段的管理要求确保标准通信方式的实施，促进802.11a无线网络的推广使用，并提高WLAN的部署和运行性能。

(3)802.11n：支持高速率。为了适应高性能WLAN的需求，IEEE于2003年组建了802.11TGn工作组来制订802.11n标准。802.11n的主要机制在于通过MAC接口支持高数据传输速率，并提高频谱效率，为无线HDTV传输和密集无线网络环境提供超高速数据流；运行802.11n组网协议将为WLAN提供500 Mbit/s的速率，约比目前的WLAN快10倍，而且能与现有的WiFi标准广泛兼容，并支持PC、消费电子设备和移动平台。

为实现上述功能，802.11n应用了两项关键技术：多输入多输出(MIMO)技术和宽信道带宽技术。

MIMO技术：它能对要发送的数据建立多条路径，增加单信道数据吞吐率。MIMO技术使用多个发射和接收天线，每条信道能在相同的频率上传送不同的数据集，并通过提高发送信号的传输速率来提高网络容量。

MIMO实际上是一种无线芯片技术，发送端通过2根或多根天线发送信号。在接收端，MIMO算法将信息重新组合，以增强传输性能。

20/40 MHz信道带宽：802.11n标准支持20/40 MHz信道带宽。40 MHz信道由2个20 MHz的相邻信道组成，利用2个信道之间未被利用的频段，使每次传输能比目前54 Mbit/s的WLAN数据传输速率提高1倍多，约为125 Mbit/s。

802.11n标准给WLAN带来许多新的应用：一是在5 GHz频段内工作，即在5 GHz频段内，40 MHz频段容量的增大有可能使802.11n网络提供更多的无线服务；二是与802.11b、802.11a和802.11g共存并向后兼容，支持802.11eQoS标准；三是单个和多个目的帧聚合，即把几个数据帧合并在一个数据包里，进行流媒体传输。

(4)802.11i：改善安全性。802.11i标准结合802.1x中的用户端口身份验证和设备验证，对WLAN的MAC层进行修改与整合，定义了严格的加密格式和鉴权机制，改善WLAN的安全性。

由于WLAN基于计算机网络与无线通信技术，在计算机网络结构中，逻辑链路控制层(LLC)及其之上的应用层对不同的物理层的要求可以是相同的，也可以是不同的，因此，WLAN标准主要针对物理层和介质访问控制层MAC的内容，涉及所使用的无线频率范围、空中接口通信协议等技术规范与技术标准。

2. IEEE 802.11 标准内容

IEEE 802.11 系列标准定义的是网络协议栈的底层,包括物理层(Physical Layer,PHY)和介质访问层(Medium Access Layer,MAC)及其管理功能。

物理层定义了无线传输的类型、频段、调制标准等内容,在 802.11 最初定义的 3 个物理层规范中,包括两个扩散频谱技术和一个红外传输技术规范,无线传输的频道定义在 2.4 GHz 的 ISM 波段内,这个频段在各个国际无线管理机构中是非注册使用频段,使用 802.11 的客户端设备不需要任何无线许可。扩散频谱技术保证了 802.11 的设备在这个频段上的可用性和可靠的吞吐量,同时还保证同其他使用同一频段的设备互相不影响。802.11 无线标准定义的传输速率是 1 Mbit/s 和 2 Mbit/s,可以使用 FHSS(Frequency Hopping Spread Spectrum)和 DSSS(Direct Sequence Spread Spectrum)技术,FHSS 和 DSSS 技术在运行机制上是完全不同的,所以采用这两种技术的设备没有互操作性,如图 2.19 所示。

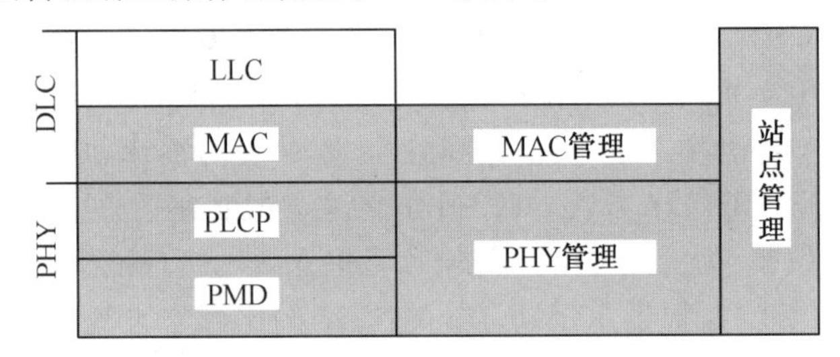

图 2.19 IEEE 802.11 层及其管理功能

802.11b 在 802.11 协议的物理层增加了两个新的速率:5.5 Mbit/s 和 11 Mbit/s。为了实现这个目标,DSSS 被选为该标准唯一的物理层传输技术,这就使 802.11b 可以与速率为 1 Mbit/s和2 Mbit/s 的 802.11 bps DSSS 系统互操作。最初 802.11 的 DSSS 标准使用 11 位的 Chipping Barker 序列将数据编码并发送,每一个 11 位的 Chipping 代表一个一位的数字信号 1 或者 0,这个序列被转化成波形(称为一个 Symbol),然后传播。这些 Symbol 以 1 MS/s(每秒 1 M的 Symbols)的速率进行传送,传送的机制称为 BPSK(Binary Phase Shifting Keying),在 2 Mbit/s的传送速率中,使用了一种更加复杂的传送方式,称为 QPSK(Quandrature Phase Shifting Keying),QPSK 中的数据传输速率是 BPSK 的 2 倍,提高了无线传输的带宽。

在 802.11b 标准中,采用了一种更先进的编码技术,它抛弃了原有的 11 位 Barker 序列技术,而采用了 CCK(Complementary Code Keying)技术,它的核心编码中有一个由 64 个 8 位编码组成的集合,在这个集合中的数据有特殊的数学特性,使其在经过干扰或者由于反射造成的多方接受问题后还能够被正确地互相区分。5.5 Mbit/s 的速率使用 CCK 串来携带 4 位的数字信息,而 11 Mbit/s 的速率使用 CCK 串来携带 8 位的数字信息。两个速率的传送都利用 QPSK 调制,其信号的调制速率为 1.375 MS/s。

为了支持在有噪声的环境下能够获得较好的传输速率,802.11b 采用了动态速率调节技术,使用户在不同的环境下自动使用不同的连接速度来补充环境的不利影响。在理想状态下,用户以 11 Mbit/s 的速率全速运行,当用户移出理想的 11 Mbit/s 速率传送的位置或者距离时,或者如果潜在地受到了干扰,就会把速率自动按序降低为 5.5 Mbit/s、2 Mbit/s、1 Mbit/s。同样,当用户回到理想环境,连接速率也会反向增加直至 11 Mbit/s。速率调节机制是在物理层自动实现,而不会对用户和其他上层协议产生任何影响。

802.11 的 MAC 和 802.3 的 MAC 非常相似,都是在一个共享媒体之上支持多个用户共享资源,由发送者在发送数据前先确定网络的可用性。在 IEEE 802.3 中,使用载波侦听多路访问冲突检测(Carrier Sense Multiple Access with Collision Detection,CSMA/CD)机制完成调节,而在 802.11 中冲突的检测存在一定的问题,被称为"Near/Far"现象。因为要检测冲突,设备必须能够一边接收数据信号一边传送数据信号,而这在无线系统中是无法办到的。所以在 802.11 中采用了新的机制 CSMA/CA(Carrier Sense Multiple Access with Collision Avoidance)或者 DCF(Distributed Coordination Function)。CSMA/CA 利用 ACK 信号来避免冲突的发生,只有当客户端收到网络上返回的 ACK 信号后才确认送出的数据已经正确到达目的地。CSMA/CA 通过这种方式来提供无线的共享访问,这种显式的 ACK 机制在处理无线问题时非常有效,但是这种方式增加了额外的负担,所以 802.11 网络与类似的 802.3 网络相比在性能上稍逊一筹(图 2.20)。

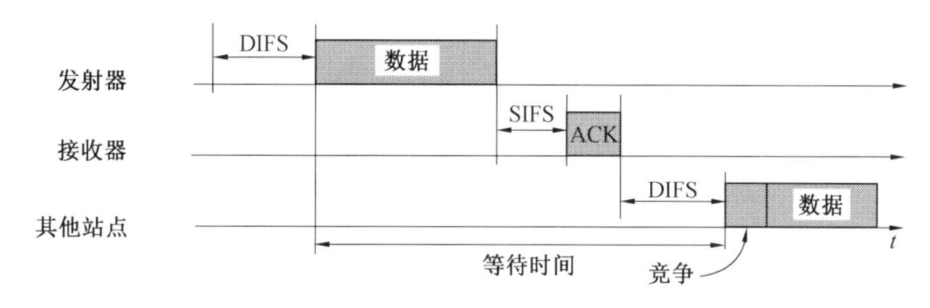

图 2.20 CSMA/CA 机制

无线 MAC 层的另一个问题是隐藏节点(Hidden Node)问题。两个相反的工作站利用一个中心接入点进行连接,这两个工作站都能够"听"到中心接入点的存在,而互相之间则可能由于障碍或者距离原因无法感知到对方的存在。为了解决这个问题,802.11 在 MAC 层引入了一个新的 Request-To-Send/Clear-To-Send(RTS/CTS)协议选项。当打开这个选项后,一个发送节点传送一个 RTS 信号,随后等待访问接入点回送 RTS 信号,由于所有网络中的节点能够"听"到访问接入点发出的信号,所以 CTS 能够让它们停止传送数据,这样发送端就可以发送数据和接受 ACK 信号而不会造成数据的冲突,间接解决了隐藏节点问题。由于 RTS/CTS 需要占用网络资源而增加了额外的网络负担,一般只是在那些大数据报上采用(重传大数据报会耗费较大)(图 2.21)。

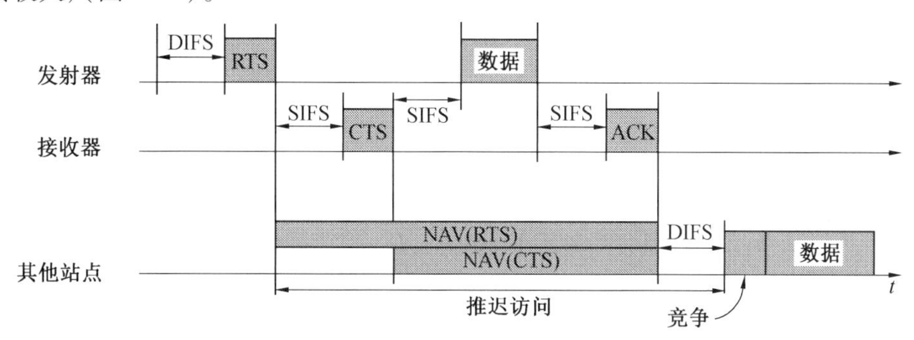

图 2.21 RTS/CTS 机制

IEEE 802.11 MAC 子层提供了两个提高健壮性的功能,即 CRC 校验和包分片。在 802.11 协议中,每一个在无线网络中传输的数据报都被附加上了 CRC 校验位,以验证其在传送的时候没有出现错误,这和 Ethernet 网络中通过上层 TCP(Transmission Control Protocol,传输控制协议)/IP 协议来对数据进行校验有所不同。包分片的功能允许大的数据报在传送的时候被分成较小的部分分批传送,这一特性在网络十分拥挤或者存在干扰的情况下是非常有用的,因为大数据报在这种环境下传送非常容易遭到破坏。这项技术大大减少了数据报被重传的概率,从而提高了无线网络的整体性能。接收端的 MAC 子层负责将收到的被分片的大数据报进行重新组装,对于上层协议这个分片的过程是完全透明的。

IEEE 802.11 的 MAC 子层负责解决无线终端和访问接入点之间的连接。当一个 802.11 无线终端进入一个或者多个接入点的覆盖范围时,它会根据信号的强弱及包错误率来自动选择一个接入点进行连接,一旦被一个接入点接受,无线终端就会把信号的频道切换为接入点的频段。这种重新协商的情况通常发生在无线终端移出了原连接接入点的服务范围、信号发生变化或原有接入点中出现拥塞时。在拥塞的情况下,重新协商能够实现负载平衡的功能,它使得整个无线网络的利用率达到最高。802.11 的 DSSS 中一共存在着相互覆盖的 14 个频道,这些频道比较适合实现多蜂窝覆盖(在这 14 个频道中,仅有 3 个频道是完全不覆盖的)。如果两个接入点的覆盖范围互相影响,同时使用了互相覆盖的频段,就会造成信号传输时的互相干扰,从而降低各自网络的性能和效率。

安全性是 WLAN 最薄弱之处。2000 年 10 月,802.11b 采用的基于 RC4 算法的标准安全协议——有线等效保密协议(Wired Equivalent Privacy,WEP)被发现存在安全漏洞。它使用 24 bit 的初始向量和 40 bit 的密钥来加密数据,每个用户使用相同的密钥,这意味着某个用户的安全漏洞将威胁整个网络的安全。现在有些产品支持临时密钥完整性校验协议(Temporal Key Integrity Protocol,TKIP),尽管它使用 48 bit 的初始向量和 128 bit 的密钥,但它仍没有脱离 WEP 核心,和 WEP 完全兼容。WEP 算法的安全漏洞是由于 WEP 机制本身引起的,与密钥的长度无关,增加密钥长度是不可能增强其安全性的,初始向量长度的增加也只能在一定程度上提高破解难度,延长破解时间,而并不能从根本上解决问题。在某种程度上,TKIP 更易受攻击,因为它采用了 Kerberos 密码,常常可以用简单的猜测方法攻破。WiFi 联盟和 IEEE 802 委员会也承认,TKIP 只能作为一种临时的过渡方案,而不是最终方案,长远目标是采用高级加密标准(Advanced Encryption Standard,AES)加密。

除了对传输的数据进行加密来提高安全性外,WLAN 还通过加强对用户的认证来增强网络的安全性。802.11b 使用业务组标识符(SSID),但由于其采用广播形式,使用者皆可收到,容易被破解。WLAN 后来采用 IEEE 802.1x 的认证方式,但 802.1x 并不是专为 WLAN 设计的,它没有考虑到无线应用的特点。802.1x 提供客户端与 RADIUS 服务器之间的认证,而不是无线终端与无线接入点 AP 之间的认证,并且应用用户名和口令的用户认证,所以在存储、使用和认证信息传递中仍存在很大安全隐患。

IEEE 802.11i 标准的安全解决方案基于 802.1x 认证的 CCMP(CBC-MAC Protocol)加密技术,以 AES 为核心算法,采用 CBC-MAC 加密模式,具有分组序号的初始向量。CCMP 为 128 位的分组加密算法,比其他算法安全程度更高。

中国国家标准《信息技术 系统间远程通信和信息交换 局域网和城域网 特定要求 第 11 部分:无线局域网媒体访问控制和物理层规范》(GB 15629.11—2003)使用了一种名为

“WLAN 鉴别与保密基础结构(WAPI)”的安全协议,而不是 802.11 标准中使用的 WEP 或 TKIP 安全协议。从技术上讲,WAPI 安全机制与目前国际标准不同。WAPI 采用国家密码管理委员会办公室批准的公开密钥体制的椭圆曲线密码算法和秘密密钥体制的分组密码算法,分别用于 WLAN 设备的数字证书、密钥协商和传输数据的加/解密,从而实现设备的身份鉴别、链路验证、访问控制和用户信息在无线传输状态下的加密保护。WAPI 由 ISO/IEC 授权的 IEEE ReGIStration Authority 审查获得认可,分配了用于 WAPI 协议的以太类型字段,这也是我国目前在该领域首个获得批准的协议,向 ISO/IEC JTC1 委员会进行提交。

从市场角度讲,WAPI 充分考虑了市场应用,应用模式上分为单点式和集中式两种。单点式主要用于家庭和小型公司;集中式主要用于热点地区和大型企业,可以和运营商的管理系统结合起来,共同搭建安全的无线应用平台。

不同 WLAN 的覆盖距离也不一样。多数 802.11b 的网络可以传输 100 m 的距离,采用更高功率的发送器可以延长覆盖距离,但同时信号受到的干扰会更大,遇到的障碍也会更多。考虑到安全性,WLAN 又要求限制发送功率,从而影响了传输距离。802.11a 的传输距离和 802.11b差不多,从理论上看,高频电磁波更容易被吸收、传输距离较短,但是 802.11a 采用 OFDM 技术,可以克服多径效应的影响,综合考虑,它们的覆盖距离差别不大。但是,802.11a 的54 Mbit/s速率是在 10 m 以内可达到的,随着距离的增加,速率减小得很快,70 m 时就下降到10 Mbit/s以内了。802.11g 应用 OFDM 技术能达到更远的距离,但是增加传输距离不完全是优势,因为无线带宽是共享的,距离的增加就意味着用户数的增加,每个用户可分配的带宽相应减少;并且较长的距离将会泄漏信号,入侵者就可能从远端闯入网络。因此 802.11g 适合在用户较少的环境或者用户对于带宽要求较低的场所。

尽管 WLAN 的接入速率相对较高,但是不能在快速移动中获取数据。目前能够在移动环境下实现接入的是蜂窝网络通信技术。WLAN 与广域网使用的 2G、3G、4G、5G 等技术有很多地方是相似的,但是在物理层方面,WLAN 比广域网技术更强;而在组网方面,广域网技术又比 WLAN 强得多。在 2003 年,802.11g 就已经支持用 OFDM 做编码调制了,而广域网基本上到了 3.5G 的时候才开始用,即 4G 出现之前的一两年才开始有了 HSDPA/HSUPA 等 OFDM 的调制。到了 2007 年,WLAN 迎来了第二个增长的高峰期。在 2007 年有两件大事,其中一件是 802.11n 无线协议标准出现了,另一个就是智能手机的出现。称 802.11n 无线协议标准是 WLAN 技术的一个大革命丝毫不为过,因为它引入了全新而且非常强的一个技术,就是多路并行发射/接收(Multiple-Input Multiple-Output,MIMO)技术。有了 MIMO 多输出技术之后,无线的速率可以成倍提升,2×2MIMO 就是 1×1MIMO 的两倍,3×3MIMO 就是 1×1MIMO 的 3 倍,依此类推。而且,在 802.11n 这一代不仅有了 MIMO,还有了载波聚合技术,也就是我们通常所说的两个 HT20 合在一起变成一个 HT40。

MIMO 和载波聚合这样的技术,不仅仅 WLAN 在用,4G 也在用。这样的技术有 3 个核心,即 MIMO、载波聚合和 VoLTE。这些 4G 或 4G+技术基本上都是 2016 年才开始应用的,而 WLAN 基本上在 10 年前就已有应用,所以 WLAN 的物理层是大幅领先于 4G 的。

到了第五代,也就是 802.11ac,相关技术出现了几个变化:如高阶的 QAM 编码从 64QAM 进化到了 256QAM,速度更高了;高阶的 MIMO 首次出现了 4×4。到了 2015 年,出现了第六代标准 802.11ac Wave2,也就是 ac 的第二阶段,目前市面上见到最多的企业级 AP 应该都是 Wave2 的 AP。Wave2 可以支持更大的频宽,出现了 HT160,速度得到了进一步提升;另一个核心竞争力就是引入了下行方向的 MU-MIMO,在 MU-MIMO 的环境之下,无线首次实现了并发传输。在此之前,无线采取一对一半双工方式,就像火车站窗口排队买票一样,一次只能服务一个人,数据传输是引入了 MU-MIMO 之后,AP 一次可以给 2 ~ 3 个,甚至更多的用户终端同时发动数据,它是并行的,这是一个很大的变革。对应到移动通信的标准,MU-MIMO、Massive MIMO,这些基本上是 5G 的技术领域,所以 WLAN 的物理层始终是大幅领先于移动通信的。目前,IEEE 已经制订第七代 WLAN 新标准 802.11ax,也称为高效无线网络(High-Efficiency Wireless, HEW)。最关键的核心就是它引入了很多 LTE 的组网技术,进一步提升了多 AP 多用户并发环境下的效果。在物理层方面,802.11ax 有提升,但不是特别高。但是 802.11ax 的最终设计目标是,在典型的多用户场景下的性能和效果,是上一代产品和技术的 4 倍。

无线局域网(WLAN)是当今全球应用最为普及的宽带无线接入技术之一,拥有良好的产业和用户基础,巨大的市场需求推动了 WLAN 技术的发展,大量的非授权频段也给 WLAN 技术提供了巨大的发展空间,推动 WLAN 技术与蜂窝网络的融合。

2.5 蓝牙(Blue Tooth)技术

2.5.1 蓝牙技术简介

1. WPAN 和蓝牙

便携技术的发展和应用需求的增长,促进了无线个域网(Wireless Personal Area Network, WPAN)的产生和发展,使无线接入的产业链更加完善。WPAN 位于 802.11 的末端,工作在个人操作环境,由需要相互通信的装置构成一个网络,而无需任何中央管理设备。WPAN 的特性是动态拓扑以适应网络节点的移动性,其优点是按需建网、容错、连接不受限制,一个设备用作主控,其他设备作为从属,系统适合运行多种类型的文件。WPAN 覆盖的范围一般为半径10 m以内的区域,运行于自由使用的无线频段。WPAN 设备具有价格便宜、体积小、易操作和功耗低等优点。

WPAN 系统由 4 个层面构成:

(1)应用软件。应用软件由驻留在主机上的软件模块组成,控制 WPAN 的运行。

(2)固件和软件栈。固件和软件栈建立管理链接,并规定和执行 QoS 要求。

(3)基带。基带负责数据传送所需的数据处理,包括编码、封包、检错和纠错,定义运行的状态,与主控制器接口(HCI)连接。

(4)无线电。无线电连接经 D/A 和 A/D 转换处理的输入/输出数据,接收来自和到达基带的数据,并接收来自和到达天线的模拟信号。

蓝牙是以一位千年前统一丹麦和挪威的丹麦国王 Harald Bluetooth 的名字命名的,该技术由爱立信、诺基亚、Intel、IBM 和东芝 5 家公司于 1998 年 5 月共同提出开发。

在无线技术中,蓝牙是一种短距离的无线通信技术,电子设备彼此通过蓝牙连接。配有蓝牙的设备通过芯片上的无线接收器能够在 10 m 的距离内彼此通信,传输速率可以达到 1 Mbit/s。

蓝牙技术已成为整个无线移动通信领域的重要组成部分,蓝牙不仅仅是一个芯片,而且是一个近距无线网络,能在众多设备之间进行无线通信,由蓝牙构成的无线个人网已在移动通信领域广泛应用。

蓝牙技术使用高速跳频(Frequency Hopping,FH)和时分多址(Time Division Multi Access, TDMA)等通信技术,能在近距离内方便地将多个设备呈网状链接起来。蓝牙技术是网络中各种外围设备接口的统一桥梁,它消除了设备之间的连线。

2. 蓝牙的技术标准

蓝牙技术是低价、低耗能的射频技术,它使蓝牙通信设备使用特殊的通信协议,实现近距离无线通信。蓝牙为用户的移动设备实现自发连接,使用户能够通过局域网或广域网的接入点进行快速的访问。

蓝牙技术标准的更新主要体现在兼容性和安全方面,具体如下:

(1)Bluetooth 1.0。Bluetooth 1.0 定义了蓝牙的基本功能。Bluetooth 工作在 2.4 GHz 的 ISM 频段,采用了 Bluetooth 1.0 技术的设备能够提供 720 kbit/s 的数据交换速率,其发射范围一般可达 10 m。Bluetooth 1.0 应用跳频技术来消除干扰和降低衰落。当检测到距离小于10 m时,接受设备可动态调节功率。当业务量减小或停止时,蓝牙设备可以进入低功率工作模式。

Bluetooth 1.0 组网时最多可以由 256 个蓝牙单元设备连接起来组成微微网(定义见2.5.2节),其中一个主控单元和 7 个从属单元处于工作状态,而其他设备单元则处于待机模式。微微网络可以重叠使用,从属单元可以共享,多个相互重叠的微微网可以组成分布网络。

(2)Bluetooth 1.1。Bluetooth 1.0 规范在标准方面没有考虑到设备互操作性的问题。出于安全性方面的考虑,Bluetooth 1.0 设备之间的通信都是经过加密的,当两台蓝牙设备之间尝试建立起一条通信链路的时候,会因为设置口令的不匹配而无法正常通信。另外,如果从属设备处理信息的速度高于主设备的话,随后的竞争会使两台设备都得出自己是通信主设备的结果。Bluetooth 1.1 技术规范要求会话中的每一台设备都需要确认其在主/从设备关系中所扮演的角色。

Bluetooth 技术原来把 2.4 GHz 的频带划分为 79 个子频段,为了适应一些国家的军用需要,Bluetooth 1.0 重新定义了另一套子频段划分标准,把整个频带划分为 23 个子频段,以避免使用 2.4 GHz 频段中指定的区域,因此造成了使用 79 个子频段的设备与使用 23 个子频段的设备之间互不兼容。Bluetooth 1.1 标准取消了 23 个子频段的副标准,所有的 Bluetooth 1.1 设备都使用 79 个子频段在 2.4 GHz 的频谱范围之内进行通信。

Bluetooth 1.1 规范也修正了互不兼容的数据格式会引发 Bluetooth 1.0 设备之间的互操作性问题,允许从属设备主动与主设备进行通信。从属设备在必要时通知主设备发送包含时隙(Time Slot)信息的数据包。

(3)Bluetooth 1.2。Bluetooth 1.1 标准的设备很容易受到主流的 802.11b 设备干扰。在 Bluetooth SIG 宣布的 Bluetooth 1.2 标准中提供了更好的同频抗干扰能力,加强了语言识别能力,并向后兼容 Bluetooth 1.1 的设备。

Bluetooth 1.2 增加了可调式跳频技术(Adaptive Frequency Hopping,AFH),主要针对现有蓝牙协议和 802.11b/g 之间的互相干扰问题进行了全面的改进,防止用户在同时使用 Bluetooth 和 WLAN 两种设备时出现互相干扰的情况;同时增强了语音处理,改善了语音连接的品质,能够更快速地实现连接。

由于 Bluetooth 和 WLAN 同样是使用 2.4 GHz 的频谱,第一、二代蓝牙技术经常会发生相互干扰的情况,而 Bluetooth 1.2 标准的推出,使蓝牙技术更容易推广与使用。

3. 蓝牙的技术内容

蓝牙技术是采用低能耗无线电通信技术来实现语音和数据传输的，其传输速率最高为1 Mbit/s，以时分方式进行全双工通信，通信距离为10 m左右，配置功率放大器可以使通信距离进一步增加。

蓝牙技术采用跳频技术抗信号衰落；采用快跳频和短分组技术，有效减少同频干扰，提高通信的安全性；采用前向纠错编码技术，减少远距离通信时随机噪声的干扰；采用2.4 GHz的开放ISM（工业、科学、医学）频段；采用FM调制方式使设备变得简单可靠。一个跳频频率发送一个同步分组，每组一个分组占用一个时隙（也可以增至5个时隙）。蓝牙技术支持一个异步数据通道，或者3个并发的同步语音通道，或者一个同时传送异步数据和同步语音的通道。蓝牙的每一个语音通道支持64 kbit/s的同步语音，异步通道支持的最大速率为721 kbit/s，反向应答速率为57.6 kbit/s的非对称连接或432.6 kbit/s的对称连接。语音采用CVSD调制，数据采用GFSK调制。

2.5.2 蓝牙技术概述

1. 常用概念

（1）即时网络：一种通常以自发方式创建的网络。即时网络不要求架构，受时空限制。

（2）Bluetooth时钟：Bluetooth控制器子系统内部的28位时钟，每312.5 ms作滴答声一次。此时钟的值定义了各种物理信道中的时隙编号及定时。

（3）Bluetooth主机：Bluetooth主机可以是一个计算设备、外围设备、蜂窝电话、PSTN网络或LAN接入点等。附加至Bluetooth控制器的Bluetooth主机可以与其他附加至其各自Bluetooth控制器的Bluetooth主机进行通信。

（4）连接。

①连接（至服务）：建立至某项服务的连接，如果其尚未建立，这一过程还包括建立物理链路、逻辑传输、逻辑链路以及L2CAP信道。

②连接：两个对等应用程序或映射至L2CAP信道上的较高层协议之间的连接。

③创建安全连接：建立包括验证和加密在内的连接程序。

（5）文件传输配置文件（FTP）：FTP定义了客户端设备如何浏览服务器设备上的文件夹和文件。一旦客户端找到了文件或位置，客户端即可从服务器拉取文件或通过GOEP从客户端推送文件至服务器。

（6）通用访问配置文件（GAP）：GAP是所有其他配置文件的基础，是定义在Bluetooth设备间建立基带链路的通用方法。此配置文件定义了一些通用的操作，这些操作可供引用GAP的配置文件以及实施多个配置文件的设备使用。GAP确保了两个Bluetooth设备（无须考虑制造商和应用程序）可以通过Bluetooth技术交换信息，以发现彼此支持的应用程序。不符合任何其他Bluetooth配置文件的Bluetooth设备必须与GAP符合以确保基本的互操作性和共存。

（7）免提配置文件（HFP）：它使用SCO携带单声道，连续可变斜率增量调制或脉冲编码对数-法或μ-法量化音频通道调制，HFP描述了网关设备如何用于供免提设备拨打和接听呼叫。典型配置如汽车使用手机作为网关设备。在车内，立体声系统用于电话音频，而车内安装的麦克风则用于通话时发送输出音频。HFP还可用于个人计算机在家中或办公环境中作为手机扬声器的情况。

(8)硬拷贝电缆替代配置文件(HCRP):HCRP定义了如何通过Bluetooth无线链路完成基于驱动程序的打印。此配置文件定义了客户端和服务器两种角色。客户端为包含打印驱动程序的设备,该打印程序适用于客户端希望打印其上内容的服务器。常见配置如充当客户端的个人计算机通过驱动程序使用充当服务器的打印机来进行打印,这提供了更为简便的无线选择以替代设备和打印机之间的电缆连接。HCRP没有为与打印机通信设置标准,因此驱动程序需视特定打印机型号或范围而定。

(9)耳机配置文件(HSP):这是最常用的配置,为当前流行支持蓝牙耳机与移动电话使用。依靠以64 kbit编码的音频(单位为s)CVSD或PCM和AT命令,从GSM 07.07子集最大限度地减少环路能力、接听来电、挂断电话和调整音量。HSP描述了Bluetooth耳机如何与计算机或其他Bluetooth设备(如手机)通信。连接和配置好后,耳机可以作为远程设备的音频输入和输出接口。

(10)内部通信系统配置文件(ICP):Bluetooth(蓝牙)射频也可能由于其他射频干扰而接收不到。因为Bluetooth无线技术使用无须申请许可证的波段进行传输,所以这种情况尤其值得注意。幸运的是,该技术经过精心设计,不仅不会在所处波段产生不必要的噪音,而且还能够避开其他无线电波。能够影响Bluetooth无线产品的一些常见射频技术产品包括微波炉和某些型号的无绳电话。

(11)休眠设备:设备在已同步至主设备的基础模式微微网中运行,但放弃了其默认的ACL逻辑传输。

(12)个人局域网配置文件(PAN):PAN描述了两个或更多个Bluetooth设备如何构成一个即时网络,以及如何使用同一机制通过网络接入点接入远程网络。配置文件角色包括网络接入点、组即时网络及个人局域网用户。

(13)微微网。

①定义:占用一个共享物理信道的设备的集合,其中一个设备是微微网主设备,其余设备都连接至主设备。

②微微网物理信道:微微网物理信道是分为若干时隙的一种信道,每个时隙都与一个RF跳频相关联。连续的跳频通常与不同的RF跳频相对应,并以1 600 hops/s的标准跳频速率发生。这些连续跳频遵循伪随机跳频序列,在79个射频信道间进行跳频。

③微微网主设备:微微网主设备是微微网中的设备,其Bluetooth时钟和Bluetooth设备地址定义了微微网物理信道的特征。微微网中除主设备以外的任意设备,均连接于微微网主设备上。

微微网(Piconet)是由采用蓝牙技术的设备以特定方式组成的网络。微微网的建立由两台设备的连接开始,最多由8台设备构成。网络内的蓝牙设备是对等的,以同样的方式工作。当微微网建立时,只有一台设备为主设备,其他均为从属设备,并持续在微微网生存期间一直维持这一状况(图2.22)。

在微微网络中一般包含如下设置:

◈主设备(Master Unit):指在微微网中,某台设备的时钟和跳频序列用于同步其他设备。

◈从设备(Slave Unit):指非主设备的设备。

◈ MAC地址(MAC Address):指用3 bit表示的地址,用于区分微微网中的设备。

◈休眠设备(Parked Units):指在微微网中只参与同步,但没有 MAC 地址的设备。

◈监听及保持方式(Sniff and Hold Mode):指微微网中从设备的两种低功耗工作方式。

分布网络(Scatternet)是由多个独立、非同步的微微网形成的。在两个相关的微微网络中,一般有一个设备起到桥接的作用,它同时属于这两个网络(图 2.23)。

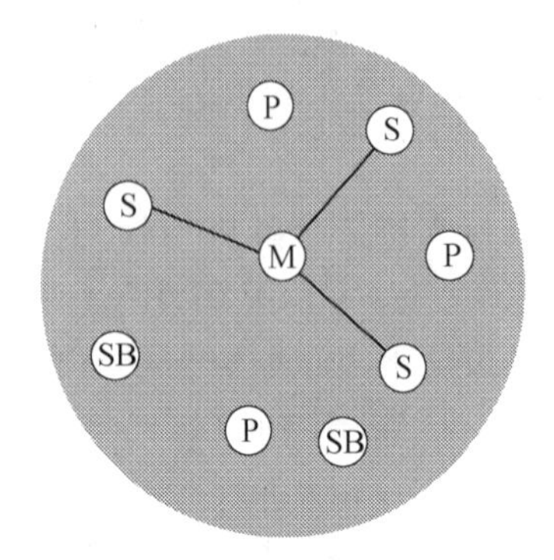

图 2.22 微微网

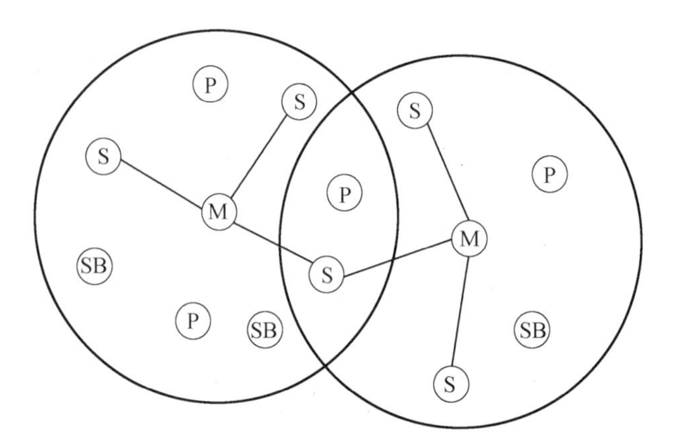

图 2.23 分布网络

2. 蓝牙系统的组成

(1)角色。每个微微网包括一个且只有一个主控设备和最多 7 个从属设备,任何一个蓝牙设备既可成为主控设备又可成为从属设备。角色的分配是在微微网形成时临时确定的,发出连接指令的设备将成为主控设备,主/从转换功能可使角色改变。

(2)组成。蓝牙设备唯一标识自身跳转模式的是 Global ID,未连接进 Piconet 的设备处于 Standby 模式,此时这些设备监听其他设备的 inquiry 消息或者构建 Piconet 的 page。当某个设备发出查询命令时,接收设备用 FHS 包发送自己的 ID 号和时钟偏移给询问者,以便其形成一个完整的覆盖范围内的设备情况表。

Master 用所需设备的 ID 号寻呼这个设备(此 ID 号是在先前的 inquiry 中得到的)。被呼设备将用自己的 ID 号回应,然后 Master 会再发一个 FHS 包(包括 Master 的 ID 号和时钟偏移)给被呼设备,被呼设备便加入了 Master 的 Piconet。

(3)地址。一旦某个设备加入 Piconet 中,就被分配一个 3 bit 的 Master 地址(AMA),其他成员可以用其访问该设备。一旦 Piconet 内有 8 个活动 Slave,Master 必须把一个 Slave 强制成 Park 模式。在 Park 模式中,此设备仍然存在于 Piconet 中,但是它释放了 AMA 地址而得到一个 8 bit 的被动成员地址(PMA)。AMA 和 PMA 允许超过 256 个设备同时存在于一个 Piconet 中,但是只有 8 个具有 AMA 地址的设备才能进行通信。

Park 模式设备以一定时间间隔侦听外界指令,Master 有能力给所有的 Slave 广播信息。处于 Standby 状态的设备也监听其他设备发出的 inquiry 或 page 指令,每隔 1.25 s 它们就做一次这样的扫描。

(4)inquiry。Master 使用的是全球统一的预留 inquiry 事件 ID 标识号,并采用全球唯一的包含 32 个信道的信道序列发送此指令,32 个回复信道也是预留的。

进行 inquiry 扫描的设备每隔 1.25 s 就在这 32 个信道中的某个信道上停留 10 ms,然后就跳转到序列中的下一个信道继续监听,直到该设备的 inquiry 扫描功能被禁止,由于可能不止一个设备发出 inquiry 指令,因此要连续监听。

在主询端,32 个 inquiry 信道被分成 2 个频组,每组 16 个信道。主询设备先在第 1 频组上发布 16 条相同的 inquiry 指令,随即每隔 1.25 s 在反向回复信道上监听回音。如果被询设备扫描的信道正好和主询设备发布指令的信道重合,被询设备的监测相关器就会起较明显的反应,而后被询设备就会用 HFS 包发送自己的 ID 号和时钟偏移。在下一个 1.25 s 内主询设备用第 2 组频率重新发布 inquiry 指令,如此反复,直到主询设备覆盖范围内的所有设备都发回 FHS 包。

(5)page。每个设备依据其 ID 号都有唯一的包含 32 个寻呼频率的信道序列和包含 32 个回复频率的信道序列。处于 Standby 状态的设备,每隔 1.25 s 在其特有的寻呼信道序列中的某个信道停留 10 ms,以监听寻呼 ID 信息,若此 ID 号不是自己的,该设备就跳转到序列中的下一个寻呼信道继续监听。

在主寻呼端,呼叫设备的 32 个寻呼信道也被分成 2 个频组,每组 16 个信道。主寻呼设备先根据它最近知道的被呼设备的时钟偏移作出被呼设备位置的估计,然后调整两个频组的频率,随即主呼设备先用第 1 组估计的频率持续地呼叫 1.25 s。

如果主呼设备未收到回音,说明位置估计是错误的,主呼设备将在下一个 1.25 s 内使用第 2 频组。小的时钟偏移会使呼叫过程很快完成,而大的时钟偏移却会使该过程延长到最大 2.5 s,这是两个频组总共呼叫的时间。寻呼过程的平均时延是 0.64 s。一旦一个设备通过 inquiry 被发现并且通过 page 加入 Piconet 中,Piconet 就形成了。

(6)状态转换。为了在很低的功率状态下也能使蓝牙设备处于连接状态,蓝牙规定了 3 种节能状态,即停等(Park)状态、保持(Hold)状态和呼吸(Sniff)状态(图 2.24)。

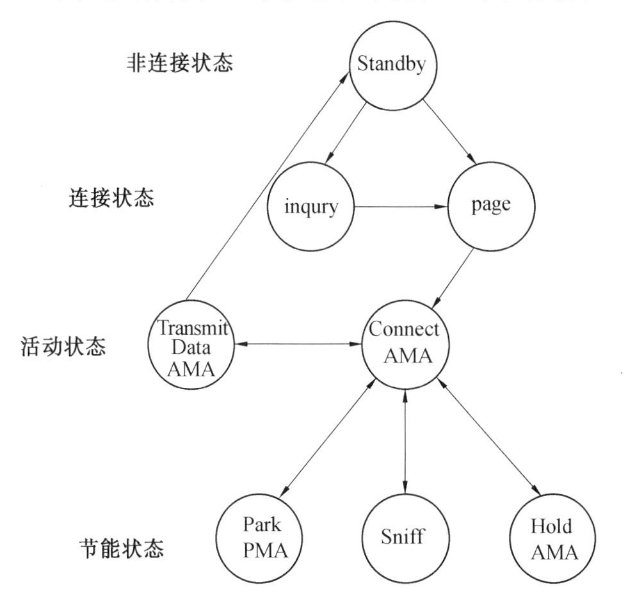

图 2.24　Blue Tooth 的状态转换

在 Sniff 状态中,从属设备降低了从 Piconet"收听"消息的速率,一会儿醒一会儿睡,宛如呼吸一样。

Hold 状态,设备停止传送数据,但一旦激活,数据传递就立即重新开始。

在 Park 状态中,设备被赋予 PMA 地址,并以一定间隔监听主控设备的消息,主控设备的消息包括:

① 询问该设备是否想成为活动设备;

② 询问任何停等的设备是否想成为活动设备;

③ 广播消息。

这 3 种状态的节能效率为:呼吸模式<保持模式<停等模式。

2.5.3 蓝牙典型应用场景

在过去多年的发展过程中,蓝牙协议在不断迭代与完善,其每次重大更新都会催生出新的技术变革,并带来很多创新场景与应用。不同的场景、应用和需求,反过来对蓝牙技术提出了更高的要求,也影响了蓝牙技术的发展路径。这使得蓝牙技术从个人短距离无线通信方案逐步拓展到商业、工业级互连方案,以满足不断增长的无线创新需求。

总体来说,目前蓝牙的典型应用场景大致有 4 类:蓝牙音频传输、蓝牙数据传输、蓝牙位置服务和蓝牙 Mesh。

1. 蓝牙音频传输

蓝牙音频传输是目前应用最广泛的蓝牙技术,在无线音频领域中占有主导地位。为了持续改进蓝牙音频传输的体验,2020 年,蓝牙技术联盟在蓝牙 5.2 中推出了新一代的低功耗蓝牙音频(LE Audio) 技术。相较于经典蓝牙音频,基于低功耗蓝牙的音频传输能够提供更好的音质与更低的功耗,并且带来了音频多流、音频共享等改变传统音频体验的创新应用,这进一步巩固了蓝牙在音频传输领域的主导地位。

蓝牙音频传输的典型应用包括以下 3 方面。

(1) 蓝牙耳机。蓝牙耳机作为最早面世的无线音频设备,其产品形态丰富多样,包括头戴式耳机、颈挂式耳机以及更加便携的 TWS 耳机等。蓝牙耳机的出现增加了个人娱乐、通话的隐私性,成为很多人不可或缺的电子产品。得益于耳机上下游厂商的不懈努力,蓝牙耳机被诟病的音质问题也得到很大改善,如支持高清语音编码与主动降噪的蓝牙耳机在音质体验上已接近无损级别。

(2) 蓝牙音箱。蓝牙音箱主要用于室内家庭高保真娱乐系统或户外场景。户外场景下适合使用便携防水的蓝牙音箱,可缓解用户在骑行或登山等活动中的疲劳;在家庭等室内场景下则更加注重音箱的音质,因此适合使用体型稍重的蓝牙音箱,其在结构设计上会增加音腔容积,从而营造出更加出色的低音效果;在多个音箱的场景下,通过协同区分声道,可以组合成立体声或环绕声,使得音质进一步提升,从而满足用户在家庭场景下对高品质音频的需求。

(3) 车载系统。车载系统是汽车设备中结合了硬、软件的一体化系统,车载系统中的蓝牙应用可与智能手机配合,实现免提通话,从而使司机免于分心,提升了驾车的安全性。同时,车载系统中的蓝牙无线音频传输可替代传统的音频电台,这也提升了车辆行驶过程中的娱乐体验。其他蓝牙应用,比如蓝牙遥控钥匙、蓝牙胎压监测等,在车载系统中也逐渐流行开来。

2. 蓝牙数据传输

蓝牙数据传输是蓝牙早期的主要发展和应用方向,即蓝牙作为短距离无线通信技术,替代繁杂的有线连接。早期经典蓝牙的数据传输关注的是数据的传输速率,它主要用于大数据的传输。

蓝牙4.0和低功耗蓝牙的出现将蓝牙数据传输带入一个新的赛道，蓝牙传输逐渐过渡为用于进行低功耗、低成本和低宽带的数据传输。在蓝牙不断发展的过程中，得益于低功耗蓝牙基于GATT丰富多样的Profile以及自定义服务，其数据传输功能在物联网连接中得到了广泛的使用，蓝牙数据传输功能的使用占比甚至超过了WiFi与蜂窝网络。

此外，在2016年年底推出的蓝牙5.0中，新增了物理层LE 2M PHY和LE Coded PHY，可实现更高速率传输和更长距离的连接，这大幅提升了低功耗蓝牙数据传输的性能，使得蓝牙数据传输应用得到进一步扩展。

蓝牙数据传输的典型应用包括以下应用场景。

(1)智能穿戴。智能穿戴设备广泛应用于娱乐、运动等领域。蓝牙能对可穿戴设备(如TWS耳机、智能手表和智能手环等产品)进行赋能，可通过软件支持和云端交互等多种技术，实现步数监测、心率测定和睡眠监测等功能。

(2)健康医疗。健康医疗是大数据在医疗领域的分支应用。通过在医疗领域使用低功耗蓝牙技术，可以跟踪健康信息。比如，通过智能监测血压、血氧等信息，用户可以方便地了解自己当前的健康状态，科学地实现疾病防治与健康管理。同时，在医院或疗养机构，使用蓝牙连接的医疗设备可以对健康信息进行实时监测，实现对病人更加智能化的护理服务。

(3)智能语音。智能语音是人工智能技术的重要组成部分，近年来得到了广泛的应用。相较于传统的人机交互方式，智能语音交互带来了全新的交互体验。通过蓝牙传输语音数据，再配合智能手机与云平台的语音识别、自然语言处理等功能，可在传统蓝牙设备上实现智能语音助手功能，扩展智能语音技术的应用场景。比如，与红外遥控器相比，与智能电视搭配的蓝牙语音遥控器可实现更大范围、可靠的连接通信，语音控制也可以更加精确并可定制化。

(4)无线配件。蓝牙无线配件让人们摆脱了有线的束缚，在生活中得到了广泛应用。比如，蓝牙鼠标、蓝牙键盘是常见的无线配件；蓝牙开关、蓝牙灯可方便用户对灯光控制进行定制；蓝牙自拍杆、蓝牙玩具遥控器解决了有线连接不方便收纳的问题。这些无线蓝牙设备不需要额外的传输线路就可以保持连接状态，因此相当简洁且方便可靠。

3. 蓝牙位置服务

蓝牙5.1版本中新增了蓝牙寻向功能(Direction Finding)。开启了该功能的蓝牙设备通过追踪蓝牙信号的方向，具备了测距、测向能力，而且使得定位精度提升到厘米级别。使用蓝牙技术开发的厘米级别的实时定位方案，包括室内导航、寻物、地标信息获取和资产跟踪等，可解决GPS难以覆盖室内的问题。可见，蓝牙位置服务与智能手机的结合将大大提升用户的体验，蓝牙位置服务也将迎来新的发展契机和潜力。可以预见，蓝牙位置服务将成为未来智能手机中不可或缺的一个功能。

蓝牙寻向功能的基本原理就是利用无线电的相位差计算出位置信息。它主要是将到达角(Angle-of-Arrival，AoA)和出发角(Angle of Departure，AoD)两种定位技术加到了蓝牙的设计链路中，从而能够在室内的密闭空间(比如会场、广场和酒店等场合)通过一定的算法估算当前角度，实现更高精度的位置定位。

蓝牙位置服务的典型应用包括以下应用场景：

(1)定位导航。蓝牙室内定位系统可帮助人们在机场、车站和商场等复杂环境中进行导航，其全新的定位方式使得系统的定位精度进一步提升，从而可以提供精准的室内复杂环境的定位、导航服务。比如，在室内商场，蓝牙位置服务可帮助用户快速找到出入口、电梯和洗手间。在大型展览馆以及博物馆中，蓝牙位置服务可为参观者提供智能导航与导览服务，帮助参观者快速找到展位或展品。

(2)资产追踪。资产追踪功能可以对资产或人员应用蓝牙位置服务，比如可在仓库中对工具与工人进行定位，实现人员监控围栏及人员定位追踪，以防止人员误入危险作业区域，保障人员安全。蓝牙位置服务也可以用来在医院中对医疗设备进行定位，如对救生物资进行实时定位，减少设备的找寻时间，实现救生资源的高效利用。

(3)防丢寻物。在个人物品的防丢与寻物方面，蓝牙位置服务提供了经济有效的新方法。用户可将蓝牙标签贴在钥匙、钱包和行李等个人财物上，然后通过支持蓝牙位置服务的手机应用程序进行寻找，而且还可以根据位置的相对信息实时防护个人物品。一旦物品脱离安全范围，蓝牙标签将立即发出警报，并通知用户的物品位置信息，以方便用户根据位置信息找回个人物品。

4. 蓝牙 Mesh

蓝牙技术联盟于 2017 年发布蓝牙 Mesh（网格）规范，该规范定义了基于低功耗蓝牙的多对多网络拓扑结构，弥补了传统蓝牙点对点单一拓扑结构的缺陷，使得蓝牙可以提供多对多的数据传输。基于蓝牙 Mesh 技术，可以构建大范围的蓝牙设备网络，可用于楼宇自动化、无线传感器网络等物联网解决方案。

蓝牙 Mesh 在以下场景有广泛应用：

(1)控制系统。蓝牙 Mesh 在智能控制系统中有很好的应用，并成为很多控制系统首选的无线网络技术。它可以配合智能手机或其他智能终端，在智能楼宇与智能家居中实现如照明控制等先进的互连方案。

(2)监控系统。蓝牙 Mesh 稳定且搭载能力强，可以结合传感器实现传感器的网络化部署，在监控系统中发挥感知与告警的作用。蓝牙 Mesh 能够传递传感器监测到的环境光照、温湿度等信息，可帮助用户更好地满足设备生产和维护所需环境的要求。

(3)智慧工业。蓝牙 5.0 中新增的物理层能让蓝牙传输更远的距离，有助于提高复杂的工业环境中无线连接的可靠性。同时，由于低功耗蓝牙在功耗、延迟、可靠性和距离等方面有很好的平衡，因此蓝牙 Mesh 能够为工业级解决方案提供有力支持，有助于降低实施成本，提高运营效率。例如，借助于蓝牙 Mesh 可以实现工厂内设备及大型机具的预测性维护及生产线的优化。

2.6 ZigBee 技术

2.6.1 ZigBee 技术简介

ZigBee 技术是一种应用于短距离范围，低传输数据速率下的各种电子设备之间的无线通信技术。ZigBee 名字来源于蜂群赖以生存和发展的通信方式，由于蜜蜂通过跳 zigzag 形状的舞蹈来通知发现的新食物源的位置、距离和方向等信息，故以此作为新一代无线通信技术的名称。ZigBee 过去又称为“HomeRF Lite”“RF-EasyLink”或“FireFly”无线电技术，目前统一称为 ZigBee 技术。

2.6.2 ZigBee 技术的特点

无线通信技术一直向着不断提高数据速率和传输距离的方向发展。例如:广域网范围内的第三代移动通信网络(3G)的作用是提供多媒体无线服务,局域网范围内的标准数据速率从IEEE 802.11 的 1 Mbit/s 到 IEEE 802.11g 的 54 Mbit/s。而当前得到广泛研究的 ZigBee 技术则致力于提供一种廉价的,可供固定、便携或者移动设备使用的极低复杂度、成本和功耗的,低速率的无线通信技术,这种无线通信技术具有如下特点:

(1)低功耗。在低功耗待机状态下,两节五号干电池可以使用 6 ~ 24 个月甚至更长,从而免去了充电或者频繁更换电池的麻烦。这是 ZigBee 的突出优势,特别适用于无线传感器网络。

(2)低成本。通过大幅简化协议(不到蓝牙的 1/10)降低了对通信控制器的要求,以 8051 的 8 位微控制器测算,全功能的主节点需要 32 KB 代码,子功能节点仅需 4 KB 代码,而且 ZigBee 免协议专利费,每块芯片的价格低于 1 美元。

(3)数据传输速率低。ZigBee 工作在 20 ~ 250 kbit/s 的较低速率,它分别提供 250 kbit/s(2.4 GHz)、40 kbit/s(915 MHz)和 20 kbit/s(868 MHz)的原始数据吞吐率,满足低速率传输数据的应用需求。

(4)短时延。ZigBee 的响应速度快,一般从休眠转入工作状态只需 15 ms,节点接入网络只需 30 ms,节点连接进入网络只需 30 ms,进一步节省了电能。

(5)有效范围小。ZigBee 有效覆盖范围为 10 ~ 75 m,具体依据实际发射功率的大小和各种不同的应用模式而定,基本上能够覆盖普通的家庭或办公室环境。在增加 RF 发射功率后,亦可增加到 1 ~ 3 km。如果通过路由和节点间通信的接力,传输距离将可以更远。

(6)大容量。ZigBee 可采用星状、片状和网状网络结构,由一个主节点管理若干子节点。每个 ZigBee 网络最多可支持 255 个设备,也就是说,每个 ZigBee 设备可以与另外 254 台设备相连接;同时主节点还可由上一层网络节点管理,最多可组成 65 000 个节点的大网。

(7)安全性高。ZigBee 提供了检查数据完整性和鉴权的能力,采用 AES-128 加密算法,同时可以灵活确定其安全属性。

(8)免执照频段且工作频段灵活。ZigBee 采用直接序列扩频在工业科学医疗(ISM)频段使用,分为 2.4 GHz(全球)、915 MHz(美国)、868 MHz(欧洲)。

2.6.3 ZigBee 协议框架

ZigBee 是一组基于 IEEE 批准通过的 802.15.4 无线标准研制开发的组网、安全和应用软件方面的技术标准。与其他无线标准如 802.11 或 802.16 不同,ZigBee 和 802.15.4 以 250 kbit/s的最大传输速率承载有限的数据流量。ZigBee V1.0 版本的网络标准连同灯光控制设备描述已于 2004 年底推出,其他应用领域及相关设备的描述也会在随后的时间里陆续发布。

在标准规范的制订方面,主要由 IEEE 802.15.4 小组与 ZigBee Alliance 两个组织进行,两者分别制订硬件与软件标准,两者的角色分工就如同 IEEE 802.11 小组与 WiFi 的关系。2000 年 12 月,IEEE 成立了 802.15.4 小组,负责制订 MAC 与 PHY(物理层)规范,在 2003 年 5 月通过了 802.15.4 标准,802.15.4 任务小组目前在着手制订 802.15.4b 标准,此标准主要是加强

802.15.4 标准,包括解决标准有争议的地方、降低复杂度、提高适应性并考虑新频段的分配等。ZigBee 建立在 802.15.4 标准之上,它确定了可以在不同制造商之间共享的应用纲要。802.15.4 仅仅定义了实体层和介质访问层,并不足以保证不同的设备之间可以对话,于是便有了 ZigBee 联盟。

ZigBee 兼容的产品工作在 IEEE 802.15.4 的 PHY 上,其频段是免费开放的,分别为 2.4 GHz(全球)、915 MHz(美国)和 868 MHz(欧洲)。采用 ZigBee 技术的产品可以在 2.4 GHz 上提供 250 kbit/s(16 个信道)、在 915 MHz 提供 40 kbit/s(10 个信道)和在 868 MHz 上提供 20 kbit/s(1 个信道)的传输速率,传输范围依赖于输出功率和信道环境,介于 10 ~ 100 m,一般是 30 m 左右。由于 ZigBee 使用的是开放频段,已有多种无线通信技术使用,因此为避免被干扰,各个频段均采用直接序列扩频技术。同时,PHY 的直接序列扩频技术允许设备无须闭环同步。在这 3 个不同频段,都采用相位调制技术,2.4 GHz 采用较高阶的 QPSK 调制技术以达到 250 kbit/s 的速率,并降低工作时间,以减少功率消耗;而在 915 MHz 和 868 MHz 方面,则采用 BPSK 的调制技术。相比 2.4 GHz 频段,900 MHz 频段为低频频段,无线传播的损失较少,传输距离较长;且此频段过去主要是室内无绳电话使用的频段,现在因室内无绳电话转到 2.4 GHz,干扰反而比较少。

在 MAC 层上,ZigBee 主要沿用 WLAN 中 802.11 系列标准的 CSMA/CA 方式,以提高系统兼容性。所谓的 CSMA/CA 是在传输之前,会先检查信道是否有数据传输,若信道无数据传输,则开始进行数据传输,若产生碰撞,则稍后一段时间重传。

在网络层方面,ZigBee 联盟制订可以采用星形和网状拓扑两种结构,也允许两者的组合成为丛集树状。根据节点的不同角色,可分为全功能设备(Full-Function Device,FFD)与精简功能设备(Reduced-Function Device,RFD)。相较于 FFD,RFD 的电路较为简单且存储体容量较小。FFD 的节点具备控制器(Controller)的功能,能够提供数据交换,而 RFD 则只能传送数据给 FFD 或从 FFD 接收数据。

ZigBee 协议套件紧凑且简单,具体实现的硬件需求很低,8 位微处理器 80c51 即可满足要求,全功能协议软件需要 32 K 字节的 ROM,最小功能协议软件需要大约 4 K 字节的 ROM。

2.6.4 基于 ZigBee 技术的应用

从 IEEE 802.15.4 到 ZigBee 不难发现,制定这些标准的目的就是希望以低价切入产业自动化控制、能源监控、机电控制、照明系统管控、家庭安全和 RF 遥控等领域。在 ZigBee 网络中传输的数据通常分为 3 类:①周期性数据,数据速率是根据不同的应用定义的,如传感器中传递的数据。②间断性数据,数据速率是由应用或外部激励定义的,如控制电灯开关时传输的数据。③反复性的低反应时间的数据,数据速率根据分配的时隙定义,如无线鼠标传输的数据。因此,凡是只需传递少量信息,例如控制(Control) 或者事件(Event)的信息传递,都是 ZigBee 适用的场合。IEEE 802.15.4 标准也就是 ZigBee 技术,目标市场是工业、家庭及医学等需要低功耗、低成本无线通信的应用,而对数据速率和 QoS 的要求不高。

ZigBee 支持小范围的基于无线通信的控制和自动化等领域,ZigBee 联盟预测的主要应用领域包括工业控制、传感器的无线数据采集和监控、物流管理、消费性电子装置、汽车自动化、家庭和楼宇自动化、遥测遥控、农业自动化、医用装置控制、电脑外设、玩具和游戏机等。

1. 消费电子领域

ZigBee 技术可以代替现在的红外遥控,而它与红外遥控相比有两个优势:一是消费者可以不用站在家电前就能进行遥控操作;二是消费者每一个操作都会有反馈信息,告诉其是否实现了相关的操作。再如 ZigBee 可以用于家庭安保,消费者在家中的门窗上安装 ZigBee 网络,当有人闯入时 ZigBee 可以控制开启室内摄像装置,这些数据再通过 Internet 或 WLAN 网络反馈给主人,从而实现报警。可以联网的家用装置还有电视、录像机、无线耳机、PC 外设(键盘和鼠标等)、运动与休闲器械、儿童玩具、游戏机、窗户窗帘、照明装置、空调系统和其他家用电器。此外,一些家电生产企业为不同家电产品(如空调、热水器等)安装了 ZigBee 功能,用户可以通过 ZigBee 无线网络来控制这些产品的开启。由于手机与掌上电脑可以作为便携遥控装置,当家电、灯光和门禁等设备陆续具备 ZigBee 功能后,手机与掌上电脑上也可装上 ZigBee 模块,实现对这些装置的遥控。目前,已有手机企业推出了带有 ZigBee 技术的手机。基于 ZigBee 技术的个人身份卡能够代替家居和办公室的门禁卡,可以记录所有进出大门的个人的信息,加上个人电子指纹技术,有助于实现更加安全的门禁系统。嵌入 ZigBee 设备的信用卡可以很方便地实现无线提款和移动购物,商品的详细信息也将通过 ZigBee 设备广播给顾客。

在家居和个人电子设备领域,ZigBee 技术有着广阔而诱人的应用前景,能够在很大程度上改善我们的生活体验。

2. 家庭和楼宇自动化领域

家庭自动化系统和楼宇自动化领域作为电子技术的集成得到迅速扩展,易于进入、简单明了和廉价的安装成本等优势成了驱动自动化家居和建筑物开发与应用无线技术的主要原因。家庭中会有 50 ~ 150 个支持 ZigBee 的模块被安装在电视、灯具、遥控器、儿童玩具、游戏机、门禁系统、空调系统、烟火检测器、抄表系统、无线报警、安保系统、HVAC、厨房器械和其他家电产品中,通过 ZigBee 收集各种信息传送到中央控制装置或通过遥控达到远程控制的目的,使家居生活向自动化、网络化与智能化发展,以有效增加人居环境的方便性与舒适度。综合一系列特点,数字家庭应用比较偏向于老年看护、防盗防窃以及节能控制等方面。

3. 医学领域

借助于各种传感器和 ZigBee 网络,医生可以准确且实时地监测病人的血压、体温和心跳速度等信息,从而减少查房的工作负担;有助于医生做出快速的反应,特别是对重病和病危患者的监护和治疗。带有微型纽扣电池的自动化、无线控制的小型医疗器械将能够深入病人体内完成手术,从而在一定程度上减轻患者开刀的痛苦。

4. 传感器网络领域

传感器网由传感器和 ZigBee 装置构成监控网络,可自动采集、分析和处理各个节点的数据,适合于农业、工业、医学、军事等需要数据自动采集并要求网络传输的各个领域。ZigBee 技术在其他领域的应用也相当广泛,如照明、安全、物流管理等,更多的应用将取决于业界标准化组织、应用开发商和用户的进一步设计与完善。

5. 工业领域

ZigBee 技术有助于改进公共设施和能源管理、物流和库存追踪、安全性和访问控制等领域,它也能够跟踪其他系统以实现预防性维护和性能监控。例如,危险化学成分的检测、火警的早期检测和预报、照明系统的检测和控制、生产机台的流程控制、高速旋转机器的检测和维护等,都可借助 ZigBee 网络提供相关信息,以达到工业与环境控制的目的。传感器和 ZigBee

网络的利用，使得数据的自动采集、分析和处理变得更加容易，可以作为决策辅助系统的重要组成部分。生产车间可以利用传感器和 ZigBee 设备组成传感器网络，自动采集、分析和处理设备运行的数据，适用于危险、人力所不能及或者不方便的场合，如危险化学成分的检测、锅炉炉温监测、高速旋转机器的转速监控、火灾的检测和预报等，以帮助工厂技术和管理人员及时发现问题；同时借助物理定位功能，可以迅速确定问题发生的位置。ZigBee 技术用于现代化工厂中央控制系统的通信系统，可免去生产车间内的大量布线，降低安装和维护成本，便于网络的扩容和重新配置。这些应用不需要很高的数据吞吐量和连续的状态更新，重点在低功耗，从而最大限度地延长电池的寿命，减少 ZigBee 网络的维护成本。

6. 农业领域

传统农业主要使用孤立的、没有通信能力的机械装置，依靠人力监测作物的生长状况。采用由成千上万个传感器构成的比较复杂的 ZigBee 网络后，农业将可以逐渐地转向以信息和软件为中心的生产模式，使用更多的自动化、网络化、智能化和远程控制的装置来耕种。传感器可能收集包括土壤湿度、氮浓度、pH、降水量、温度、空气湿度和气压等信息。这些信息和采集信息的地理位置经由 ZigBee 网络传递到中央控制装置供农民决策和参考，这样农民能够及早而准确地发现问题，从而有助于保持并提高农作物的产量。

7. 汽车领域

在汽车领域，主要使用传递信息的通用传感器。由于很多传感器只能内置在飞转的车轮或者发动机中，这不仅要求采用无线技术，而且要求内置的无线通信装置使用的电池寿命长，最好超过或等于轮胎本身的寿命，同时还应该克服嘈杂的环境和金属结构对电磁波的屏蔽效应。例如，汽车车轮或者发动机内安装的传感器可以借助 ZigBee 网络把监测数据及时传送给司机，从而能够及早发现问题，降低事故发生的可能性，但是汽车中使用的 ZigBee 设备需要克服上述问题。

8. 交通领域

如果街道、高速公路沿线及其他地方分布式地装有大量路标或其他简单装置，可以不再担心迷路的问题。安装在汽车里的装置会告知驾驶员现在所处的位置和方向。虽然从全球定位系统（GPS）也能获得类似服务，但是这种新的分布式系统能提供更精确、更具体的信息，即使在 GPS 覆盖不到的楼内或隧道内，仍能继续使用此系统。事实上，从这个新系统能够得到比 GPS 多得多的信息，如限速、前方是单行线还是双行线、前方每条街的交通情况或事故信息等。使用这种系统还可以跟踪公共交通情况，适时地赶下一班车，而不致在寒风中或烈日下在车站等上数十分钟。基于这样的新系统还可以开发出许多其他功能，例如，在不同街道根据不同交通流量动态调节红绿灯，追踪超速的汽车或被盗的汽车等。当然，应用这一系统的关键在于成本、功耗和安全性等方面，而这正是 802.15.4 要解决的问题。

9. 销售物流领域

ZigBee 零售服务作为一种新产业标准，应零售商和顾客的要求，提供了在零售环境下传输信息的网络。ZigBee 零售服务能够无缝连接个人购物助理、智能购物车、电子货架标签、资产跟踪标签、员工客户门房甚至家庭网关等网络设备；也可以使零售商对项目从其来源一直监控到仓储商店的货架上，这样一来，可以通过资产跟踪和监控温度/湿度来减少易腐品的损坏和泄漏。ZigBee 零售服务将支持一个完全集成的生态系统，为技术供应商、商人、配送中心、住宅和商业的消费者提供一种标准的方式进行自动化的监测以及货物的购买和交付。

这种方法对顾客来说,有助于提高他们的购物体验,节省时间和金钱。另外,ZigBee 零售服务还可以结合其他 ZigBee 标准进一步增加企业的整体效益,允许零售商实现多个店内组件出现在同一个网络,如购物、资产跟踪、能源管理、销售和市场营销以及药房服务等。这种整体的方法使零售商能够降低成本,提高效率并获得顾客购物行为,以此来改善信息服务。

2.6.5　ZigBee 发展现状及展望

在蓝牙技术的使用过程中,人们发现蓝牙技术尽管有许多优点,但缺陷仍不在少数。对工业、家庭自动化控制和工业遥测遥控领域而言,蓝牙技术具有太复杂、功耗大、距离近、组网规模太小等弊端。在上述应用中,蓝牙系统所传输的数据量小、传输速率低,使用的终端设备通常为采用电池供电的嵌入式系统,因此这些系统必须要求传输设备具有成本低、功耗小的特点。应此要求,2000 年 12 月 IEEE 成立了 IEEE 802.15.4 工作组,该小组制定的 IEEE 802.15.4 标准是一种经济、高效、低数据速率(小于 250 kbit/s)、工作在 2.4 GHz 和 868 MHz(或 928 MHz)的无线通信技术,用于个域网和对等网状网络中。

ZigBee 正是基于 IEEE 802.15.4 无线标准研制开发的,它是一种新兴的短距离、低复杂度、低功耗、低数据速率、低成本的无线网络技术,是一种介于无线标记技术和蓝牙之间的技术提案,主要用于近距离无线连接。它依据 IEEE 802.15.4 标准,在数千个微小的传感器之间相互协调实现通信。这些传感器只需要很少的能量,以接力的方式通过无线电波将数据从一个网络节点传到另一个节点,所以它们的通信效率非常高。

2002 年,英国 Inwensys 公司、日本三菱电气公司、美国摩托罗拉公司和荷兰飞利浦半导体公司共同组成 ZigBee 联盟(ZigBee Alliance),以研发名为 ZigBee 的无线通信标准。该联盟已经包含 130 多家会员,其中涵盖了半导体生产商、IP 服务提供商、消费类电子厂商及初始设备制造商(OEM)等,包括 Honeywell 和 Eaton 等工业控制和家用自动化公司,甚至还有像 Mattle 之类的玩具公司。

IEEE 802.15.4 小组与 ZigBee 联盟共同制定了 ZigBee 规范。IEEE 802.15.4 小组负责制定物理层和介质访问层规范。ZigBee 联盟是一个全球企业联盟,旨在合作实现基于全球开放标准的可靠、低成本、低功耗的无线联网监控产品,它主要负责制定网络层、安全管理及应用界面规范,并于 2004 年 12 月通过了 1.0 版规范,它是 ZigBee 的第一个规范。ZigBee 联盟后来又陆续通过了 ZigBee2006、ZigBee PRO、ZigBee RF4CE 等规范。ZigBee 3.0 于 2015 年年底获批,该规范让用于家庭自动化、连接照明和节能等领域的设备具备通信和互操作性,因此产品开发商和服务提供商可以打造出更加多样化、完全可互操作的解决方案。开发商可以用新标准来定义目前基于 ZigBee PRO 标准的所有设备类型、命令和功能。同时,ZigBee3.0 版规范加入了 ZigBee RF4CE 和 ZigBee GreenPower 技术,分别强化低延迟性和低功耗。特别是加入支持 IPv6 的能力,让用户以 IP 网络方式进行远程操控,即 ZigBee 设备与 WiFi 设备类似,可以通过路由器或网关等连接到网络,用户可用手机或平板等远程控制通过 ZigBee 连接的智能家居设备。ZigBee 技术的市场发展不断壮大,2014 年 ZigBee 技术设备的出货量约为 200 万,2018 年在具有 802.15.4 功能的设备出货量中占 80%,2020 年达到 800 万的出货量。2021 年中国市场 ZigBee 模组的出货量为 9 000 万个。据市场研究公司 ON World 调查,预计到 2023 年底,基于 ZigBee 技术的设备出货量将达到 38 亿。

ZigBee 技术在 ZigBee 联盟和 IEEE 802.15.4 的推动下,结合其他无线技术,可以实现无所不在的网络覆盖。它不仅在工业、农业、军事、环境、医疗等传统领域具有巨大的运用价值，在未来，其应用可以涉及人类日常生活和社会生产活动的所有领域。

2.6.6 ZigBee 和 WiFi 的主要特性

ZigBee 协议是建立在 IEEE 802.15.4 协议定义的物理层和 MAC 层基础之上的，分为物理层、MAC 层、网络层和应用层。ZigBee 和 WiFi 的主要特性比较如下。

1. 成本

ZigBee 网络的数据传输速率低，协议简单，所以降低了成本。其中精简功能设备（RFD）只有简单的 8 位处理器和小协议栈，省掉了内存和其他电路，降低了 ZigBee 部件的成本。ZigBee 虽然尺寸小、单价低，但是总体成本还是比 WiFi 要贵很多。

2. 数据传输速率

（1）IEEE 802.15.4 定义了两个物理层标准，分别是 2.4 GHz 物理层和 868 MHz（或 915 MHz）物理层。它们都基于 DSSS（Direct Sequence Spread Spectrum，直接序列扩频），使用相同的物理层数据包格式，区别在于工作频率、调制技术、扩频码片长度和传输速率。2.4 GHz 波段为全球统一的无须申请的 ISM 频段，有助于 ZigBee 设备的推广和生产成本的降低。2.4 GHz 的物理层通过采用高阶调制技术，能够提供 250 kbit/s 的传输速率，有助于获得更高的吞吐量、更小的通信时延和更短的工作周期，从而更加省电。不过这只是链路上的速率，除掉帧头开销、信道竞争、应答和重传，真正能被应用所利用的速率可能不足 100 kbit/s，并且这余下的速率也可能要被邻近多个节点和同一个节点的多个应用所瓜分。目前，ZigBee 不能用于传输视频之类的应用，只能聚焦于一些低速率的应用，比如传感和控制。868 MHz 是欧洲的 ISM 频段，915 MHz是美国的 ISM 频段，这两个频段的引入避免了 2.4 GHz 附近各种无线通信设备的相互干扰。868 MHz 的传输速率为 20 kbit/s，916 MHz 是 40 kbit/s。这两个频段上无线信号传播损耗较小，因此可以降低对接收机灵敏度的要求，获得较远的有效通信距离，从而可以用较少的设备覆盖给定的区域。

（2）802.11n 标准有高达 600 Mbit/s 的速率，可提供支持对带宽最为敏感的应用所需的速率、范围和可靠性提供支持。802.11n 结合了多种技术，其中包括 Spatial Multiplexing MIMO（Multi-In，Multi-Out）（空间多路复用多入多出）、OFDM（正交频分复用），以便形成很高的速率，同时又能与以前的 IEEE 802.11b/g 设备通信。

3. 网络容量

（1）ZigBee 网络容量大，一个 ZigBee 网络最多包括 255 个 ZigBee 网络节点，其中一个是主控，其余是从属设备，若是通过网络协调器，整个网络最多可支持 65 000 个 ZigBee 网络节点，也就是说每个 ZigBee 节点可以与数万节点相连。由于 WSN（无线传感器网络）的能力很大程度上取决于节点的多少，也就是说可容纳的传感器节点越多，WSN 的功能越强大。

（2）路由策略和节点传输半径设置影响 IEEE 802.11 DCF 多跳网络容量。对于 Ad Hoc 或传感器网络这样的多跳无线网络来说，信源节点与信宿节点通常不在对方的传输覆盖范围内，因此在传送信息时需要经过中间节点的转发。在转发过程中，对路由的选择可以有两种策略：短跳路由策略，即数据转发过程使用由多个短距离链路组成的路由；长跳路由策略，即数据转发过程使用由少量的长距离链路组成的路由。

4. 安全性

(1)ZigBee 提供了数据完整性检查和鉴权功能,采用 AES-128 加密算法,安全机制由安全服务提供层提供,系统的整体安全性是在模板级定义的,每一层(MAC、网络或应用层)都能被保护,为了降低存储要求,它们可以分享安全钥匙。SSP 是通过 ZDO 进行初始化和配置的,要求实现高级加密标准(AES)。ZigBee 规范定义了信任中心的用途。

(2)802.11i 增强了 WiFi 技术的安全性。802.11i 基于强大的 AES-CCMP(高速加密标准模式/CBC-MAC 协议)加密算法,避免了 WEP(有线等效协议)中不可避免的 IV(向量初始化)和 MIC(信息完整性检查)的错误。通过使用 AES-CCMP,802.11i 不仅能加密数据包的有效负载,还可以保护被选中数据包的头字段。IEEE 802.11i 规定使用 802.1x 认证和密钥管理方式,在数据加密方面,定义了 TKIP(Temporal Key Integrity Protocol)、CCMP(Counter-Mode/CBC-MAC Protocol)和 WRAP(Wireless Robust Authenticated Protocol)3 种加密机制。其中 TKIP 采用 WEP 机制里的 RC4 作为核心加密算法,可以通过在现有的设备上升级固件和驱动程序的方法达到提高 WLAN 安全的目的。CCMP 机制基于 AES(Advanced Encryption Standard)加密算法和 CCM(Counter-Mode/CBC-MAC)认证方式,使得 WLAN 的安全程度大大提高,是实现 RSN 的强制性要求。由于 AES 对硬件要求比较高,因此 CCMP 无法通过在现有设备的基础上进行升级实现。WRAP 机制基于 AES 加密算法和 OCB(Offset Codebook),是一种可选的加密机制。

WiFi 联盟还开发了 WPA2 规范,这个规范是 WiFi 联盟为兼容 802.11i 标准而制订的,WPA2 尽管首次在 WiFi 网络上实现了 128 位的 AES,但它也将需要新的访问卡,在有些情况下还需要新的访问节点。WiFi 卡和许多访问节点中的处理器的运算能力都不够强大,不能处理 128 位的密码,更强大的加密技术可能会迫使用户购买新的访问点和无线访问卡。

5. 可靠性

(1)ZigBee 在技术上有许多保障功能,首先是物理层采用了扩频技术,能够在一定程度上抵抗干扰;其次 MAC 层和应用层(APS 部分)有应答重传功能,且 MAC 层的 CSMA 机制使节点发送之前先监听信道,也可以起到避开干扰的作用;最后,网络层采用了网状网的组网方式,从源节点到达目的节点可以有多条路径,路径的冗余加强了网络的健壮性,如果原先的路径出现了问题,比如受到干扰或其中一个中间节点出现故障,ZigBee 可以进行路由修复,另选一条合适的路径来保持通信。

(2)IEEE 802.11 制订了帧交换协议。当一个站点收到从另一个站点发来的数据帧时,它向源站点返回一个确认(Acknowledge,ACK)帧。如果数据帧被破坏或 ACK 损坏,源站点在一个很短的时间内没有收到 ACK,会立即重发该帧。为了更进一步增强可靠性,还可以使用四帧交换:请求发送帧(Request To Send,RTS);清除发送帧(Clear To Send,CTS);发送数据帧;ACK。

6. 时延

(1)ZigBee 时延短,通常在 15 ~ 30 ms,由于 ZigBee 采用随机接入 MAC 层且不支持时分复用的信道接入方式,因此对于一些实时的业务并不能很好地支持。而且由于发送冲突和多跳,使得时延变成一个不易确定的因素。

(2)IEEE 802.11 协议利用 CSMA/CA 技术避免冲突。工作过程如下:站 A 向站 B 发送数据前,先向站 B 发送一个请求发送帧 RTS,RTS 中含有整个通信过程需要持续的时间

(Duration);立即发送站地址、立即接收站地址和非立即接收站的节点收到该帧就依据该帧中Duration域的值设置自己的NAV(网络分配向量,用于判断信道是否被其他节点占用),等待该通信过程结束后再去竞争信道;站B收到RTS后就立即给站A发送一个允许发送帧CTS,CTS中含有剩下通信过程所需时间及站A地址,其他节点收到该CTS帧后同样也要设置自己的NAV,这样的2次握手可以很大程度上保证整个通信过程不受其他节点干扰;站A收到CTS后就发送数据,站B收到数据后就发送ACK,于是一次通信过程结束,但在多跳传输时会有时延。

小　结

本章首先对数据通信的相关基本概念进行了介绍,其次对数据通信时采用的数据调制与编码技术,以及多路复用技术的原理进行了简单阐述,在本章最后重点描述了无线局域网标准和蓝牙技术。

习　题

1. 某信息源的符号集由A,B,C,D和E组成,设每一信号独立出现,其出现概率分别为$\frac{1}{4}$,$\frac{1}{8}$,$\frac{3}{16}$,$\frac{5}{16}$,$\frac{1}{8}$,试求该信息源符号的平均信息量。

2. WLAN的拓扑结构有哪两类?

3. 写出Bluetooth的设备角色。

4. Bluetooth的节能状态有哪几个?试比较其节能效果。

5. Bluetooth的运行机制是什么?

6. ZigBee和WiFi的主要特性有哪些?

第3章 无线广域网络技术

本章主要学习移动通信技术，重点掌握GSM网络、GPRS网络、3G/UMTS的体系结构和协议栈，以及移动通信的演进路线等。

3.1 移动通信技术的发展历程

移动通信特别是蜂窝小区的迅速发展，使用户彻底摆脱终端设备的束缚，实现了完整的个人移动性，也提供了可靠的传输手段和接续方式。进入21世纪，移动通信已逐渐演变成社会发展和进步必不可少的工具。移动通信是指通信双方至少有一方的通信终端可以处于移动状态的通信方式，移动通信终端的载体可以是车辆、船舶、飞机、行人等。

1. 移动通信的历史与现状

人们公认1897年是人类移动通信的元年。这一年，意大利人马可尼在一个固定站和一艘拖船之间完成了一项无线电通信实验，也就是说，移动通信几乎伴随着无线通信的出现而诞生了，也由此揭开了移动通信辉煌发展的序幕。

现代意义上的移动通信系统起源于20世纪20年代，距今已有近100年的历史。现代移动通信系统经历了如下4个发展阶段：

第一阶段为20世纪20年代至40年代，为早期发展阶段。在这期间初步进行了一些传播特性的测试，并且在短波几个频段上开发出了专用移动通信系统，其代表是美国底特律市警察使用的车载无线电系统。该系统工作频率为2 MHz，到40年代提高到30～40 MHz。可以认为这个阶段是现代移动通信的起步阶段，特点是专用系统开发，工作频率较低，工作方式为单工或半双工方式。

第二阶段为20世纪40年代中期至60年代初期。在此期间内，公用移动通信业务问世。1946年，根据美国联邦通信委员会（FCC）的计划，贝尔系统在圣路易斯城建立了世界上第一个公用汽车电话网，称为“城市系统”。当时使用3个频道，间隔为120 kHz，通信方式为单工；随后，法（1956年）、英（1959年）等国相继研制了公用移动电话系统，美国贝尔实验室完成了人工交换系统的接续问题。这一阶段的特点是从专用移动网向公用移动网过渡，接续方式为人工，网络的容量较小。

第三阶段为20世纪60年代中期至70年代中期。在此期间，美国推出了改进型移动电话系统（IMTS），使用150 MHz和450 MHz频段，实现了无线频道自动选择并能够自动接续到公用电话网，德国也推出了具有相同技术水平的B网。可以说，这一阶段是移动通信系统改进与完善的阶段，其特点是采用大区制、中小容量，使用450 MHz频段，实现了自动选频与自动接续。

第四阶段为20世纪70年代中后期至今。在此期间,由于蜂窝理论的应用,频率复用的概念得以实用化。蜂窝移动通信系统是基于带宽或干扰受限,它通过分割小区,有效地控制干扰,在相隔一定距离的基站重复使用相同的频率,从而实现频率复用,大大提高了频谱的利用率,有效地提高了系统的容量。同时,由于微电子技术、计算机技术、通信网络技术以及通信调制编码技术的发展,移动通信在交换、信令网络体制和无线调制编码技术等方面有了长足的进展。这是移动通信蓬勃发展的时期,其特点是通信容量迅速增加,新业务不断出现,系统性能不断完善,技术的发展呈加快趋势。

第四阶段的蜂窝移动通信系统又可以划分为几个发展阶段。如按多址方式来分,则模拟频分多址(FDMA)系统是第一代移动通信系统(1G);使用电路交换的数字时分多址(TDMA)或码分多址(CDMA)系统是第二代移动通信系统(2G);使用分组/电路交换的CDMA系统是第三代移动通信系统(3G);使用了不同的高级接入技术并采用全IP(互联网协议)网络结构的系统称为第四代移动通信系统(4G);使用大规模天线技术和新型网络架构的是第五代移动通信系统(5G)。如按系统的典型技术来划分,则模拟系统是1G;数字语音系统是2G;数字语音/数据系统是超二代移动通信系统(B2G);宽带数字系统是3G;高速数据速率系统是4G;超宽带、海量连接、低时延系统是5G。

20世纪70年代中期至80年代中期是第一代蜂窝移动通信系统的发展阶段。1978年底,美国贝尔试验室成功研制先进移动电话系统(AMPS),建成了蜂窝状移动通信网,大大提高了系统容量,于1983年首次在芝加哥投入商用;同年12月,在华盛顿也开始启用;之后,服务区域在美国逐渐扩大,到1985年3月已扩展到47个地区,约10万移动用户。其他工业化国家也相继开发出蜂窝式公用移动通信网,日本于1979年推出了自己的AMPS版本——800 MHz汽车电话系统(HAMTS),并在东京、大阪、神户等地投入商用,成为全球首个商用蜂窝移动通信系统;英国在1985年开发出全球接入通信系统(TACS),首先在伦敦投入使用,之后覆盖了全国,频段为900 MHz;法国开发出450系统;加拿大推出450 MHz移动电话系统MTS;瑞典等北欧4国于1980年开发出NMT-450移动通信网并投入使用,频段为450 MHz。

20世纪80年代中期至20世纪末,是2G这样的数字移动通信系统发展和成熟的时期。以AMPS和TACS为代表的1G是模拟系统,模拟蜂窝网虽然取得了很大成功,但也暴露了一些问题,例如频谱利用率低、移动设备复杂、资费较贵、业务种类受限制以及通话易被窃听等,最主要的问题是其容量已不能满足日益增长的移动用户需求。解决这些问题的方法是开发新一代数字蜂窝移动通信系统。数字无线传输的频谱利用率高,可大大提高系统容量;另外,数字网能提供语音、数据等多种业务服务,并与ISDN等兼容。实际上,早在70年代末期,当模拟蜂窝系统还处于开发阶段时,一些发达国家就着手数字蜂窝移动通信系统的研究。1983年,欧洲开始开发GSM(最初定名为移动通信特别小组,后改称为全球移动通信系统),GSM是数字TDMA系统,1991年在德国首次部署,它是世界上第一个数字蜂窝移动通信系统。1988年,NA-TDMA(北美TDMA)——有时也叫DAMPS(数字AMPS)在美国作为数字标准得到了表决通过;1989年,美国Qualcomm公司开始开发窄带CDMA(N-CDMA);1995年美国电信产业协会(TIA)正式颁布了N-CDMA的标准,即IS-95A。随着IS-95A的进一步发展,于1998年制定了新的标准IS-95B。

自2000年开始,伴随着对第3代移动通信的大量论述以及2.5G(B2G)产品GPRS(通用无线分组业务)系统的过渡,3G 走上了通信舞台。其实早在 1985 年,国际电信联盟(ITU)就提出了第三代移动通信系统的概念,当时称为未来公众陆地移动通信系统(FPLMTS)。1996 年 ITU 将其更名为国际移动通信 2000(IMT-2000),其含义为该系统预期在 2000 年前后投入使用,工作于 2 000 MHz 频段,最高传输数据速率为 2 000 kbit/s。在此期间,世界上许多著名电信制造商或国家(或地区)的标准化组织向 ITU 提交了十几种无线接口协议,通过协商和融合,1999 年,在芬兰赫尔辛基召开的 ITU TG8/1 第 18 次会议最终通过了 IMT-2000 无线接口技术规范建议(IMT. RSPC),基本确立了 IMT-2000 的 3 种主流标准,即欧洲和日本提出的 WCDMA,美国提出的 CDMA2000 和我国提出的 TD-SCDMA。在业务和性能方面,3G 系统比 2G 系统有了很大提高,不仅可以实现全球普及和全球无缝漫游,而且具有支持多媒体业务的能力,数据传输速率大大提高。在技术上,3G 系统采用 CDMA 技术和分组交换技术,而不是 2G 系统通常采用的 TDMA 技术和电路交换技术。

2005 年,ITU 给了 B3G(超三代移动通信系统)一个正式名称——IMT-Advanced。2009 年,在其 ITU-RWP5D 工作组第 6 次会议上,6 项 4G 技术提案被提出,并在 2010 年正式确定 LTE-Advanced 和 802.16m 作为 4G 国际标准候选技术,均包含时分双工(TDD)和频分双工(FDD)两种制式。4G 技术是各种技术的无缝衔接,其关键技术包括正交频分复用(OFDM)技术、软件无线电、智能天线技术、多输入多输出(MIMO)技术和基于 IP 的核心网。2013 年 6 月,韩国电信运营商 SK 全球率先推出 LTE-A 网络,宣告了 4G 商用网络正式进入移动通信市场。

现阶段,移动通信已在全球迅猛发展。国际电信联盟 2013 年度报告显示,世界 71 亿人口中有 68 亿手机用户;据爱立信公司的调查报告显示,至 2022 年,全球移动宽带用户数达 83 亿,超过现有全球人口总数 75 亿。目前,2G、3G 和 4G 商用移动通信网络处于共存阶段,为各类用户服务,以满足不同业务需求;随着 5G 商用网络部署,2G 逐步退网,3G 业务会降低。与此同时,第五代移动通信系统作为面向 2020 年以后移动通信需求而发展的新一代移动通信系统,ITU 将其命名为 IMT-2020,其研发工作已在全球范围内展开,并逐步开展商业化应用。

2. 移动通信的发展趋势

自 20 世纪 80 年代以来,移动通信成为现代通信网络中发展最快的通信方式,近年更是呈加速发展的趋势。随着其应用领域的扩大和对性能要求的提高,其在技术上和理论上向更高水平发展,通常每 10 年将发展并更新一代移动通信系统。

从市场需求来看,移动互联网和物联网是下一代移动通信系统发展的两大主要驱动力,其中移动互联网颠覆了传统移动通信业务模式,而物联网则扩展了移动通信的服务范围。5G 系统的性能在 3 个方面是 4G 系统的 1 000 倍:首先是传输速率提高,平均传输速率将达到 100 Mbit/s ~ 1 Gbit/s;其次是总的数据流量;最后是频谱效率和能耗效率。总体来看移动通信技术发展呈现出以下新特点:

(1)5G 研究在推进技术变革的同时更加注重用户体验,网络平均吞吐速率、传输时延以及对虚拟现实、3D(三维)体验、交互式游戏等新兴移动业务的支撑能力等成为衡量 5G 系统性能的关键指标。

(2)与传统的移动通信系统理念不同,5G 系统研究不仅仅把点到点的物理层传输与信道编译码等经典技术作为核心,而是从更为广泛的多点、多用户、多天线、多小区协作组网作为突破的重点,力求在体系构架上寻求系统性能的大幅度提高。

(3)室内移动通信业务已占据应用的主导地位,5G 将室内无线覆盖性能及业务支撑能力作为系统优先设计目标,从而改变传统移动通信系统"以大范围覆盖为主、兼顾室内"的设计理念。

(4)高频段频谱资源将更多地应用于 5G 移动通信系统,但由于受到高频段无线电波穿透能力的限制,无线与有线的融合、光载无线组网等技术被更为普遍地应用。

(5)可"软"配置的 5G 无线网络成为未来的重要研究方向,运营商可根据业务流量的动态变化实时调整网络资源,有效地降低网络运营的成本和能源的消耗。

新移动通信系统的无线关键技术方向包括以下几点:

(1)新型信号处理技术,如更先进的干扰消除信号处理技术、新型多载波技术、增强调制分集等。

(2)超密集网络和协同无线通信技术,如小基站的优化、分布式天线的协作传输、分层网络的异构协同、不同接入技术的协同通信(蜂窝、无线局域网、传感器等)。

(3)新型多天线技术,如有源天线阵列、三维波束赋型、大规模天线等。

(4)新的频谱使用方式,如 TDD/FDD 的融合使用、实现频谱共享的认知无线电技术等。

(5)高频段的使用,如 6 GHz 以上高频段通信技术等。

总体来说,未来移动通信系统将向新业务不断推出、接入技术多样化、网络高度融合的方向发展,而其主要技术突破点仍然是新频段、无线传输技术和蜂窝组网技术。

3.2 第二代移动通信技术

3.2.1 第二代移动通信技术 GSM

1. GSM 的发展及特点

全球移动通信系统(Global System for Mobile Communications,GSM)源于欧洲。1982 年在欧洲邮电行政大会(CEPT)上成立"移动特别小组"(Group Special Mobile,GSM),开始制订适用于欧洲大部分国家的一种数字移动通信系统的技术规范,在 1990 年完成了 GSM900 的规范。随着设备的开发和数字蜂窝移动通信网的建立,GSM 逐渐演变为 Global System for Mobile Communication(全球移动通信系统)。

与模拟通信系统和其他第二代移动通信技术相比,GSM 的主要特点有:

(1)频谱效率高。GSM 采用了高效调制器、信道编码、交织、均衡和语音编码技术,使系统具有高频谱效率。

(2)容量大。通过增加每个信道传输带宽,使同频复用载干比(CIR)要求降低至 9 dB,GSM 系统的同频复用模式可以缩小到 4/12 或 3/9,甚至更小,而模拟系统是 7/21;引入半速率语音编码和自动话务分配以减少越区切换的次数,使 GSM 系统的容量(每兆赫每小区的信道数)为 TACS 系统的 3 ~5 倍。

(3)保证语音质量。在门限值以上时,语音质量总是达到相同的水平,而与无线传输质量无关。

(4)接口开放。接口开放不仅限于空中接口,还包括网络之间以及网络中各设备实体之间。

(5)安全性高。GSM 通过鉴权、加密和 TMSI 号码的使用,达到安全的目的。鉴权用来验证用户的入网权利,加密用于空中接口,由 SIM 卡和网络 AUC 的密钥决定。TMSI 是一个由业务网络给用户指定的临时识别号,以防止因被跟踪而泄漏其地理位置。

(6)与业务网络互联。GSM 与 ISDN 和 PSTN 等网络的互联通常利用现有的接口,如 ISUP 或 TUP 等。

(7)实现漫游。漫游是移动通信的重要特征,它标志着用户可以从一个网络自动进入另一个网络。GSM 系统中的漫游是在 SIM 卡识别号以及被称为 IMSI 的国际移动用户识别号的基础上实现的。

2. GSM 系统的结构与功能

GSM 系统的典型结构如图 3.1 所示。GSM 系统由若干个子系统和功能实体组成。其中基站子系统(BSS)在移动台(MS)和网络子系统(NSS)之间提供和管理传输通路,包括 MS 与 GSM 系统的功能实体之间的无线接口管理。NSS 管理通信业务,保证 MS 与相关的公用通信网或与其他 MS 之间建立通信, NSS 不直接与 MS 互通,BSS 也不直接与公用通信网互通。MS、BSS 和 NSS 组成 GSM 系统的实体部分,操作支持子系统(OSS)控制和维护系统的运行。

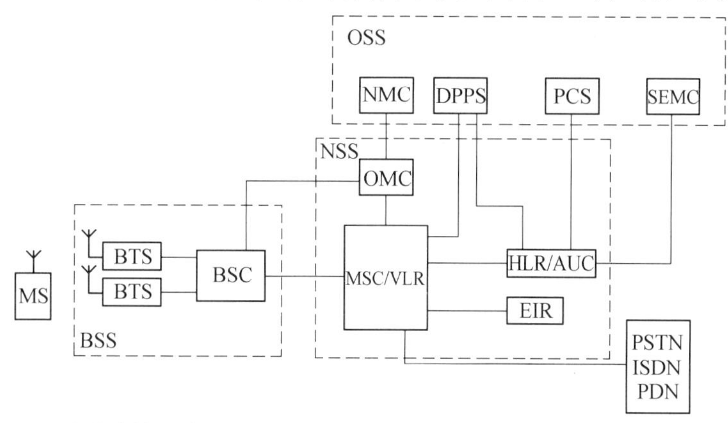

OSS:操作支持子系统　BSS:基站子系统　NSS:网络子系统
NMC:网络管理中心　DPPS:数据后处理系统 PCS　SEMC:安全管理中心
OMC:操作与维护中心　MSC:移动业务交换中心　VLR:访问位置寄存器
HLR:归属位置寄存器　AUC:鉴权中心　BSC:基站控制器
BTS:基站收发信台　PDN:公用数据网　PSTN:公用电话网
ISDN:综合业务数字网　MS:移动台

图 3.1　GSM 系统结构

(1)移动台(Mobile Station,MS)。移动台是 GSM 移动通信网中用户使用的设备,也是用户能够直接接触的整个 GSM 系统中的唯一设备。移动台的类型有手持、车载和便携式等。

移动台除了通过无线接口接入 GSM 系统的无线和处理功能外,还提供与使用者之间的接口,如完成通话呼叫所需要的话筒、扬声器、显示屏和按键,或者提供与其他一些终端设备之间的接口(如与个人计算机或传真机之间的接口,也可同时提供这两种接口)。因此,根据应用与服务情况,移动台可以是单独的移动终端(MT)、手持机、车载机,或者是由移动终端(MT)直接与终端设备(TE)传真机相连接而构成,或者是由移动终端(MT)通过相关终端适配器(TA)与终端设备(TE)相连接而构成。

移动台另外一个重要的组成部分是用户识别模块(Subscriber Interface Module,SIM),它基本上是一张符合 ISO 标准的 SMART 卡,包含所有与用户有关的及某些无线接口的信息,包括鉴权和加密信息。使用 GSM 标准的移动台都需要插入 SIM 卡,只有当处理异常的紧急呼叫时,可以在不用 SIM 卡的情况下操作移动台。GSM 系统通过 SIM 卡来识别移动电话用户。

(2)基站子系统(Base Station Subsystem,BSS)。典型的 BSS 组成方式如图 3.2 所示。BBS 通过无线接口直接与移动台相连,负责无线发送接收和无线资源管理。基站子系统与网络子系统(NSS)中的移动业务交换中心(MSC)相连,实现移动用户之间或移动用户与固定网络用户之间的通信连接,传送系统信号和用户信息。对 BSS 部分进行操作维护管理,需要建立 BSS 与操作支持子系统(OSS)之间的通信连接。

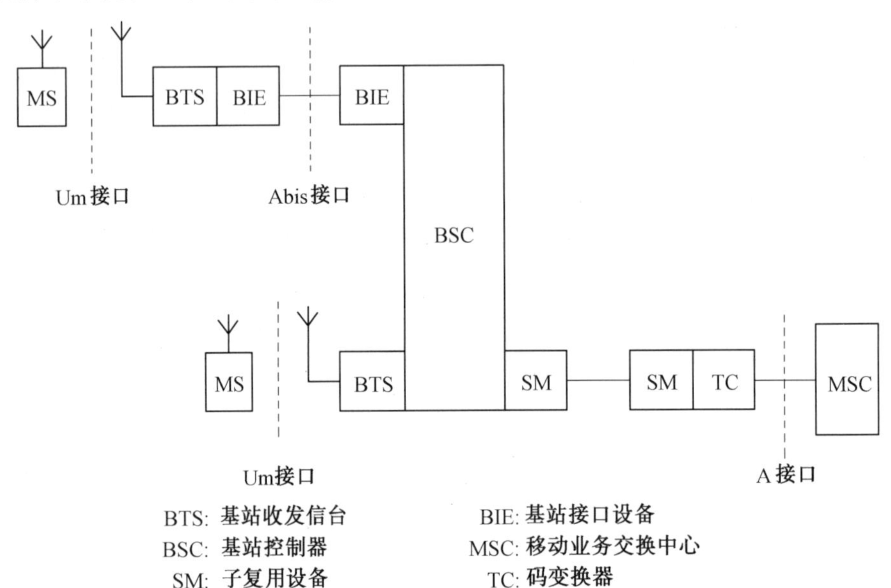

图 3.2 典型的 BSS 组成方式

BSS 由基站收发信台(BTS)和基站控制器(BSC)两部分功能实体构成。一个 BSC 根据话务量需要可以控制数十个 BTS。BTS 可以直接与 BSC 相连,也可以通过基站接口设备(BIE)采用远端控制的连接方式与 BSC 相连。BSS 还包括码变换器(TC)和相应的子复用设备(SM)。码变换器在实际情况下置于 BSC 和 MSC 之间,在组网的灵活性和减少传输设备配置数量方面具有许多优点。

①基站收发信台(Base Transceiver Station,BTS)。BTS 属于 BSS 的无线部分,由基站控制器(BSC)控制,服务于某个小区的无线收发信设备,完成 BSC 与无线信道之间的转换,实现与移动台之间通过空中接口的无线传输及相关的控制功能。BTS 主要分为基带单元、载频单元和控制单元 3 大部分。基带单元主要用于必要的语音和数据速率适配以及信道编码等。载频单元主要用于调制/解调与发射机/接收机之间的耦合等。控制单元则用于 BTS 的操作与维护。当 BSC 与 BTS 不设在同一处,需采用 Abis 接口时,必须增加传输单元,以实现 BSC 与 BTS 之间的远端连接方式。当 BSC 与 BTS 并置在同一处,只需采用 BS 接口时,则不需要传输单元。

②基站控制器(Base Station Controller,BSC)。BSC 是 BSS 的控制部分,是 BSS 的变换设备,承担无线资源和无线参数的管理。

BSC 主要由下列部分构成：

a. 与 MSC 相接的 A 接口或与码变换器相接的 Ater 接口的数字中继控制部分。

b. 与 BTS 相接的 Abis 接口或 BS 接口的 BTS 控制部分。

c. 公共处理部分，包括与运行维护中心相接的接口控制。

d. 交换部分。

（3）网络子系统（Network SubSystem，NSS）。NSS 实现 GSM 系统的交换功能和用于用户数据与移动性管理、安全性管理所需的数据库功能，它对 GSM 移动用户之间通信和 GSM 移动用户与其他通信网用户之间的通信起着管理作用。整个 GSM 系统内部，即 NSS 的各功能实体之间和 NSS 与 BSS 之间都通过符合 CCITT 信令系统 No.7 协议和 GSM 规范的 7 号信令网络互相通信。网络子系统由以下一系列功能实体构成：

①移动业务交换中心（Mobile Switching Center，MSC）。MSC 是 GSM 系统网络的核心，它提供交换功能及连接系统其他功能实体，如基站子系统、归属用户位置寄存器、鉴权中心、移动设备识别寄存器、运行维护中心和面向固定网（公用电话网 PSTN、综合业务数字网 ISDN 等）的接口功能，把移动用户与移动用户、移动用户与固定网用户互相连接起来。

MSC 从 3 种数据库，即归属用户位置寄存器（HLR）、访问用户位置寄存器（VLR）和鉴权中心（AUC）获取处理用户位置登记和呼叫请求所需的全部数据。MSC 也根据其最新获取的信息更新数据库的相关数据。

MSC 为移动用户提供以下业务：

a. 电信业务。例如：电话、紧急呼叫、传真和短消息服务等。

b. 承载业务。例如：同步数据 0.3～2.4 kbit/s 、分组组合和分解（PAD）等。

c. 补充业务。例如：呼叫转移、呼叫限制、呼叫等待、会议电话和计费通知等。

MSC 还支持位置登记、越区切换和自动漫游等移动特征性能和其他网络功能。

对于容量比较大的移动通信网，一个 NSS 可以包括若干个 MSC、VLR 和 HLR。这时，无须知道移动用户所处的位置，建立固定网用户与 GSM 移动用户之间的呼叫时，首先被接入入口移动业务交换中心（Gateway Mobile Switching Center，GMSC），入口交换机负责获取位置信息，把呼叫转接到可向该移动用户提供即时服务的 MSC，称为被访 MSC（VMSC）。GMSC 具有与固定网和其他 NSS 实体互通的接口。

②访问位置寄存器（Visited Location Registor，VLR）。VLR 在其控制区域内，存储进入其控制区域内已登记的移动用户相关信息，为已登记的移动用户提供建立呼叫接续的必要条件。VLR 从该移动用户的归属位置寄存（HLR）处获取并存储必要的数据。一旦移动用户离开该 VLR 的控制区域，则重新在另一个 VLR 登记，原 VLR 将取消临时记录的该移动用户数据。因此，VLR 可看作一个动态用户数据库。

③归属位置寄存器（Home Location Register，HLR）。HLR 是 GSM 系统的中心数据库，存储着该 HLR 控制的所有存在的移动用户的相关数据。一个 HLR 能够控制若干个移动交换区域及整个移动通信网，所有移动用户重要的静态数据都存储在 HLR 中，包括移动用户识别号码、访问能力、用户类别和补充业务等数据。HLR 还存储移动用户实际漫游所在的 MSC 区域相关动态信息数据，任何呼叫都可以按选择路径送到被叫的用户。

④鉴权中心（AUthentication Center，AUC）。AUC 存储着鉴权信息和加密密钥，用来防止无权用户接入系统，保证通过无线接口的移动用户通信的安全。AUC 属于 HLR 的一个功能

单元部分，用于 GSM 系统的安全性管理。

⑤移动设备识别寄存器（Equipment Identification Register，EIR）。EIR 寄存器存储着移动设备的国际移动设备识别码（IMEI），通过检查白色清单、黑色清单或灰色清单（这 3 个清单分别列出了准许使用的、出现故障需监视的、失窃不准使用的移动设备的 IMEI 识别码），使运营系统对于非正常运行的 MS 设备，能及时采取防范措施，确保网络内所使用的移动设备的唯一性和安全性。

（4）操作支持子系统（Operation-Support System，OSS）。OSS 实现移动用户管理、移动设备管理及网络操作和维护。

移动用户管理包括用户数据管理和呼叫计费。用户数据管理一般由 HLR 来实现，HLR 是 NSS 功能实体。用户识别卡 SIM 的管理也是用户数据管理的一部分，根据运营部门对 SIM 的管理要求和模式采用专门的 SIM 个人化设备，管理作为相对独立的用户识别卡 SIM。呼叫计费可以由移动用户所访问的各个移动业务交换中心 MSC 和 GMSC 分别处理，也可以通过 HLR 或独立的计费设备来集中处理计费数据。

网络操作与维护是对 GSM 系统的 BSS 和 NSS 进行操作与维护管理，实现网络操作与维护管理的设施称为操作与维护中心（OMC）。从电信管理网络（TMN）的角度看，OMC 应具备与高层次的 TMN 进行通信的接口功能，使 GSM 网络能与其他电信网络一起进行集中操作与维护管理。

3. GSM 系统的接口和协议

GSM 系统在制订技术规范时对各个子系统之间及各功能实体之间的接口和协议作了比较具体的定义，使不同供应商提供的 GSM 系统基础设备能够符合统一的 GSM 技术规范，达到互通、组网的目的。为使 GSM 系统实现国际漫游功能和在业务上连接 ISDN 的数据通信业务，建立规范和统一的信令网传递与移动业务有关的数据和各种信令信息，GSM 系统引入 7 号信令系统和信令网，因此 GSM 系统的公用陆地移动通信网的信令系统以 7 号信令网络为基础。

（1）主要接口。GSM 系统的主要接口是指 A 接口、Abis 接口和 Um 接口，如图 3.3 所示。这 3 种主要接口的定义和标准化能保证不同供应商生产的 MS、BSS 和 NSS 设备能纳入同一个 GSM 数字移动通信网运行和使用。

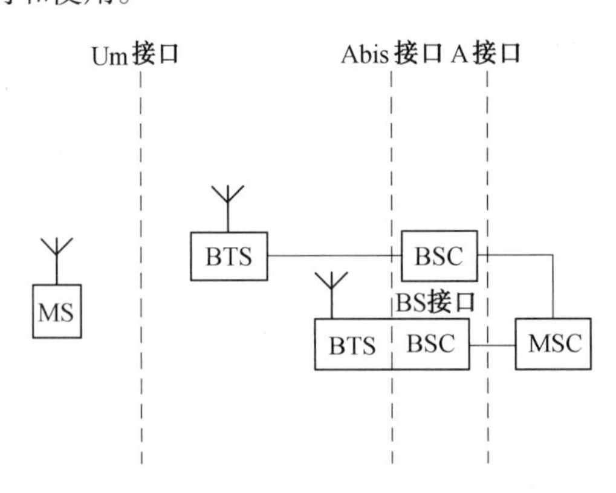

图 3.3　GSM 系统的主要接口

①A 接口。A 接口定义 NSS 与 BSS 之间的通信接口，是 MSC 与 BSC 之间的互联接口，其物理连接通过采用标准的 2.048 Mbit/s 的 PCM 数字传输链路来实现。此接口包括移动台管

理、基站管理、移动性管理、接续管理等信息。

②Abis 接口。Abis 接口定义 BSS 的两个功能实体 BSC 和 BTS 之间的通信接口,用于 BTS 与 BSC 之间的远端互联方式,物理连接通过采用标准的 2.048 Mbit/s 或 64 kbit/s 的 PCM 数字传输链路来实现。

③Um 接口。Um 接口是空中接口,它定义 MS 与 BTS 之间的通信接口,用于 MS 与 GSM 系统的固定部分之间的连接,其物理连接通过无线链路实现。此接口传递的信息包括无线资源管理、移动性管理和接续管理等。

(2)网络子系统内部接口。网络子系统由 MSC、VLR、HLR 等功能实体组成, GSM 技术规范定义了不同的接口,以保证各功能实体之间的接口标准化。

①D 接口。D 接口定义 HLR 与 VLR 之间的接口,用于交换有关移动台位置和用户管理的信息,为移动用户提供的主要服务是保证移动台在整个服务区内能建立和接收呼叫。D 接口的物理连接通过 MSC 与 HLR 之间的标准 2.048 Mbit/s 的 PCM 数字传输链路实现。

②B 接口。B 接口定义 VLR 与 MSC 之间的内部接口,用于 MSC 向 VLR 询问有关 MS 当前位置信息或者通知 VLR 有关 MS 的位置更新信息等。

③C 接口。C 接口定义 HLR 与 MSC 之间的接口,实现交换路由选择和管理信息。C 接口的物理连接方式与 D 接口相同。

④E 接口。E 接口定义控制相邻区域的不同 MSC 之间的接口。当 MS 在一个呼叫进行过程中,从一个 MSC 控制的区域移动到另一个 MSC 控制的区域时,为了不中断通信需完成越区信道切换,E 接口在切换过程中交换有关切换信息以启动和完成切换。E 接口的物理连接方式通过 MSC 之间的标准 2.048 Mbit/s 的 PCM 数字传输链路实现。

⑤F 接口。F 接口定义 MSC 与 EIR 之间的接口,用于交换相关的国际移动设备识别码管理信息。F 接口的物理连接方式通过 MSC 与 EIR 之间的标准 2.048 Mbit/s 的 PCM 数字传输链路实现。

⑥G 接口。G 接口定义 VLR 之间的接口。当采用临时移动用户识别码(TMSI)时,向分配临时移动用户识别码(TMSI)的 VLR 询问此移动用户的国际移动用户识别码(IMSI)的信息。G 接口的物理连接方式与 E 接口相同。

(3)GSM 系统与公用电信网的接口。公用电信网包括公用电话网(PSTN)、综合业务数字网(ISDN)、分组交换公用数据网(PSPDN)和电路交换公用数据网(CSPDN)。GSM 系统通过 MSC 与公用电信网互联,其接口满足 CCITT 的有关接口和信令标准。GSM 系统与 PSTN 和 ISDN 网的互联方式采用 7 号信令系统接口。其物理连接方式是通过 MSC 与 PSTN 或 ISDN 交换机之间的标准 2.048 Mbit/s 的 PCM 数字传输实现的。

(4)各接口协议。GSM 规范对各接口所使用的分层协议有详细的定义,如图 3.4 所示。通过各个接口互相传递有关的消息,为完成 GSM 系统的全部通信和管理功能建立起有效的信息传送通道。不同的接口可能采用不同形式的物理链路,完成各自特定的功能,传递各自特定的消息,这些都由相应的信令协议来实现。GSM 系统各接口采用的分层协议结构是符合开放系统互联(OSI)参考模型的。按连续的独立层描述协议,每层协议在服务接入点对上层协议提供特定的通信服务。

①协议分层结构。

信号层 1(L1,也称物理层)。L1 是无线接口的最底层,它提供传送比特流所需的物理链

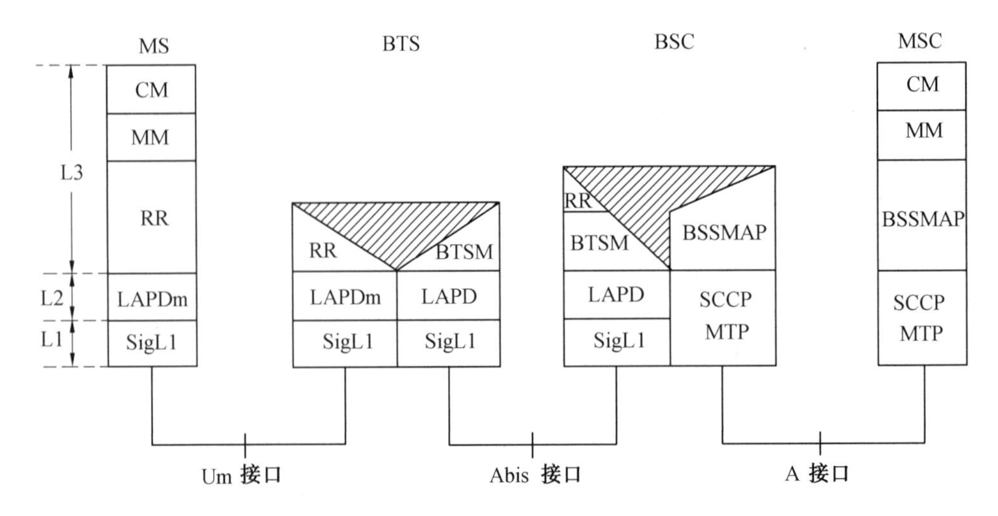

图 3.4 GSM 系统主要接口的协议分层

路,为高层提供不同功能的逻辑信道,包括业务信道和逻辑信道,每个逻辑信道有服务接入点。

信号层 2(L2)。在移动台和基站之间建立可靠的专用数据链路,L2 协议基于 ISDN 的 D 信道链路接入协议(LAP-D),在 Um 接口的 L2 协议称之为 LAP-Dm。

信号层 3(L3)。L3 是实际控制和管理的协议层,把用户和系统控制过程中的特定信息按一定的协议分组安排在指定的逻辑信道上。L3 包括 3 个基本子层:无线资源管理(RR)、移动性管理(MM)和接续管理(CM)。

②L3 的互通。在基站自行控制或在 MSC 的控制下基站完成蜂窝控制,子层在 BSS 中终止,RR 消息在 BSS 中进行处理和转译,映射成 BSS 移动应用(BSSMAP)的消息在 A 接口中传递,如图 3.5 所示。

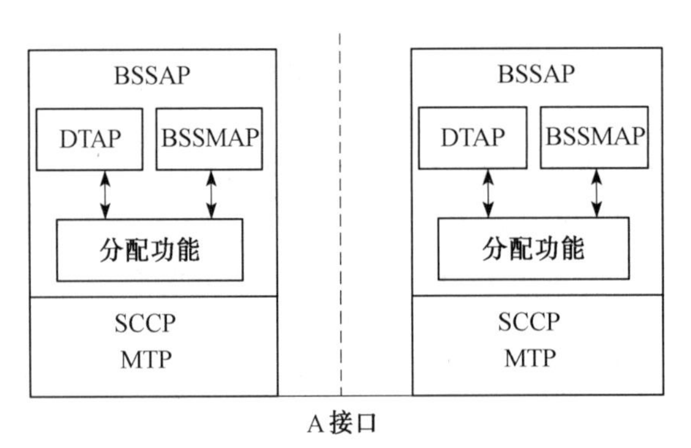

图 3.5 A 接口信令协议参考模型

MM 和 CM 都在 MSC 终止,MM 和 CM 消息在 A 接口中是采用直接转移应用部分(DTAP)传递,BSS 透明传递 MM 和 CM 消息,能够保证 L3 子层协议在各接口之间的互通。

③NSS 内部及与 PSTN 之间的协议。在 NSS 内部各功能实体之间已定义了 B、C、D、E、F 和 G 接口,这些接口的通信全部由 7 号信令系统支持,GSM 系统与 PSTN 之间的通信优先采用

7 号信令系统。与非呼叫相关的信令采用移动应用部分(MAP),用于 NSS 内部接口之间的通信;与呼叫相关的信令则采用电话用户部分(TUP)和 ISDN 用户部分(ISUP),分别用于 MSC 之间和 MSC 与 PSTN、ISDN 之间的通信。

3.2.2　GSM 系统的无线接口

语音信号在无线接口路径的处理过程包括:语音通过一个模/数转换器,经过 8 kHz 抽样、量化后变为每 125 μs 含有 13 bit 的码流;每 20 ms 为一段,语音编码后降低传码率为 13 kbit/s;经信道编码变为 22.8 kbit/s;经码字交织、加密和突发脉冲格式化后变为33.8 kbit/s 的码流,经调制后发送出去,如图 3.6 所示。接收端的处理过程相反。

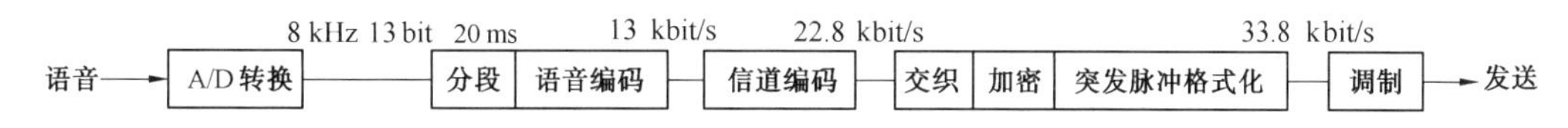

图 3.6　语音在 MS 中的处理过程

(1)语音编码。GSM 采用语音压缩编码技术,利用语声编码器为人体喉咙所发出的音调和噪声、人的口和舌的声学滤波效应建立模型,模型参数通过 TCH 信道进行传送。

语音编码器是建立在残余激励线性预测编码器(REIP)的基础上的,并通过长期预测器(LTP)增强压缩效果,LTP 去除语音的元音部分。语音编码器以 20 ms 为单位,经压缩编码后输出 260 bit,码速率为 13 kbit/s。根据重要性不同,输出的比特分成 182 bit 和 78 bit 两类。较重要的 182 bit 又可以进一步细分出 50 个最重要的比特。

采用规则脉冲激励即长期预测编码(RPE-LTP)的编码方式,先进行 8 kHz 抽样,调整每 20 ms 为一帧,每帧长为 4 个子帧,每个子帧长 5 ms,纯比特率为 13 kbit/s。与传统的 PCM 线路上语声的直接编码传输相比,GSM 的 13 kbit/s 的语音速率要低得多。

(2)信道编码。为了检测和纠正传输期间引入的差错,在数据流中引入冗余,通过加入从信源数据计算得到的信息来提高其速率。

由语音编码器中输出的码流为 13 kbit/s,被分为 20 ms 的连续段,每段中含有 260 bit,细分如下(图 3.7):

①50 个非常重要的比特。

②132 个重要比特。

③78 个一般比特。

④对它们分别进行不同的冗余处理。

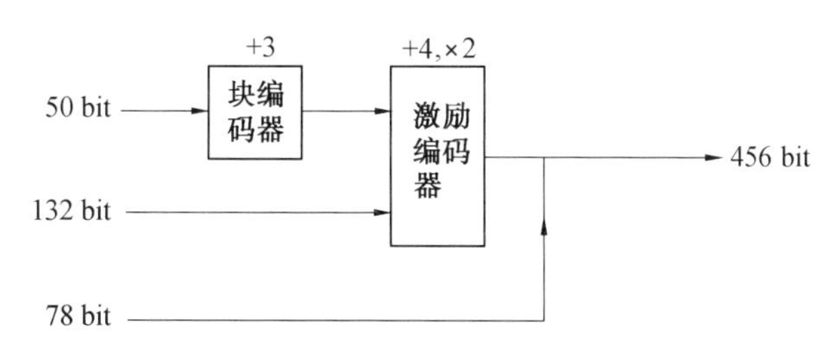

图 3.7　信道编码过程

块编码器引入 3 位冗余码,激变编码器增加 4 个尾比特后再引入 2 倍冗余。用于 GSM 系统的信道编码方法有 3 种:卷积码、分组码和奇偶码。

(3)交织。在编码后,语音组成的是一系列有序的帧。在传输时突发性的比特错误影响连续帧的正确性。为了纠正随机错误及突发错误,最有效的组码就是用交织技术来分散误差。

交织编码把码字的 b 个比特分散到 n 个突发脉冲序列中,以改变比特间的邻近关系。n 值越大,传输特性越好,但传输时延也越大,交织与信道的用途有关。

在 GSM 系统中,采用二次交织方法。由信道编码后提取出的 456 bit 被分为 8 组,进行第一次交织,如图 3.8 所示。

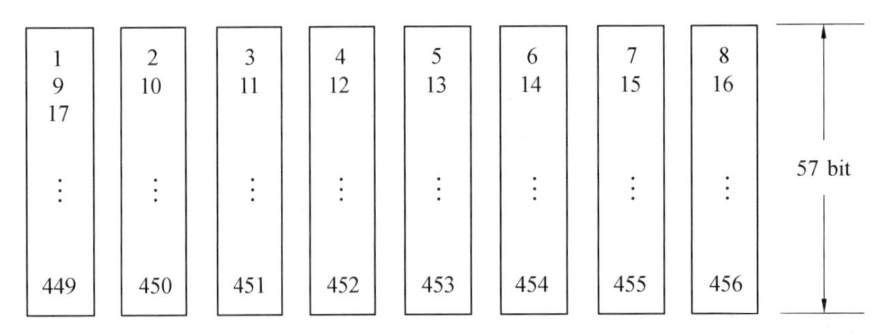

图 3.8 比特交织

由比特交织组成语音帧的一帧,假设有 3 帧语音帧(图 3.9),而在一个突发脉冲中包括一个语音帧中的两组(图 3.10),其中,前后 3 个尾比特用于消息定界,26 个训练比特的左右各 1 bit作为“挪用标志”。而一个突发脉冲携带有两段 57 bit 的声音信息,在发送时,进行第二次交织,见表 3.1。

A 20 ms 8×57=456 bit	B 20 ms 456 bit	C 20 ms 456 bit

图 3.9 3 个语音帧

3	57	1	26	1	57	3	8.25

图 3.10 突发脉冲的结构

表 3.1 语音码的二次交织

A	A	A	A	B	B	B	B	C	C	C	C				
				A	A	A	A	B	B	B	B	C	C	C	C

(4)调制技术。GSM 的调制方式是 0.3 GMSK。GMSK 是一种特殊的数字调频方式,它通过在载波频率上增加或者减少 67.708 kHz,来表示 0 或 1。利用两个不同的频率来表示 0 和 1 的调制方法称为 FSK。0.3 表示高斯滤波器的带宽和比特率之间的关系。在 GSM 中,数据的比特率是频偏的 4 倍,可以减小频谱的扩散,增加信道的有效性。比特率为频偏 4 倍的 FSK 称为 MSK(最小频移键控)。通过高斯预调制滤波器可进一步压缩调制频谱,高斯滤波器可降低频率变化的速度,防止信号能量扩散到邻近信道频谱。

0.3 GMSK 并不是一个相位调制,信息并不是像 QPSK 那样由绝对的相位来表示。它是通过频率的偏移或者相位的变化来传送信息的。如果没有高斯滤波器,MSK 将用一个比载波高 67.708 kHz 的信号来表示一个待定的脉冲串 1。加入高斯滤波器没有影响 0 和 1 的 90°相位增减变化,因为它没有改变比特率和频偏之间的 4 倍关系,所以不会影响平均相位的相对关系,只是降低了相位变化时的速率。在使用高斯滤波器时,相位的方向变换将会变缓,但可以通过更高的峰值速度来进行相位补偿。如果没有高斯滤波器,将会有相位的突变,但相位的移动速度是一致的。

精确的相位轨迹需要严格的控制。GSM 系统使用数字滤波器和数字 I/Q 调制器产生正确的相位轨迹。在 GSM 规范中,相位的峰值误差不得超过 20°,均方误差不得超过 5。

(5)跳频。跳频技术是在不同时隙发射载频在不断地改变。在语音信号经处理、调制后发射时,引入跳频技术。由于过程中的衰落具有一定的频带性,引入跳频可减少瑞利衰落的相关性。在业务密集区,蜂窝的容量受频率复用产生的干扰限制,系统的最大容量是在一给定部分呼叫情况下,由于干扰使质量受到明显降低的基础上计算的,当在给定的 CIR 值附近统计分散尽可能小时,系统容量较好。对于一给定总和,干扰源的数量越多,系统性能越好。

GSM 系统的无线接口采用了慢速跳频(SFH)技术。慢速跳频与快速跳频(FFH)之间的区别在于后者的频率变化快于调制频率。GSM 系统在整个突发序列传输期,传送频率保持不变,因此是属于慢跳频情况。

在上、下行线两个方向上,突发序列号在时间上相差 3 bit,跳频序列在频率上相差 45 MHz。GSM 系统允许有 64 种不同的跳频序列,主要有两个参数:移动分配指数偏置 MAIO 和跳频序列号 HSN。MAIO 的取值可以与一组频率的频率数一样多,HSN 可以取 64 个不同值。跳频序列选用伪随机序列。

网络为了避免小区内信道之间的干扰,在一个小区的信道载有同样的 HSN 和不同的 MAIO。因为邻近小区使用不同的频率组,所以不会有干扰。为了获得干扰参差的效果,使用同样频率组的远距离小区应使用不同的 HSN。

(6)时序调整。GSM 系统采用 TDMA,其小区半径可以达到 35 km,需要进行时序调整。由于从手机出来的信号需要经过一定时间才能到达基站,所以必须采取一定的措施,来保证信号在恰当的时候到达基站。

如果没有时序调整,从小区边缘发射过来的信号,将因为传输的时延与从基站附近发射的信号相冲突,通过时序调整,手机发出的信号就可以在正确的时间到达基站。当 MS 接近小区中心时,BTS 就会通知它减少发射前置的时间;而当它远离小区中心时,就会要求它加大发射前置时间。

3.2.3 GSM 系统消息

在 GSM 移动通信系统中,系统消息的发送方式有两种:广播消息和随路消息。

移动台在空闲模式下,与网络设备间的联系是通过广播的系统消息实现的。网络设备向移动台广播系统消息,使得移动台知道自己所处的位置以及能够获得的服务类型,在广播的系统消息中的某些参数还控制了移动台的小区重选。移动台在进行呼叫时,与网络设备间的联系是通过随路的系统消息实现的。网络设备向移动台发送的随路系统消息中的某些内容,控制了移动台的传输、功率控制与切换等行为。

广播的系统消息与随路的系统消息是紧密联系的。在广播的系统消息中的内容可以与随路的系统消息中的内容重复。由于随路的系统消息只影响一个移动台的行为,而广播的系统消息影响的是所有处于空闲模式下的移动台,因此随路的系统消息中的内容可以与广播的系统消息中的内容不一致。

系统消息的种类和内容如下。

(1)系统消息1。系统消息1为广播消息。

①小区信道描述:为移动台跳频提供频点参考。

②随机接入信道控制参数:控制移动台在初始接入时的行为。

③系统消息1的剩余字节:通知信道位置信息。

(2)系统消息2。系统消息2为广播消息。

①邻近小区描述:移动台监视邻近小区载频的频点参考。

②网络色码允许:控制移动台测量报告的上报。

③随机接入信道控制参数:控制移动台在初始接入时的行为。

(3)系统消息2bis。系统消息2bis为广播消息。

①邻近小区描述:移动台监视邻近小区载频的频点参考。

②随机接入信道控制参数:控制移动台在初始接入时的行为。

③系统消息2bis剩余字节:填充位,无有用信息。

(4)系统消息2ter。系统消息2ter为广播消息。

①附加多频信息:要求的多频测量报告数量。

②邻近小区描述:移动台监视邻近小区载频的频点参考。

③系统消息2ter剩余字节:填充位,无有用信息。

(5)系统消息3。系统消息3为广播消息。

①小区标识:当前小区的标识。

②位置区标识:当前小区的位置区标识。

③控制信道描述:小区的控制信道的描述信息。

④小区选项:小区选项信息。

⑤小区选择参数:小区选择参数信息。

⑥随机接入信道控制参数:控制移动台在初始接入时的行为。

⑦系统消息3剩余字节:小区重选参数信息与3类移动台控制信息。

(6)系统消息4。系统消息4为广播消息。

①位置区标识:当前小区的位置区标识。

②小区选择参数:小区选择参数信息。

③随机接入信道控制参数:控制移动台在初始接入时的行为。

④小区广播信道描述:小区的广播短消息信道描述信息。

⑤小区广播信道移动分配信息:小区广播短信道跳频频点信息。

⑥系统消息4剩余字节:小区重选参数信息。

(7)系统消息5。系统消息5为随路消息。

邻近小区描述:移动台监视邻近小区载频的频点参考。

(8)系统消息5bis。系统消息5bis为随路消息。

邻近小区描述:移动台监视邻近小区载频的频点参考。

(9)系统消息 5ter。系统消息 5ter 为随路消息。

①附加多频信息:要求的多频测量报告数量。

②邻近小区描述:移动台监视邻近小区载频的频点参考。

(10)系统消息 6。系统消息 6 为随路消息。

①小区标识:当前小区的标识。

②位置区标识:当前小区的位置区标识。

③小区选项:小区选项信息。

④网络色码允许:控制移动台测量报告的上报。

(11)系统消息 7。系统消息 7 为广播消息。

系统消息 7 剩余字节:小区重选参数信息。

(12)系统消息 8。系统消息 8 为广播消息。

系统消息 8 剩余字节:小区重选参数信息。

(13)系统消息 9。系统消息 9 为广播消息。

①随机接入信道控制参数:控制移动台在初始接入时的行为。

②系统消息 9 剩余字节:广播信道参数信息。

3.2.4　GSM 系统的帧和信道

1. 基本概念

突发脉冲序列(Burst)是一串含有百来个调制比特的传输单元。突发脉冲序列有一个限定的持续时间,占有限定的无线频谱。它们在时间和频率窗上输出,这个窗称为缝隙(Slot)。在 GSM 系统频段内,按 FDMA 每 200 kHz 设置隙缝的中心频率,而隙缝在时间上循环地发生,按 TDMA 每次占$\frac{15}{26}$ ms,即近似为 0.577 ms。在给定的小区内,所有隙缝的时间范围是同时存在的,这些隙缝的时间间隔称为时隙,其持续时间作为时间单元,称为突发脉冲序列周期(Burst Period,BP)。GSM 所规定的 200 kHz 带宽称为频隙(Frequency Slot),相当于 GSM 规范的无线频道(Radio Frequency Channel),即射频信道。

信道对于每个时隙具有给定的时间限界和时隙号码 TN(Time Slot Number),一个信道的时间限界是循环重复的。与时间限界类似,信道的频率限界给出了属于信道的各缝隙的频率。把频率配置给各时隙,而信道带有一个缝隙。对于固定的频道,频率对每个缝隙是相同的。对于跳频信道的缝隙,可使用不同的频率。

帧(Frame)表示接连发生的 i 个时隙。在 GSM 系统中,采用全速率业务信道,i 取为 8。一个 TDMA 帧包含 8 个基本的物理信道。

物理信道(Physical Channel)采用频分和时分复用的组合,它由用于连接基站(BS)和移动台(MS)之间的时隙流构成。这些时隙在 TDMA 帧中,从帧到帧的位置是不变的。

逻辑信道(Logical Channel)是在一个物理信道中进行时间复用的。不同逻辑信道用于在 BS 和 MS 间传送不同类型的信息,如信令或数据业务。GSM 系统对不同的逻辑信道规定了 5 种不同类型的突发脉冲序列帧结构。

TDMA 帧的完整结构包括时隙和突发脉冲序列,是在无线链路上重复的“物理”帧。每一个 TDMA 帧含 8 个时隙,共占$\frac{60}{13}$ ms≈4.615 ms。每个时隙含 156.25 个码元,占$\frac{15}{26}$ ms≈0.557 ms。

多个 TDMA 帧构成复帧(Multi Frame),其结构有两种,分别含连贯的 26 个或 51 个 TDMA 帧。当不同的逻辑信道复用到一个物理信道时,需要使用这些复帧。

含 26 帧的复帧,其周期为 120 ms,用于业务信道及其随路控制信道。其中 24 个突发序列用于业务,2 个突发序列用于信令。

含 51 帧的复帧,其周期为$\frac{3\ 060}{13}$ ms≈235.385 ms,专用于控制信道。

多个复帧又构成超帧(Super Frame),它是一个连贯的 51×26 TDMA 帧,即一个超帧可以是包括 51 个 26TDMA 复帧,也可以是包括 26 个 51TDMA 复帧。超帧的周期均为 1 326 个 TDMA 帧,即 6.12 s。

多个超帧构成超高帧(Hyper frame),它包括 2 048 个超帧,周期为 12 533.76 s,即 3 h 28 min 53 s 760 ms。超高帧用于加密的语音和数据,每一周期包含 2 715 648 个 TDMA 帧,这些 TDMA 帧依次从 0 至 2 715 647 按序编号,帧号在同步信道中传送。帧号在跳频算法中也是必需的。

2. 信道类型

无线子系统的物理信道支撑着逻辑信道。逻辑信道可分为业务信道(Traffic Channel)和控制信道(Control Channel,也称为信令信道(Signalling Channel)),如图 3.11 所示。

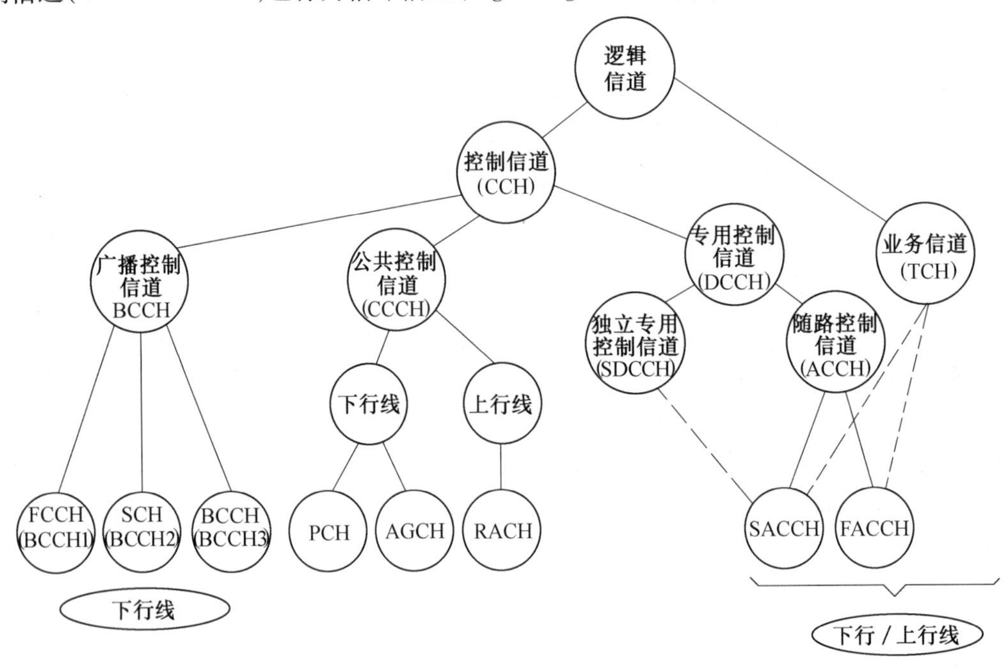

图 3.11 逻辑信道类型

(1)业务信道(TCH)。业务信道载有编码的语音或用户数据,分为全速率业务信道(TCH/F)和半速率业务信道(TCH/H),分别载有总速率为 22.8 kbit/s 和 11.4 kbit/s 的信息。使用全速率信道所用时隙的一半,可得到半速率信道。一个载频可提供 8 个全速率或 16 个半速率业务信道,包括各自所带有的随路控制信道。

①语音业务信道:载有编码语音的业务信道分为全速率语音业务信道(TCH/FS)和半速率语音业务信道(TCH/HS),总速率分别为22.8 kbit/s和11.4 kbit/s。对于全速率语音编码,语音帧长20 ms,每帧含260 bit,提供的净速率为13 kbit/s。

②数据业务信道:在全速率或半速率信道上,通过不同的速率适配、信道编码和交织,支撑着直至9.6 kbit/s的透明和非透明数据业务。用于不同用户数据速率的业务信道具体如下:

a.9.6 kbit/s,全速率数据业务信道(TCH/F9.6)。

b.4.8 kbit/s,全速率数据业务信道(TCH/F4.8)。

c.4.8 kbit/s,半速率数据业务信道(TCH/H4.8)。

d.不大于2.4 kbit/s,全速率数据业务信道(TCH/F2.4)。

e.不大于2.4 kbit/s,半速率数据业务信道(TCH/H2.4)。

数据业务信道还支撑具有净速率为12 kbit/s的非限制的数字承载业务。

(2)控制信道(CCH)。控制信道用于传送信令或同步数据,有3种类型:广播控制信道(BCCH)、公共控制信道(CCCH)和专用控制信道(DCCH)。

① 广播控制信道仅作为下行信道使用,即BS至MS单向传输。它分为3种信道:

◆频率校正信道(FCCH):载有供移动台频率校正用的信息。

◆同步信道(SCH):载有供移动台帧同步和基站收发信台识别的信息。基站识别码(BSIC)在信道编码之前占有6 bit,其中3 bit为0~7范围的PLMN(Public Land Mobile Network,公共陆地移动网络)色码,另3 bit为0~7范围的基站色码(BCC)。简化的TDMA帧号(RFN)占有19 bit。

◆广播控制信道(BCCH):在每个基站收发信台中有一个收发信机含有这个信道,向移动台广播系统信息。BCCH所载的参数主要有:CCCH(公共控制信道)号码以及CCCH是否与SDCCH(独立专用控制信道)相组合;为接入准许信息所预约的各CCCH上的区块(Block)号码;向同样寻呼组的移动台传送寻呼信息之间的51TDMA复帧号码。

② 公共控制信道为系统内移动台所共用,它分为3种信道:

◆寻呼信道(PCH):下行信道,用于寻呼被叫的移动台。

◆随机接入信道(RACH):上行信道,用于移动台随机提出入网申请,即请求分配一个SDCCH。

◆准予接入信道(AGCH):下行信道,用于基站对移动台的入网请求做出应答,即分配一个SDCCH或直接分配一个TCH。

③专用控制信道。使用时由基站将其分给移动台,进行移动台与基站之间的信号传输。专用控制信道包括独立专用控制信道(SDCCH)和随路控制信道(ACCH)。随路控制信道能与独立专用控制信道或者业务信道在一个物理信道上传送信令消息。随路控制信道包括慢速随路控制信道(SACCH)和快速随路控制信道(FACCH)。

◆独立专用控制信道(SDCCH):用于传送信道分配等信号。它可分为独立专用控制信道(SDCCH/8)与CCCH相组合的独立专用控制信道(SDCCH/4)。

◆慢速随路控制信道(SACCH):与一条业务信道或一条SDCCH连用,在传送用户信息期间带传某些特定信息,如无线传输的测量报告。该信道包含:

- TCH/F随路控制信道(SACCH/TF)。
- TCH/H随路控制信道(SACCH/TH)。

- SDCCH/4 随路控制信道(SACCH/C4)。
- SDCCH/8 随路控制信道(SACCH/C8)。

◈快速随路控制信道(FACCH):与一条业务信道连用,携带与 SDCCH 同样的信号,但只在未分配 SDCCH 时才分配 FACCH,通过从业务信道借的帧实现接续,传送诸如“越区切换”等指令信息。FACCH 可分为:

- TCH/F 随路控制信道(FACCH/F)。
- TCH/H 随路控制信道(FACCH/H)。

◈小区广播控制信道(CBCH):用于下行线,载有短消息业务小区广播(SMSCB)信息,使用像 SDCCH 相同的物理信道。

3.2.5 GSM 系统管理

1. GSM 系统的安全性管理

GSM 系统的安全主要包括:访问 AUC,进行用户鉴权;无线通道加密;移动设备确认;IMSI 临时身份 TMSI。

SIM 卡中有固化数据、IMSI、Ki、安全算法,临时的网络数据 TMSI、LAI、Kc、被禁止的 PLMN 及业务相关数据。

AUC 中有用于生成随机数(RAND)的随机数发生器,鉴权键 Ki 和各种安全算法。

GSM 系统的安全措施包括:

(1)访问 AUC 用户鉴权。AUC 的基本功能是产生三参数组(RAND、SRES、Kc),其中 RAND 由随机数发生器产生;SRES 由 RAND 和 Ki 根据 A3 算法得出;Kc 由 RAND 和 Ki 根据 A8 算法得出。三参数组保存在 HLR 中。对于已登记的 MS,由其服务区的 MSC/VLR 从 HLR 中装载三参数组为此 MS 服务。

当用户要建立呼叫、进行位置更新等操作时,其鉴权过程如下:

①MSC、VLR 传送 RAND 至 MS。

②MS 用 RAND 和 Ki 算出 SRES,并返至 MSC/VLR。

③MSL/VLR 把收到的 SRES 与存储其中的 SRES 比较,决定其真实性。

(2)无线通道加密(图 3.12)。

①MSC/VLR 把“加密模式命令 M”和 Kc 一起送给 BTS。

②“加密模式命令”传至 MS。

③“加密模式完成”消息 M′和 Kc 用 A5 算法加密,TDMA 帧号用 A5 算法加密,合成 Mc′。

④Mc′送至 BTS。

⑤Mc′和 Kc 用 A5 算法解密,TDMA 帧号由 A5 算法解密。

⑥若 Mc′能被解密成 M′(加密模式成功)并送至 MSC,则所有信息从此时开始加密。

(3)移动设备识别。

①MSC/VLR 要求 MS 发送 IMEI。

②MS 发送 IMEI。

③MSC/VLR 转发 IMEI。

④在 EIR 中核查 IMEI,返回信息至 MSC/VLR。

(4)使用 TMSI。当 MS 进行位置更新,发起呼叫或激活业务时,MSC/VLR 分配给 IMSI 一

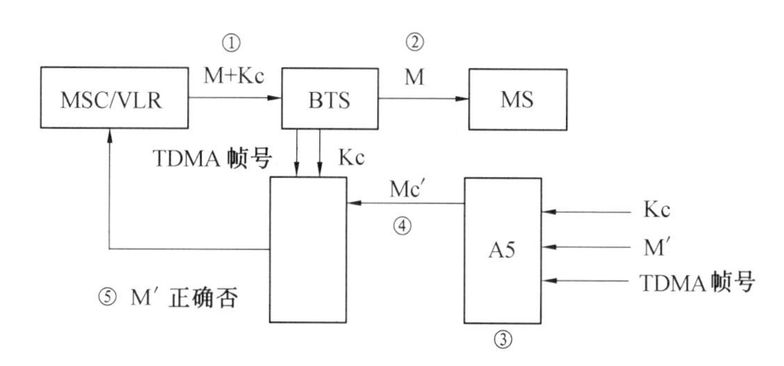

图 3.12　无线通道加密过程

个新的 TMSI,MS 把 TMSI 保存在 SIM 卡上,MSC/VLR 与 MS 间信令联系只使用 TMSI,使用户号码保密,避免用户被定位。

2. 移动性管理

GSM 网络对 MS 的移动性支持就是确定 MS 当前位置,以及使 MS 与网络的联系达到最佳状态。根据 MS 当前状态的不同,可分为漫游管理及切换管理。

(1)漫游管理:移动用户在移动性的情况下,要求改变与小区和网络联系的特点,称为漫游。在漫游时改变位置区及位置区的确认过程,称为位置更新。在相同位置区中的移动不需要通知 MSC,而在不同位置区间的小区间移动则需通知 MSC。

①常规位置更新。MS 由 BCCH 传送的 LAI 确定要更新后,通过 SDCCH 与 MSC/VLR 建立连接,发送请求来更新 VLR 中数据,若此时 LAI 属于不同的 MSC/VLR,则 HLR 也要更新,当系统确认更新后,MS 和 BTS 释放信道。

②IMSI 分离。当 MS 关机后,发送最后一次消息要求进行分离操作,MSC/VLR 接到后在 VLR 中的 IMSI 上作分离标记。

③IMSI 附着。当 MS 开机后,若此时 MS 处于分离前相同的位置区,则将 MSC/VLR 中 VLR 的 IMSI 作附着标记;若位置区已变,则要进行新的常规位置更新。

④强迫登记。在 IMSI 要求分离时,若此时信令链路质量不好,则系统会认为 MS 仍在原来位置,因此每隔 30 min 要求 MS 重发位置区信息,直到系统确认。

⑤隐式分离。在规定时间内未收到系统强迫登记后 MS 的回应信号,对 VLR 中的 IMSI 做分离标记。

(2)切换管理。在 MS 通话阶段中,MS 因改变小区而引起的系统操作称为切换。根据 MS 对周边 BTS 信号强度的测量报告和 BTS 对 MS 发射的信号强度及通话质量,统一由 BSC 评价后决定是否进行切换。

GSM 系统有 3 种不同类型的切换。

①相同 BSC 控制小区间的切换。

a. BSC 预订新的 BTS 激活一个 TCH。

b. BSC 通过旧 BTS 发送一个包括频率、时隙及发射功率参数的信息至 MS,此信息在 FACCH 上传送。

c. MS 在规定新频率上通过 FACCH 发送一个切换接入突发脉冲。

d. 新 BTS 收到后,将时间提前量信息通过 FACCH 回送 MS。

e. MS 通过新 BTS 向 BSC 发送一切换成功信息。

f. BSC 要求旧 BTS 释放 TCH。

②同一 MSC 不同 BSC 控制小区间的切换。

a. 旧 BSC 把切换请求及切换目的小区标识一起发给 MSC。

b. MSC 判断是哪个 BSC 控制的 BTS,并向新 BSC 发送切换请求。

c. 新 BSC 预定目标 BTS 激活一个 TCH。

d. 新 BSC 把包含有频率、时隙及发射功率的参数通过 MSC、旧 BSC 和旧 BTS 传到 MS。

e. MS 在新频率上通过 FACCH 发送接入突发脉冲。

f. 新 BTS 收到此脉冲后,回送时间提前量信息至 MS。

g. MS 将切换成功信息通过新 BSC 传至 MSC。

h. MSC 命令旧 BSC 去释放 TCH。

i. BSC 转发 MSC 命令至 BTS 并执行。

③不同 MSC 控制的小区间的切换。

a. 旧 BSC 把切换目标小区标志和切换请求发至旧 MSC。

b. 旧 MSC 判断出小区属另一 MSC 管辖。

c. 新 MSC 分配一个切换号,并向新 BSC 发送切换请求。

d. 新 BSC 激活 BTS 的一个 TCH。

e. 新 MSC 收到 BSC 回送信息并与切换号一起转至旧 MSC。

f. 一个连接在 MSC 间被建立。

g. 旧 MSC 通过旧 BSC 向 MS 发送切换命令,其中包含频率、时隙和发射功率。

h. MS 在新频率上通过 FACCH 发一接入突发脉冲。

i. 新 BTS 收到后,通过 FACCH 回送时间提前量信息。

j. MS 通过新 BSC 和新 MSC 向旧 MSC 发送切换成功信息。

3.3 GPRS

3.3.1 GPRS 概述

1. GPRS 的产生和发展

GPRS(General Packet Radio Service,通用分组无线业务)对原有的 GSM 电路交换系统进行扩充,以满足用户利用移动终端接入 Internet 或其他分组数据网络的需求。GPRS 是在现有的 GSM 移动通信系统基础之上发展起来的分组数据业务。GPRS 在 GSM 数字移动通信网络中引入分组交换功能实体,以支持采用分组方式进行的数据传输。

GPRS 包含丰富的数据业务,如:PTP(Point to Point,点对点)数据业务,PTM-M(Point to Multipoint,点对多点)广播数据业务、PTM-G(Point to Multipoint Group,点对多点群呼)数据业务和 IP-M(IP-Multicasting,多播)业务。

GSM-GPRS 通过在原 GSM 网络基础上增加功能实体来实现对分组数据的传输,新增功能实体和软件升级后的原 GSM 功能实体组成 GSM-GPRS 网络,作为独立的网络实体完成 GPRS 数据业务,原 GSM 网络则完成电路业务。GPRS 网络与 GSM 原网络通过一系列的接口协议共同完成对移动台的移动性管理功能。

GPRS 新增服务 GPRS 支持节点(SGSN)、网关 GPRS 支持节点(GGSN)、点对多点数据服务中心等功能实体,并且对原有的功能实体进行软件升级。GPRS 大规模地采用了数据通信技术,包括帧中继、TCP/IP、X.25、X.75,同时在 GPRS 网络中使用了路由器、接入网服务器、防火墙等产品。

2. GPRS 的特点

GPRS 采用的分组交换模式克服了电路交换的数据传输速率低、资源利用率低的缺点,其主要特点如下:

(1)资源共享,频率利用率高。GPRS 的信道分配原则是“多个用户共享,按需动态分配”。它的基本思想是将一部分可用的 GSM 信道专门用来传送分组数据,由 MAC 协议管理多址接入,多用户可以协调对带宽的利用。

(2)数据传输速率高。系统可根据可用资源和用户需求来确定为每个用户分配 TDMA 帧 8 个时隙中的一个或多个,从而达到较高的数据传输速率。

(3)实行动态链路适配,具有灵活多样的编码方案。GPRS 具有适于不同信道环境的 4 种信道编码方案,可以根据接收信号质量的改变选择最优编码方案,使吞吐量达到最大。

(4)用户一直处于在线连接状态,接入速度快。GPRS 的“永远在线”意味着不会丢失任何重要的 e-mail;永久连接意味着不用建立呼叫,打开一个掌上电脑或 WAP(无线应用协议)电话就可以直接使用。

(5)向用户提供 4 种 QoS 类别的服务,并且用户 QoS 的配置是可以协商的。

(6)支持 x.25 协议和 IP 协议。GPRS 标准对 GPRS 与 X.25 网和 IP 网的接口做出了规定,易于数据网之间的互联。

(7)采用数据流量计费。用户可以保持一直在线,只有在读取数据的时候占用资源和进行付费,改变以往按连接时间计费的方式,这将节约用户资费,从而吸引更多用户。

3.3.2 GPRS 体系结构和传输机制

GPRS 体系结构如图 3.13 所示。

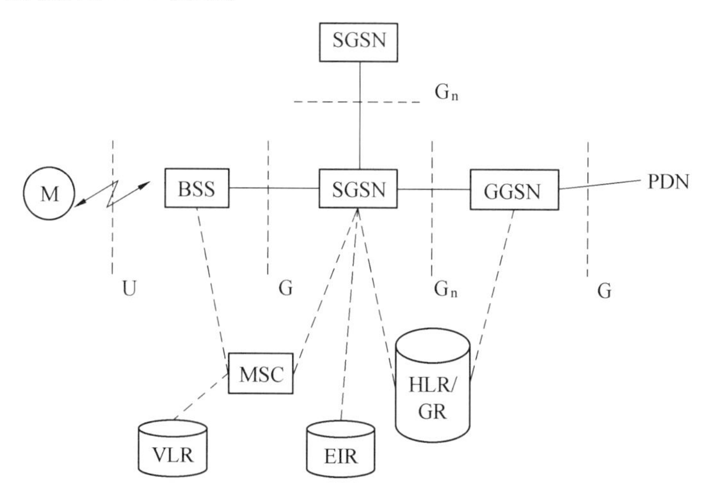

图 3.13 GPRS 体系结构

1. 主要网络实体

(1)GPRS MS。

①终端设备(Teminal Equipment,TE)。TE 是终端用户操作和使用的终端设备,在 GPRS 系统中用于发送和接收终端用户的分组数据。TE 可以是独立的桌面计算机,其功能也可集成到手持的移动终端设备上,同 MT(Mobile Terminal,移动终端)合二为一。实际上,GPRS 网络提供的所有功能都是为了在 TE 和外部数据网络之间建立起分组数据传送的通路。

②移动终端。MT 一方面同 TE 通信,另一方面通过空中接口同 BTS 通信,并可以建立到 SGSN 的逻辑链路。GPRS 的 MT 必须配置 GPRS 功能软件,以支持 GPRS 系统业务。在数据通信过程中,从 TE 的观点来看,MT 的作用就相当于将 TE 连接到 GPRS 系统的 Modem。MT 和 TE 的功能可以集成在同一个物理设备中。

③移动台。MS 可以看作是 MT 和 TE 功能的集成实体,物理上可以是一个实体,也可以是两个实体(TE+MT)。

MS 有 3 种类型:

A 类 GPRS MS:能同时连接到 GSM 和 GPRS 网络,能同时在两个网络中被激活,同时侦听两个系统的信息,并能同时启用,同时提供 GPRS 业务和 GSM 电路交换业务,包括短消息业务。A 类 GRPS MS 用户能在两种业务上同时发起和/或接收呼叫,自动进行分组数据业务和电路业务之间的切换。

B 类 GPRS MS:能同时连接到 GSM 网络和 GPRS 网络,可用于 GPRS 分组交换业务和 GSM 电路交换业务,但两者不能同时工作,即在某一时刻,它或者使用电路交换业务,或者使用分组交换业务。B 类 GPRS MS 也能自动进行业务切换。

C 类 GPRS MS:在某一时刻只能连接到 GSM 网络或 GPRS 网络。如果它能够支持分组交换和电路交换两种业务,则只能人工进行业务切换,不能同时进行两种操作。

(2)PCU(Packet Control Unit,分组控制单元)。PCU 是在 BSS 侧增加的一个处理单元,主要完成 BSS 侧的分组业务处理和分组无线信道资源的管理,目前 PCU 一般在 BSC 和 SGSN 之间实现。

(3)SGSN(Service GPRS Support Node,服务 GPRS 支持节点)。SGSN 是 GPRS 网络的一个基本组成网元,是为了提供 GPRS 业务而在 GSM 网络中引进的一个新的网元设备。其主要的作用就是为本 SGSN 服务区域的 MS 转发输入/输出的 IP 分组,其地位类似于 GSM 电路网中的 VMSC。SGSN 提供以下功能:

①本 SGSN 区域内的分组数据包的路由与转发功能,为本 SGSN 区域内的所有 GPRS 用户提供服务。

②加密与鉴权功能。

③会话管理功能。

④移动性管理功能。

⑤逻辑链路管理功能。

⑥同 GPRS BSS、GGSN、HLR、MSC、SMS-GMSC、SMS-IWMSC 的接口功能。

⑦话单产生和输出功能,主要收集用户对无线资源的使用情况。

此外,SGSN 中还集成了类似于 GSM 网络中 VLR 的功能, GPRS 附着状态时,SGSN 中存储了同分组相关的用户信息和位置信息。SGSN 中的大部分用户信息在位置更新过程中从

HLR 获取。

(4)GGSN(Gateway GPRS Support Node,网关 GPRS 支持节点)。GGSN 也是为了在 GSM 网络中提供 GPRS 业务功能而引入的一个新的网元功能实体,提供数据包在 GPRS 网和外部数据网之间的路由和封装。在 PDP(Packet Data Protocol,分组数据协议)上下文激活过程中根据用户的签约信息以及用户请求的 APN(Access Point Name,接入点名)来确定是否选择 GGSN 作为网关。GGSN 主要提供以下功能:同外部数据 IP 分组网络(IP、X.25)的接口功能,根据需要提供 MS 接入外部分组网络的网关功能,从外部网的观点来看,GGSN 就好像是可寻址 GPRS 网络中所有用户 IP 地址的路由器,需要同外部网络交换路由信息;GPRS 会话管理,完成 MS 同外部网的通信建立过程;将移动用户的分组数据发往正确的 SGSN;话单的产生和输出功能,主要体现用户对外部网络的使用情况。

(5)CG(Charging Gateway,计费网关)。CG 主要完成对各 SGSN/GGSN 产生的话单的收集、合并、预处理工作,并完成同计费中心之间的通信。CG 是 GPRS 网络中新增加的设备。GPRS 用户一次上网过程的话单会从多个网元实体中产生,而且每一个网元设备中都会产生多张话单。引入 CG 是为了在话单送往计费中心之前对话单进行合并与预处理,以减少计费中心的负担;同时 SGSN、GGSN 这样的网元设备也不需要实现同计费中心的接口功能。

2. 主要的网络接口

(1)Um 接口。Um 接口是 GPRS MS 与 GPRS 网络间的接口,通过 MS 完成与 GPRS 网络的通信,完成分组数据传送、移动性管理、会话管理、无线资源管理等多方面的功能。

(2)Gb 接口。Gb 接口是 SGSN 和 BSS 间的接口,通过该接口 SGSN 完成同 BSS 系统、MS 之间的通信,以完成分组数据传送、移动性管理、会话管理方面的功能。该接口是 GPRS 组网的必选接口。

(3)Gi 接口。Gi 接口是 GPRS 与外部分组数据网之间的接口。GPRS 通过 Gi 接口和各种公众分组网如 Internet 或 ISDN 网实现互联,在 Gi 接口上需要进行协议的封装/解封装、地址转换、用户接入时的鉴权和认证等操作。

(4)Gn 接口。Gn 接口是 GPRS 支持节点间的接口,即同一个 PLMN 内部 SGSN 间、SGSN 和 GGSN 间的接口,该接口采用在 TCP/UDP 协议之上承载 GTP(GPRS 隧道协议)的方式进行通信。

(5)Gs 接口。Gs 接口是 SGSN 与 MSC/VLR 之间的接口,Gs 接口采用 7 号信令上承载 BSSAP+协议的方式。SGSN 通过 Gs 接口和 MSC 配合完成对 MS 的移动性管理功能。SGSN 还将接收从 MSC 来的电路型寻呼信息,并通过 PCU 下发到 MS。如果不提供 Gs 接口,则无法进行寻呼协调。

(6)Gr 接口。Gr 接口是 SGSN 与 HLR 之间的接口,Gr 接口采用 7 号信令上承载 MAP+协议的方式。SGSN 通过 Gr 接口从 HLR 取得关于 MS 的数据,HLR 保存 GPRS 用户数据和路由信息。

(7)Gd 接口。Gd 接口是 SGSN 与 SMS-GMSC、SMS-IWMSC 之间的接口。通过该接口,SGSN 能接收短消息,并将它转发给 MS、SGSN 和 SMS-GMSC、SMS-IWMSC。短消息中心之间通过 Gd 接口配合完成在 GPRS 上的短消息业务。

(8)Gp 接口。Gp 接口是 GPRS 网络间接口,是不同 PLMN 网的 SGSN 之间采用的接口,在通信协议上与 Gn 接口相同,但是增加了边缘网关(Border Gateway,BG)和防火墙,通过 BG

来提供边缘网关路由协议,以完成归属于不同 PLMN 的 GPRS 支持节点之间的通信。

(9)Gc 接口。Gc 接口是 GGSN 与 HLR 之间的接口,当网络侧主动发起对手机的业务请求时,由 GGSN 通过 IMSI 向 HLR 请求用户当前的 SGSN 地址信息。

(10)Gf 接口。Gf 接口是 SGSN 与 EIR 之间的接口。

3.3.3 高层功能

GPRS 网络的高层功能包括以下几个方面。

1. 网络接入控制功能

网络接入控制功能控制 MS 对网络的接入,使 MS 能使用网络的相关资源完成数据的接收和发送。

(1)注册功能:将用户的移动 ID 和用户的 PDP 上下文、在 PLMN 中的位置联系及对外部分组数据网络的接入点联系起来。

(2)鉴权功能:向用户授予使用某种特定网络服务的权利和对特定用户的申请进行鉴权。鉴权的实现和移动性管理联系在一起。

(3)许可控制功能:根据用户 QoS 所需要的无线资源,决定是否分配无线资源。许可控制功能的实现和无线资源管理功能联系在一起,用于估计小区对无线资源的需求。

(4)消息屏蔽功能:通过包过滤功能将未被授权的和多余的消息滤除。

(5)分组终端适配功能:将发往终端设备的分组数据包或终端设备发往网络的分组数据包适配成适合在 GPRS 网络传输的格式。

(6)计费数据收集功能:根据用户预约和业务量进行计费数据收集,并将收集到的计费数据通过 Ga 接口发往计费网关处理。

2. 分组路由和转发功能

分组路由和转发功能用于完成对分组数据的寻址和发送工作,保证分组数据按最优路径送往目的地。

(1)转发功能。转发功能是指 SGSN 或 GGSN 接收来自输入的数据包,然后转发给其他节点的过程。SGSN 和 GGSN 首先存储所有有效的 PDP PDU(Packet Data Unit,分组数据单元),直到将 PDP PDU 发送出去或超时,超时的 PDP PDU 将被丢弃。

(2)路由功能。路由功能是指利用数据包消息中提供的目的地址决定该数据包消息应该发往哪个节点,以及发送过程中应使用的下层服务的过程。

路由功能包括:同一 PLMN 中的移动终端和外部网络之间的路由功能,在不同 PLMN 中的移动终端和外部网络之间的路由功能。

(3)地址翻译和映射功能。地址翻译功能是指将一种地址转换为另外一种地址的功能。地址翻译可以将外部网络协议地址转换为内部网络协议地址,以便数据包在 GPRS PLMN 内部或 GPRS PLMN 之间路由和传输。

地址映射功能是指将一个网络地址映射为另一个同类型的网络地址。地址映射功能用于在 GPRS PLMN 内部或 GPRS PLMN 之间路由数据包。

(4)封装功能。封装是指为了在 PLMN 内部或 PLMN 之间路由数据包,而在数据包的头部增加地址信息和控制信息。解封装是指将地址信息和控制信息去除,从而解出数据包。

GPRS 提供一个 MS 和外部网络之间的透明通道,封装功能存在于 MS、SGSN 和 GGSN 之中。在SGSN和GGSN之间,GPRS骨干网通过在PDP PDU上封装一个GTP协议头组成一个GTP帧,然后将GTP帧封装成TCP或UDP帧,最后再将该帧封装成IP帧。GPRS骨干网通过包含在IP和GTP协议头中的GSN(GPRS Support Node, GPRS支持节点)地址和隧道终点标识来唯一定位GSN PDP上下文。

(5)隧道功能。隧道功能是指将封装后的数据包在GPRS PLMN内部或GPRS PLMN之间、从封装点传输到去封装点之间的功能。SGSN与GGSN之间、GGSN与外部数据网之间的数据包都通过隧道传输。

(6)压缩功能。通过压缩功能能够最大限度地利用无线传输能力。

(7)加密功能。加密功能用于提高在无线接口上传输的用户数据和信令的保密性。

(8)DNS功能。DNS功能将SGSN/GGSN的逻辑名字翻译成IP地址,当PDP激活的时候,解析MS接入外部IP网络所用的APN,以确定本次激活所用的GGSN的IP地址;在SGSN间的路由区更新过程中,解析旧SGSN的地址。

3. 移动性管理功能

移动性管理功能用于在PLMN中保持对MS当前位置的跟踪。GPRS系统的移动性管理功能与现有的GSM系统类似。

4. 逻辑链路管理功能

逻辑链路指MS到GPRS网络间所建立的、传送分组数据所需的逻辑链路。逻辑链路管理功能是指在MS与PLMN之间、在无线接口上维持一个通信渠道。当逻辑链路建立后,MS与逻辑链路具有一一对应关系。逻辑链路管理功能包括:逻辑链路建立功能,逻辑链路维护功能和逻辑链路释放功能。

5. 无线资源管理功能

无线资源管理功能是指对无线通信通道的分配和管理,GPRS无线资源管理功能要实现GPRS和GSM共用无线信道。无线资源管理功能包括以下几个方面:

(1)Um管理功能:管理每个小区中的物理信道资源,并确定其中分配给GPRS业务的比例。

(2)小区重选功能:使得MS能够选择一个最佳小区,小区重选功能涉及无线信号质量的测量和评估,同时要检测和避免各候选小区的拥塞。

(3)Um-tranx功能:提供MS和BSS之间通过无线接口传输数据包的能力。

(4)路径管理功能:管理BSS和SGSN之间的分组数据通信路径,这些路径的建立和释放可以动态地基于业务量,也可以静态地基于每个小区的最大期望业务负荷。

3.3.4 GPRS协议栈

1. GPRS数据平面协议栈

和GSM相比,GPRS体现了分组交换和分组传输的特点,即数据和信令是基于统一的传输平面,在数据传输所经过的几个接口,传输层(LLC)以下的协议结构对于数据和信令是相同的。而在GSM中,数据和信令只在物理层上相同。GPRS数据平面协议栈如图3.14所示。

(1)GTP(GPRS Tunnel Protocol,GPRS隧道协议):在GPRS骨干网络内部和GPRS支持节点之间采用隧道方式传输用户数据和信令。所有点对点的、采用PDP的分组数据单元都将通过GPRS隧道协议进行封装打包。

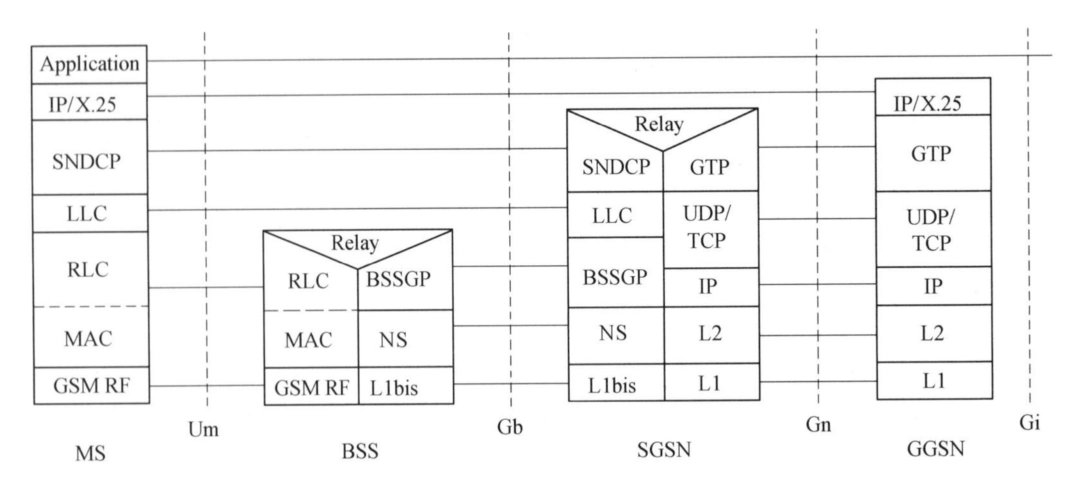

图 3.14 GPRS 数据平面协议栈

(2)UDP/TCP:传输层协议,建立端到端连接的可靠链路,TCP 具有保护和流量控制功能,确保数据传输的准确,是面向连接的协议;UDP 则是面向非连接的协议,不提供错误恢复能力,只充当数据报的发送者和接收者。

(3)IP:GPRS 骨干网络协议,用于用户数据和控制信令的路由选择。

(4)SNDCP(Sub-Network Dependent Convergence Protocol,子网会聚协议):该传输功能将网络层特性映射成低层网络特性。

(5)L2:数据链路层协议,可采用一般的以太网协议。

(6)L1:物理层。

(7)NS(Network Service,网络业务):传输 BSSGP 协议数据单元。它建立在 BSS 和 SGSN 之间帧中继连接的基础之上,并且可以穿越帧中继交换节点网络。

(8)BSSGP:该层包含了网络层和一部分传输层功能,主要解释路由信息和服务质量信息。

(9)Relay(中继):在 BSS 侧,中继转发 Um 接口与 Gb 接口之间的 LLC PDU 包。而在 SGSN,则中继转发 Gb 接口和 Gn 接口的 PDP PDU 包。

(10)LLC(Logical Link Control,逻辑链路控制):传输层协议,提供端到端的可靠无差错的逻辑数据链路。

(11)MAC:介质控制接入层,属于链路层协议,控制无线信道的信令接入过程,以及将 LLC 帧映射成 GSM 物理信道。

(12)RLC:无线链路控制子层,属于链路层和网络层协议,提供与无线解决方案有关的可靠链路。

2. GPRS 信令平面协议栈

信令平面由控制和支持传输平面功能的协议组成:控制 GPRS 网络接入连接,控制一个已建立的网络接入连接的属性,控制网络资源的分配。

(1)MS 与 SGSN 间信令平面(图 3.15)。GPRS 移动性管理(GMM)和会话管理(SM)协议支持移动性管理功能。

(2)SGSN 与 HLR 间信令平面(图 3.16)。移动应用部分(MAP)协议支持 SGSN 与 HLR 的信令交换,增强 GPRS 性能。TCAP、SCCP、MTP3 和 MTP2 支持 GPRS GSM PLMN 的移动应

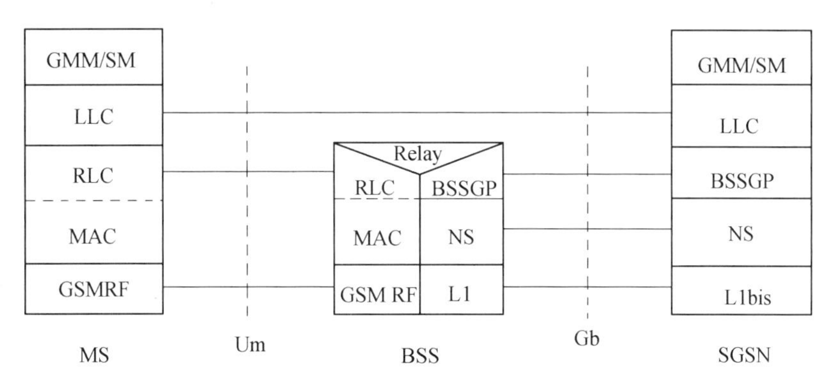

图3.15 MS与SGSN间信令平面

用部分。

(3)SGSN与MSC/VLR间信令平面(图3.17)。基站应用部分+(BSSAP+)支持SGSN与MSC/VLR之间的信令。

(4)SGSN与EIR间信令平面(图3.18)。MAP协议支持SGSN与EIR之间的信令。

(5)SGSN与SMS-GMSC、SMS-IWMSC间信令平面(图3.19)。MAP协议支持SGSN与SMS-GMSC之间或SGSN与SMS-IWMSC之间的信令。

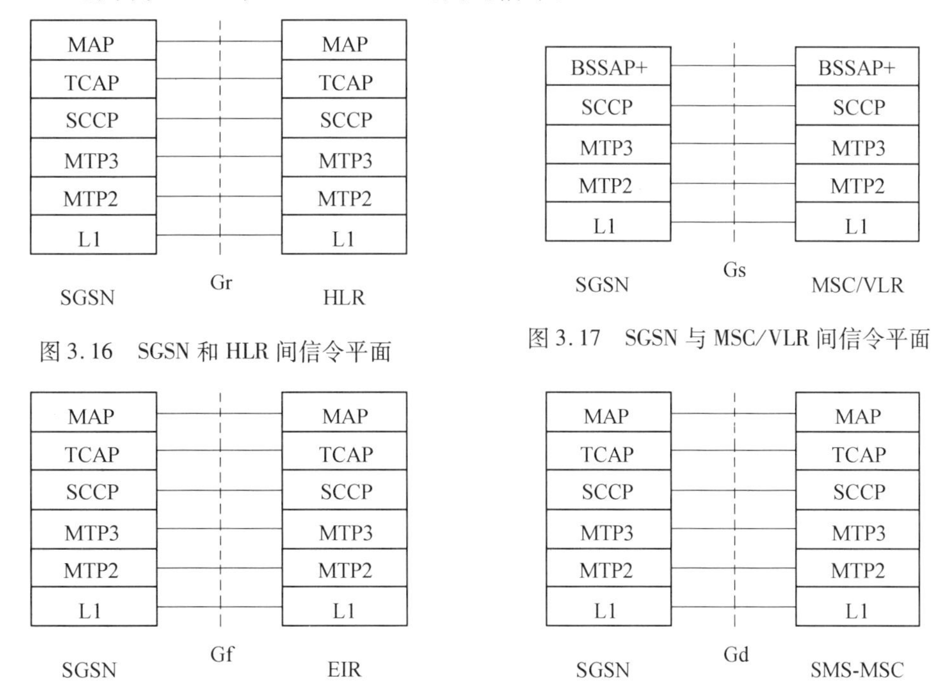

图3.16 SGSN和HLR间信令平面

图3.17 SGSN与MSC/VLR间信令平面

图3.18 SGSN与EIR间信令平面

图3.19 SGSN与SMS-GMSC、SMS-IWMSC间信令平面

(6)GGSN与HLR间信令平面。GGSN和HLR之间的信令通道是可选的,它允许GGSN与HLR交换信令消息。有两种可选的方法,实现该信令通道:

如果在GGSN内安装SS7接口,可以在GGSN和HLR之间使用MAP协议(图3.20);

如果在GGSN内没有安装SS7接口,在PLMN内,安装了SS7接口的任何GSN均可以作为GTP至MAP之间的协议转换器,允许GGSN与HLR之间的信令交换。建立在GTP和MAP

基础上的 GGSN 与 HLR 之间的信令平面如图 3.21 所示。GPRS 隧道协议(GTP)在 GPRS 骨干网络内,支持 GGSN 与协议转换的 GSN 之间的信令消息隧道传输。“Interworking”在 GTP 和 MAP 之间提供互联互通功能,MAP 用于支持 GGSN 与 HLR 之间的信令。

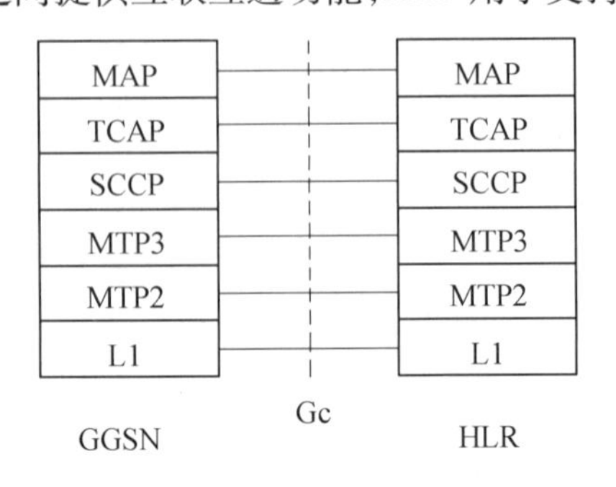

图 3.20 GGSN 与 HLR 采用 MAP 的信令平面

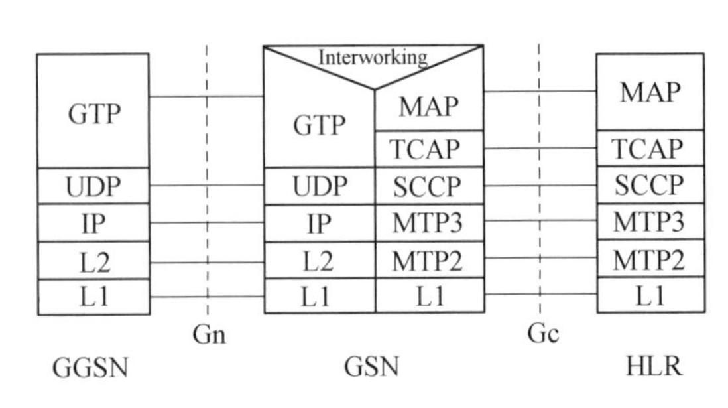

图 3.21 GGSN 与 HLR 之间采用 GTP 和 MAP 的信令平面

3.4 移动数据业务

3.4.1 移动数据业务概述

移动数据业务可划分为移动数据基本业务和移动数据增值业务两大类。移动数据基本业务是移动运营商仅提供底层的电路或分组数据承载通道,供用户透明传送数据、语音、图像等用户的应用层信息。在提供基本业务时只涉及底层网络,不涉及应用层信息,故运营商只收取通信费用;移动数据增值业务是移动运营商利用其移动数据承载通道(如 GPRS),为用户提供移动数据增值业务,是运营商在应用层面上为用户提供的服务,故运营商除了收取通信费用,还要收取移动数据增值业务的费用。

移动数据增值业务是移动运营商在移动基本语音业务的基础上,针对不同的用户群和市场需求开通的可供用户选择使用的业务。移动增值业务是市场细分的结果,它充分挖掘了移动网络的潜力,满足了用户的多种需求,因此在市场上取得了巨大的成功。

移动数据业务是从短消息业务(SMS)发展起来的,移动数据网支持 TCP/IP 和 WAP,极大地促进了移动数据业务的使用,进一步提供多媒体信息业务(MMS)、移动流媒体业务、无线高速上网以及其他移动数据业务。

3.4.2 SMS

1. SMS 基本概念

SMS(Short Messaging Service)是一种通过移动网络用手机收发简短文本消息的通信机制。

SMS 采用存储转发模式:发送方把短消息发送出去之后,短消息不是直接发送给接收方,而是先存储在 SMC(Short Message Service Center,短消息中心),然后再由 SMC 将短消息转发给接收方。如果接收方当时因关机或不在服务区内等原因无法接收,SMC 就会自动保存该短消息,等到接收方在服务区出现的时候再发送给他。

与普通的寻呼机制不同,SMS 是一项有保障的双向服务。当发送方将短消息发送出去之后会得到一条确认通知,返回传递成功或失败的信息以及不可到达的原因。

SMS 是非对称业务,SMS 属于 GSM 第一阶段(Phase 1)标准,使用 SS7 信令信道传输数据分组。系统支持短消息与语音、数据、传真等业务的同步传输。目前 SMS 已经被集成到了很多网络标准中。一般的移动网络(如 GSM、CDMA、TDMA、PHS、PDC 等)都支持 SMS,这使 SMS 成为一项非常普及的移动数据业务。

2. SMS 体系结构

GSM 标准中定义的点到点短消息服务使短消息能够在移动台和短消息服务中心之间传递。SMS 体系结构如图 3.22 所示。

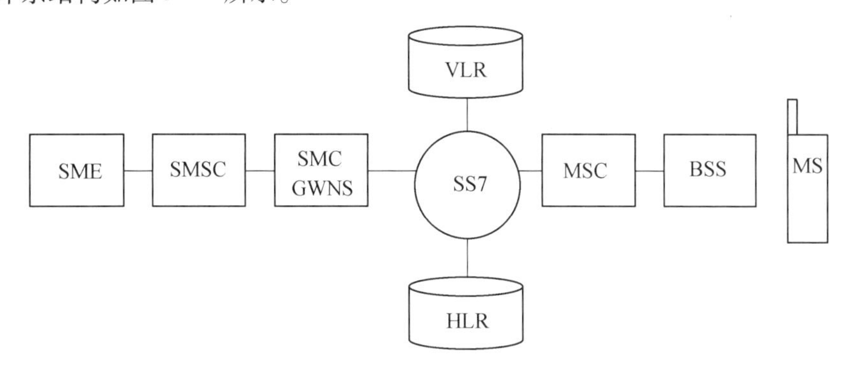

图 3.22 SMS 体系结构

MS:移动站。

SME(短消息实体):接收和发送短消息。

MSC(移动交换中心):系统交换管理,控制来自或发往其他电话或数据系统的通信。

SMSC(短消息业务中心):在移动基站和 SME 之间中继、存储或转发短消息。

HLR(归属位置寄存器):存储管理用户的永久信息和服务记录,帮助把短消息传递给正确的 MSC,还能配合 MSC 与 HLR 之间的协议,在接收方因超出覆盖区而丢失报文和随后又可找到时加以提示。

SMC GWMS(短消息中心网关):与其他网络打交道的节点。一旦从 SMSC 接收到短消息,SMC GWMS 就向目的移动台的 HLR 处查询移动站当前的位置,并将短消息传送给接收者所在基站的交换中心。

VLR(访问定位寄存器):该数据库含有一些用户临时信息,如手机鉴别、当前所处的小区(或小区组)等信息。通过 VLR 提供的信息,MSC 能够将短消息交换到相应的 BSS(基站系统,包括 BSC+BTS,向移动站发送或接收信息),BSS 再将短消息传递到接收方的手机。

3. SMS 开发

AT 命令原来仅被用于 modem 操作。SMS Block Mode 协议通过终端设备(TE)或电脑来完全控制 SMS。移动电话生产厂商诺基亚、爱立信、摩托罗拉和 HP 共同为 GSM 研制了一整套 AT 命令,其中包含对 SMS 的控制。AT 命令在此基础上演化并被加入 GSM 07.05 标准,以及之后的 GSM 07.07 标准。

对 SMS 的控制共有 3 种实现途径:最初的 Block Mode;基于 AT 命令的 Text Mode;基于 AT 命令的 PDU Mode。PDU 已取代 Block Mode,PDU Mode 是发送或接收手机 SMS 消息的一种方法,消息正文经过十六进制编码后进行传送。基本的 PDU 命令是 AT+CMGR、AT+CMGL、AT+

CMGS,用 AT+CMGL=0 读取电话上全部未读过的 SMS 消息,用 AT+CMGL=4 可读取全部 SMS 消息。

3.4.3 WAP

1. WAP 的概念

WAP(Wireless Application Protocol,无线应用协议)由一系列协议组成,用来标准化无线通信设备,它负责将 Internet 和移动通信网连接到一起,已成为移动终端上网的标准。WAP 提供与网络种类、承运商和终端设备无关的移动数据增值业务。移动用户可以像使用 PC 访问互联网信息一样,用移动设备(如 WAP 手机——支持 WAP 协议的手机)访问 Internet。

WAP 是公开的全球无线协议标准,并且是基于现有的 Internet 标准制订的。

2. WAP 体系结构

WAP 内容和应用由 WWW 内容格式来指定,WAP 内容采用基于 WWW 通信协议的一组标准通信协议进行传送。在无线终端内的微型浏览器作为普通的用户接口,这个微型浏览器与标准的 Web 浏览器很相似。

为了实现移动终端与网络服务器之间的通信, WAP 定义了一套标准组件,这套标准组件包括:

(1)标准命名模型:使用 WWW 的标准 URL 标识服务器上的 WAP 内容,并用 WWW 标准的 URI 来标识设备上的本地资源。

(2)内容分类:对于每个 WAP 内容,都定义了一个与 WWW 分类相一致的特定类型,Web 用户代理依据其类型对 WAP 内容进行正确的处理。

(3)标准内容格式:WAP 内容格式是按照 WWW 定义的。

(4)标准通信协议:WAP 通信协议将来自移动终端的浏览器请求传送到 Web 服务器。

WAP 内容类型和 WAP 协议都经过了专门的优化。WAP 通过用户代理技术把 WWW 和无线领域连接起来。

WAP 代理的功能包括:

(1)协议网关(Protocol Gateway)。协议网关把来自 WAP 协议栈(包括无线会话协议 WSP,无线事务协议 WTP,无线传输层安全 WTLS 和无线数据报协议 WDP)的请求转化成 WWW 协议栈(包括超文本传输协议 HTTP 和 TCP/IP)的请求。

(2)内容编译码器(Content Encoders and Decoders)。内容编译码器把 WAP 内容转化成紧缩的编码格式,以减少在网络上传输的数据量。

这样的结构使移动终端用户可以浏览大量的 WAP 内容和应用程序,且便于建立运行在数量众多的移动终端上的服务内容以及应用程序。

WAP 代理允许把内容和应用程序放置在标准的 WWW 服务器上,并且还可以使用有效的 WWW 技术开发 WAP 内容和应用程序。WAP 应用至少包括 Web 服务器、WAP 代理和 WAP 客户端。

WAP 体系结构为移动通信设备提供了一个层次化的、可扩展的应用开发环境,通过整个协议栈的分层设计实现。WAP 体系结构的每一层都为上一层提供接入点,并且还可以接入其他服务和应用程序。WAP 体系结构如图 3.23 所示。

WAP 的分层结构允许其他服务和应用程序通过一组已定义好的接口使用 WAP 协议栈,

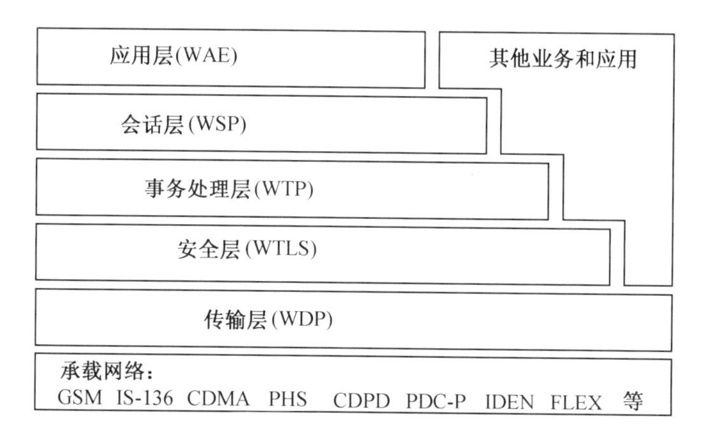

图3.23 WAP体系结构

外部应用程序可以直接接入会话层、事务层、安全层和传输层。

无线应用环境(Wireless Application Enrironment,WAE)是一个融合了WWW和移动电话技术的通用的应用开发环境。WAE的主要努力目标是建立一个兼容的环境,以便让运营商和服务的提供者能够在各式各样的无线平台上高效和实用地建立应用程序和服务。WAE包括一个微浏览器环境,功能如下:

(1)无线标记语言(Wireless Markup Language,WML)是一种与超文本标记语言HTML相似的轻量级的(Lightweight)标记语言。为了能在手持移动终端中使用,该语言经过了优化。

WML脚本语言(WMLScript)是一种轻量级的脚本语言,与JavaScript相似。

(2)无线电话应用(Wireless Telephony Application,WTA,WTAI)是电话业务和编程接口。

(3)内容格式(Content Formats)是一组已经定义好的数据格式,包括图像、电话簿记录(Phone Book Record)和日历信息。

无线会话协议(Wireless Session Protocol,WSP)为两种会话服务提供了一致的接口。第一种会话服务是面向连接的服务,它工作在事务层协议WTP之上;第二种会话服务是无连接的服务,它工作在安全或非安全的数据报服务(WDP)之上。

无线事务协议(Wireless Transaction Protocol,WTP)运行在数据报服务之上,是一种轻量级的面向事务的协议,适合在移动设备客户端中实现。

无线传输层安全(Wireless Transport Layer Security,WTLS)协议是一种基于工业标准的传输层安全(Transport Layer Security,TLS)协议。WTLS协议专门设计与WAP传输协议配套使用,并针对窄带通信信道进行了优化。

WTLS协议提供了数据完整性(Data Integrity)、私有性(Privacy)、鉴权(Authentication)、拒绝服务保护(Denial-of-service Protection)和用于终端之间的安全通信。

无线数据报协议(Wireless Datagram Protocol,WDP)是WAP体系结构中的传输层协议,它工作在有数据承载能力的各种类型的网络之上。WDP向上层的WAP协议提供统一的服务,并对承载业务提供透明的通信能力。

WAP协议能工作在各种不同的承载业务之上,包括短报文业务、基于电路交换的数据业务和分组数据业务。由于对吞吐量、误码率和延迟的要求不同,承载业务具有不同级别的服务质量。WAP协议能够适应各种不同质量的服务。

3.4.4 MMS

1. MMS 基本概念

MMS(Multimedia Messaging Service,多媒体短信服务)一般称为“彩信”,用于传送文字、图片、动画、音频和视频等多媒体信息。

MMS 的工业标准是 WAP Forum 和 3GPP 所制订的。MMS 可以在 WAP 协议的上层运行,它不局限于传输格式,既支持电路交换数据(Circuit-Switched Data)格式,也支持通用分组无线服务 GPRS(General Packet Radio Service)格式。因为这种技术能使数据速率由目前的 9.6 kbit/s提高到 384 kbit/s,MMS 被称为“GSM 384”,这种速率可以支持语音、因特网浏览、电子邮件、会议电视等多种高速数据业务和 GPRS,以 WAP(无线应用协议)为载体传送视频、图片、声音和文字。彩信的大小通常为 50 KB,这是由运营商和手机终端双方面决定的。

传统的短消息 SMS 中包含的信息不得超过 160 个字符(约 80 个汉字)。SMS 标准扩展到 EMS,即增强型信息服务,通过使用多 SMS 信息的串行传输扩大了数据流量,以传输简单的图形和乐曲;但是多媒体信息服务 MMS 中的传输功能不能通过信号通道的带宽实现,所以 MMS 使用面向包的传输媒体,它能提供适当的传输性能。

MMS 使用自己的标准化显示协议,即同步多媒体集成语言(SMIL)。与 Web 上的 HTML 功能一样,SMIL 是描述性的语言。SMIL 为在多媒体短信中集成多媒体元素(如文本、图像、音频和视频)序列提供了一个正式的标准,使得它们可以从一种终端设备传输到另一终端上面。SMIL 还控制 MMS 的显示和设计,保证所使用的多媒体元素显示能与预定的序列和持续间隔同步。某一个特定多媒体短信的所有元素在传输之前被集中到 SMIL 容器(SMIL Container)里。这个容器和一个 WAP 文件连在一起,其作用很像普通邮政服务中的信封,也被称为 WAN MMS 包装。通过 WAP 协议,MMS 传到运营商为 MMS 特地设立的服务中心。各个 MMSC(多媒体短信服务中心)执行不同的任务。该信息被放在缓存中,并以 WAP 的方式通知收信人,包括收信人的姓名、内容摘要、文件大小以及用于访问该信息的网址(URL)。在收信人那里,通过按一下手机上面的一个按钮就能发送一条简单的访问命令,用以下载该信息。传输结束时,送信人收到来自 MMSC 的传输确认。如果 MMSC 认为收信人没有 MMS 配套的终端设备,收信人将会收到一条 SMS 形式的信息。

2. MMS 网络结构

MMS 涵盖了多种类型的网络,集成这些网络中现有的信息业务系统。移动终端在多媒体信息业务环境(MMSE)中进行操作。

在整个多媒体信息业务环境(MMSE)中,多媒体信息中心(MMSC)是系统的核心。由 MMS 服务器、MMS 中继、信息存储器和数据库组成。MMSC 是 MMS 网络结构的核心,它提供存储和操作支持,允许终端到终端、终端到电子邮件的即时多媒体信息传送,同时支持灵活的寻址能力。

MMSC 是将 MMS 信息从发送者传递到接收者的存储和转发网络元素。与 SMSC 相似,服务器只在查找接收者电话的期间存储信息。在找到接收电话以后,MMSC 立即将多媒体消息转发给接收者,并且从 MMSC 删除此消息。MMSC 是提供 MMS 服务所需的一个新的网络元素。

尽管 MMS 与 SMS 类似,但是 MMS 不能在 SMS 的传输信道进行传送,SMS 的传输信道对于传送多媒体内容来说太窄了。在协议层,MMS 使用 WAP 无线会话协议(WSP)作为传输协议。为了在 MMS 信息传输中使用 WAP 协议,需要一个 WAP 网关连接 MMSC 和无线 WAP 网络。

数据库使用户和运营商能够有效提供、控制和管理增值服务。增值服务(VAS)包括多媒体终端网关、多媒体电子邮件网关、信息传递网关和多媒体语音网关等。

MMS 系统中的网络设备包括 MMS 中继器、MMS 服务器、用户数据库和用户代理等(图3.24)。MMS 服务器负责存储和处理双向的多媒体短消息。每个 MMSE 中可以有多个 MMS 服务器,MMS 服务器可以和外部网络的 e-mail 服务器、SMS 服务器等通过标准的接口协同工作,为用户提供丰富的服务类型。MMS 中继器负责在不同的消息系统之间传递消息,以整合处于不同网络中的各种类型的服务器。MMS 中继器在接收或者传递消息到其他的 MMS 用户代理或者另外的 MMSE 时,应该能够产生计费数据(CDR)。MMS 中继器和 MMS 服务器还具有地址翻译功能和临时存储多媒体短信的功能,以保证多媒体短信在成功地传送到另一个 MMSE 实体之前不会丢失。MMS 用户数据库记录和用户相关的业务信息,如用户的业务特性、对用户接入 MMS 服务的控制等。用户代理可以位于用户设备,也可以位于和用户设备直接相连的外部设备中。用户代理是一个应用层的功能实体,为用户提供浏览、合成和处理多媒体短信的功能,对多媒体短信的处理包括发送、接收和删除等操作。MMS 用户代理还提供用户终端接收多媒体短信能力的协商;向用户发送多媒体短信通知;对用户的多媒体短信加密和解密;用户之间的多媒体短信签名;在用户的 SIM 卡支持 MMS 的情况下,处理 SIM 卡中和 MMS 相关的信息;用户特性的管理等功能。

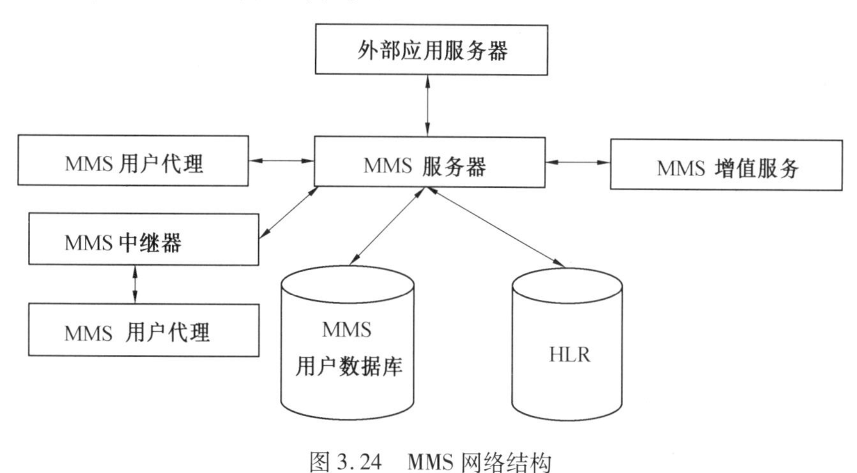

图 3.24 MMS 网络结构

3.5 第三代移动通信技术

3.5.1 第三代移动通信技术概述

CDMA 系统容量大,相当于模拟系统的 10～20 倍,与模拟系统的兼容性好。部分国家和地区已经开通了窄带 CDMA 系统。由于窄带 CDMA 技术比 GSM 成熟晚,使其在世界范围内的应用不及 GSM。由于自有的技术优势,CDMA 技术已经成为第三代移动通信的核心技术。

第一代移动通信应用模拟通信技术只能提供语言服务。

第二代移动通信以传输语音和低速数据业务为目的。由于互联网络的发展,对移动数据和多媒体通信的要求越来越高,所以第三代移动通信的目标就是宽带多媒体通信。

第三代移动通信系统能提供多种类型、高质量的多媒体业务,能实现全球无缝覆盖,具有全球漫游能力,通过 IP 与因特网兼容,以小型便携式终端在任何时候、任何地点进行任何种类的通信。

第三代移动通信系统的目标概括为:

(1)实现全球漫游。用户可以在整个系统甚至全球范围内漫游,在不同的速率、不同的运动状态下获得服务。

(2)提供多种业务模式。提供语音、可变速率的数据和活动视频等多媒体业务。

(3)适应多种环境。连接现有的公众电话交换网、综合业务数字网、地面移动通信系统和卫星通信系统,提供无缝覆盖;提供足够的系统容量,多种用户管理能力,高保密性能和高服务质量。

对其无线传输技术提出的要求是:

(1)高速传输以支持多媒体业务。室内环境至少 2 Mbit/s;室内外步行环境至少 384 kbit/s;室外车辆运动中至少 144 kbit/s;卫星移动环境至少 9.6 kbit/s。

(2)传输速率能够按需分配。

(3)上下行链路能适应不对称需求。

第三代移动通信系统最早由国际电信联盟(ITU)于 1985 年提出,当时称为未来公众陆地移动通信系统(Future Public Land Mobile Telecommunication System,FPLMTS),1996 年更名为 IMT-2000(International Mobile Telecommunication-2000,国际移动通信-2000)。该系统工作在 2 000 MHz频段,最高业务速率可达 2 000 kbit/s。主要体制有 WCDMA、CDMA2000 和 UWC-136。1999 年 11 月, ITU-R TG8/1 第 18 次会议通过了“IMT-2000 无线接口技术规范”建议,其中我国提出的 TD-SCDMA 技术写在了第三代无线接口规范建议的 IMT-2000 CDMA TDD 部分中。“IMT-2000 无线接口技术规范”建议的通过表明 TG8/1 制订第三代移动通信系统无线接口技术规范方面的工作已经基本完成,第三代移动通信系统开发和应用进入实质阶段。

1.2G 向 3G 的演进

IMT-2000 的网络采用了“家族概念”, ITU 因此受限而无法制订详细协议规范,3G 的标准化工作实际上是由 3GPP 和 3GPP2 两个标准化组织来推动和实施的。

3GPP 成立于 1998 年 12 月,由欧洲的 ETSI、日本 ARIB、韩国 TTA 和美国 ATIS 等组成。采用欧洲和日本的 WCDMA 技术,构筑新的无线接入网络,在核心交换部分,采用现有的 GSM 移动交换网络基础上平滑演进的技术,提供更加多样化的业务。UTRA(Universal Tetrestrial Radio Access)为无线接口的标准。

3GPP2 在 1999 年的 1 月正式成立,由美国 TIA、日本 ARIB、韩国 TTA 等组成。无线接入技术采用 CDMA2000 和 UWC-136 为标准,CDMA2000 在很大程度上采用了高通公司的专利。核心网采用 ANSI/IS-41。

2.3G 演进策略

按照技术和市场的继承性,3G 大体沿着 3 条技术路径演进和发展:

(1)GSM 向 WCDMA 的演进:GSM→HSCSD→GPRS→IMT-2000 WCDMA。

①高速电路交换数据(High Speed Circuit Switched Data,HSCSD)。HSCSD能将多个全速率语音信道共同分配给HSCSD结构。HSCSD的目的是以单一的物理层结构提供不同空间接口用户速率的多种业务的混合。HSCSD结构的有效容量是TCH/F容量的几倍,使得空间接口数据传输速率明显提高(64 kbit/s)。HSCSD仍使用现有GSM数据技术,对其稍加改动就可使用。此技术中较高的数据速率是以多信道数据传输实现的。

②GPRS。GPRS提供标准的无线分组交换Internet/Intranet接入,适用于所有GSM覆盖的地方;支持可变的数据速率,最高可达到171.2 kbit/s;核心网络使用分组交换技术,优化网络、资源共享;具有可延伸到未来无线协议的能力。

在现有GSM的基础上,以分组交换为基础的GPRS网络增加了新的网络功能实体:SGSN和GGSN。

③宽带码分多址WCDMA。宽带码分多址WCDMA是支持以UMTS/IMT-2000为目标的技术,能够满足ITU所列出的所有要求,提供高速数据,具有高质量的语音和图像业务。

(2)IS-95向CDMA2000的演进:IS-95A→IS-95B→CDMA2000 1X。

CDMA2000 1X提供更大容量和高速数据速率(144 kbit/s),支持突发模式并增加新的补充信道, MAC提供改进的QoS保证。采用增强技术的CDMA2000 1X EV可以提供更高的性能。

IS-95B与IS-95A的区别在于可以捆绑多个信道。当不使用辅助业务信道时,IS-95B与IS-95A基本相同,可以共存于同一载波中。CDMA2000 1X则有较大的改进,CDMA2000与IS-95是通过不同的无线配置(RC)来区别的。CDMA2000 1X系统设备可以通过设置RC,同时支持1X终端和IS-95A/B终端。因此,IS-95A/B/1X可以同时存在于同一载波中。对CDMA2000系统来说,可以采用逐步替换的方式从2G过渡到3G。即压缩2G系统的1个载波,转换为3G载波,开始向用户提供中高速速率的业务。这个操作对用户来说是完全透明的,由于IS-95的用户仍然可以工作在3G载波中,所以2G载波中的用户数并没有增加,也不会因此增加呼损。随着3G系统中用户量增加,可以逐步减少2G系统使用的载波,增加3G系统的载波。网络运营商通过这种平滑升级,不仅可以提供各种新业务,而且保护了已有设备的投资。

(3)DAMPS向UWC-136的演进:IS-136(DAMPS)→GPRS-136→UWC-136(Universal Wireless Communications)

EDGE以GPRS网络结构来支持136+的高速数据传输。GPRS-136是136+包交换数据业务,高层协议与GPRS完全相同。它提供了与GSM的GPRS同样的容量,用户可接入IP和X.25两种格式的数据网。它减少了TIA/EIA-136与GSM GPRS之间的技术差别,使用户在GPRS-136和GSM GPRS网络间漫游。GPRS-136与GPRS相似,在现有的电路交换网节点上并联包交换网节点,同时这两个网间也有链路相连。

3. 3G标准的制定

2000年5月,ITU完成IMT2000的全部网络规范,其中包括美国TIA提交的CDMA2000、欧洲ETSI提交的WCDMA以及中国电信科学技术研究院(CATT)提交的TD-SCDMA。其中两种基于TDMA技术的标准分别适用于北美和欧洲部分地区,是区域性3G标准规范;而基于CDMA技术的3种标准则成为3G主流标准,CDMA技术也被公认为3G的主流技术。

基于共同的利益目标,以欧洲的ETSI及日本的ARIB/TTC、美国的T1、韩国的TTA和我国的CWTS为核心发起成立了3GPP(1998年底成立,CWTS在1999年加入),专门研究如何从第二代的GSM系统向IMT-2000 CDMA DS和IMT-2000 CDMA TDD演进;以美国TIA、日本的ARIB/TTC、韩国的TTA和我国的CWTS为首成立的3GPP2(1999年1月成立,CWTS在1999年6月加入),则专门研究如何从IS-95 CDMA系统向IMT-2000 MC演进。3GPP和3GPP2成立后,ITU主要负责标准的正式制定和发布方面的管理工作,而IMT-2000的标准化研究工作则主要由3GPP和3GPP2承担。

3GPP主要制定基于GSM MAP核心网,以WCDMA、TD-SCDMA为无线接口的标准,称为UTRA(通用陆地无线接入),同时也在无线接口上定义与ANSI-41核心网兼容的协议;3GPP2主要制定基于ANSI-41核心网,以CDMA2000为无线接口的标准,同时也在无线接口定义与GSM MAP核心网兼容的协议。

第三代移动通信系统中采用了RAKE接收、智能天线、高效信道编译码、多用户检测、功率控制和软件无线电等多项关键技术。总体来说,第三代移动通信系统具有如下特征:

(1)全球化。3G的目标是在全球采用统一标准、统一频段、统一大市场。IMT-2000是一个全球性的系统,各个地区多种系统组成了一个IMT-2000家族,各系统设计上具有很好的通用性,与此同时,3G业务与固定网的业务也具有很好的兼容性;ITU划分了3G的公共频段,全球各地区和国家在实际运用时基本上能遵从ITU的规定;全球3G运营商之间签署了广泛的协议,基本形成了统一的市场。基于以上条件,3G用户能在全球实现无缝漫游。

(2)多媒体化。多媒体化提供高质量的多媒体业务,如语音、可变速率数据、移动视频和高清晰图像等多种业务,实现多种信息一体化。

(3)综合化。第三代移动通信系统适应多环境,具有灵活性,能把现存的无绳、蜂窝(宏蜂窝、微蜂窝、微微蜂窝)、卫星移动等通信系统综合在统一的系统中(具有从小于50 m的微微小区到大于500 km的卫星小区),与不同网络互通,提供无缝漫游和业务一致性;网络终端具有多样性;采用平滑过渡和渐进式演进方式,即能与第二代移动通信系统共存和互通,采用开放式结构,易于引入新技术;3G的无线传输技术满足3种传输速率,即室外车载环境下为144 kbit/s,室外步行环境下为384 kbit/s,室内环境下为2 Mbit/s。

(4)智能化。智能化主要表现在优化网络结构方面(引入智能网概念)和收发信机的软件无线电化。

(5)个人化。用户可用唯一个人电信号码(PTN)在任何终端上获取所需要的电信业务,这就超越了传统的终端移动性,也需要足够的系统容量来支撑。

第三代移动通信系统除了具有上述基本特征之外,还具有高频谱效率、低成本、优质服务质量、高保密性及良好的安全性能等特点。

4. 3G的主流标准对比分析

3G的3大主流应用技术标准是WCDMA(宽带码分多址接入)、CDMA2000多载波码分多址接入)和TD-SCDMA(时分同步码分多址接入),3大标准中WCDMA和CDMA2000采用FDD方式,需要成对的频率规划。WCDMA的扩频码速率为3.84 Mc/s,载波带宽为5 MHz,而CDMA2000采用单载波时扩频码速率为1.228 8 Mc/s,载波带宽为1.25 MHz;另外WCDMA的基站间同步是可选的,而CDMA2000的基站间同步是必需的,因此需要全球定位系统(GPS),以上两点是WCDMA和CDMA2000最主要的区别。除此以外,在其他关键技术方面,例如功率控制、软切换、扩频码以及所采用分集技术等都是基本相同的,只有很小的差别。

TD-SCDMA 的双工方式为 TDD,不需要为其分配成对的频带。扩频码速率为 1.28 Mc/s,载波带宽为 1.6 MHz,其基站间必须同步。与其他两种标准相比,TD-SCDMA 采用了智能天线、联合检测、上行同步及动态信道分配、接力切换等技术,具有频谱使用灵活、频谱利用率高等特点,适合非对称数据业务。

3 种标准的无线接口技术和发展成熟度上各具优势,但总体来看,WCDMA 网络更多被运营商所接受,在全球商用网络占有的份额更大,主要在于其无线网络性能更胜一筹。以下几点是其优势所在:

(1)WCDMA 网络使用的带宽和码片速率是最大的,因而能提供更大的多路径分集、更高的中继增益和更小的信号开销。此外,更高的码片速率也改善了接收机解决多径效应的能力。

(2)小区站点同步设计可选用异步基站,不需要采用 GPS 同步,基站开设可兼顾室内、室外的覆盖。

(3)功率控制速率最快,可保证更好的信号质量,并支持更多的用户。

(4)在公用信道开销方面,其下行链路导频结构基于专用和公用导频符号,所以导频信道只需占下行链路总传输功率的 10% 左右;而 CDMA2000 由于基于公用持续导频序列,故要占 20% 左右。

3.5.2 WCDMA

1. 系统概述

UMTS(Universal Mobile Telecommunication Systems,通用移动通信系统)是采用 WCDMA 空中接口的第三代移动通信系统。通常也把 UMTS 称为 WCDMA(Wideband Code Division Multiple Access)通信系统。其系统带宽是 5 MHz,码片速率为 3.84 Mbit/s。

WCDMA 系统网络单元分为无线接入网络(Radio Access Network,RAN)和核心网(Core Network,CN)。无线接入网络用于处理与无线有关的功能,CN 处理 UMTS 系统内的语音呼叫和数据连接与外部网络的交换和路由。RAN 和 CN 与用户设备(User Equipment,UE)一起构成了整个 WCDMA 系统(图 3.25)。

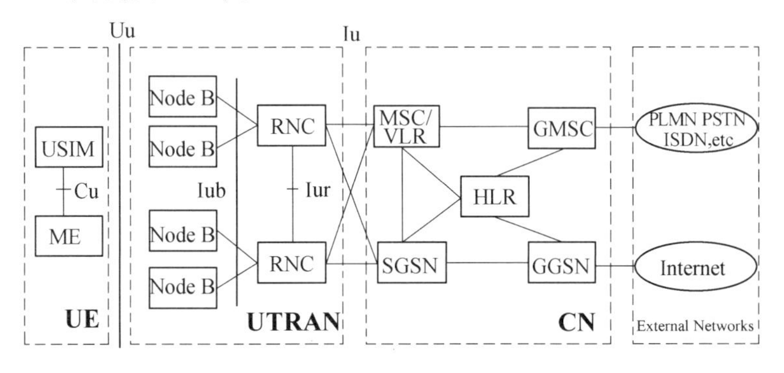

图 3.25 WCDMA 体系结构和接口

UE 和 UTRAN 使用全新的协议,它们基于 WCDMA 无线技术。CN 采用了 GSM/GPRS 的定义,这样可以实现网络的平滑过渡,在第三代网络建设的初期实现了全球漫游。

UMTS 系统的网络单元包括如下部分:

(1) UE。UE 是用户终端设备,它主要包括射频处理单元、基带处理单元、协议栈模块以及应用层软件模块等；其中，ME（The Mobile Equipment）提供应用和服务；USIM（Universal Subscriber Identity Module）提供用户身份识别。

（2）UTRAN（UMTS Terrestrial Radio Access Network，UMTS 陆地无线接入网）。UTRAN 分为基站（Node B）和无线网络控制器（RNC）两部分。

①Node B。Node B 是 WCDMA 系统的基站，包括无线收发信机和基带处理模块。通过标准的 Iub 接口和 RNC 互连，完成 Uu 接口物理层协议的处理。其主要功能是扩频、调制、信道编码及解扩、解调、信道解码，以及基带信号和射频信号的相互转换等功能。

Node B 包括 RF 收发放大，射频收发系统（TRX），基带部分（BB），传输接口单元，基站控制部分。

②RNC（Radio Network Controller）。RNC 是 WCDMA 系统中的无线网络控制器，主要完成连接建立和断开、切换、宏分集合并、无线资源管理控制等功能。执行系统信息广播与系统接入控制功能；切换和 RNC 迁移等移动性管理功能；宏分集合并、功率控制、无线承载分配等无线资源管理和控制功能。

（3）CN（Core Network）。CN 负责与其他网络的连接和对 UE 的通信和管理。

其主要功能模块包括：

①MSC/VLR。MSC/VLR 是 WCDMA 核心网 CS 域功能节点，它通过 Iu CS 接口与 UTRAN 相连，通过 PSTN/ISDN 接口与外部网络相连，通过 C/D 接口与 HLR/AUC 相连，通过 E 接口与其他 MSC/VLR 或 SMC 相连，通过 CAP 接口与 SCP 相连，通过 Gs 接口与 SGSN 相连。MSC/VLR 的主要功能是提供 CS 域的呼叫接续、移动性管理、鉴权和加密等。

②GMSC。GMSC 是 WCDMA 移动网 CS 域与外部网络之间的网关节点，是可选功能节点，它通过 PSTN/ISDN 接口与外部网络相连，通过 C 接口与 HLR 相连，通过 CAP 接口与 SCP 相连。它的主要功能是完成 MSC 功能中的呼入呼叫的路由。

③SGSN。SGSN 是 WCDMA 核心网 PS 域功能节点，它通过 Iu-PS 接口与 UTRAN 相连，通过 Gn/Gp 接口与 GGSN 相连，通过 Gr 接口与 HLR/AUC 相连，通过 Gs 接口与 MSC/VLR 相连，通过 CAP 接口与 SCP 相连，通过 Gd 接口与 SMC 相连，通过 Ga 接口与 CG 相连，通过 Gn/Gp 接口与 SGSN 相连。SGSN 的主要功能是提供 PS 域的路由转发、移动性管理、会话管理、鉴权和加密等。

④GGSN。GGSN 是网关 GPRS 支持节点，通过 Gn 接口与 SGSN 相连，通过 Gi 接口与外部数据网络相连。GGSN 提供数据包在 WCDMA 移动网和外部数据网之间的路由和封装。GGSN 的主要功能是连通外部 IP 分组网络的接口，GGSN 需要提供 UE 接入外部分组网络的关口功能。GGSN 可看作是可寻址 WCDMA 移动网络中所有用户 IP 的路由器，同外部网络交换路由信息。

⑤HLR。HLR 是归属位置寄存器，它通过 C 接口与 MSC/VLR 或 GMSC 相连，通过 Gr 接口与 SGSN 相连，通过 Gc 接口与 GGSN 相连。HLR 的主要功能是提供用户的签约信息存放、新业务支持、增强的鉴权等。

（4）OMC。OMC 包括设备管理系统和网络管理系统。

设备管理系统完成对各独立网元的维护和管理，包括性能管理、配置管理、故障管理、计费管理和安全管理的业务功能。

网络管理系统实现对全网所有相关网元的统一维护和管理，实现综合集中的网络业务功能,具体同样包括网络业务的性能管理、配置管理、故障管理、计费管理和安全管理。

(5)The External Networks。

外部网络分为两类:

电路交换网络(CS Networks)提供电路交换的连接(如通话服务)。ISDN 和 PSTN 均属于电路交换网络。

分组交换网络(PS Networks):提供数据包的连接服务,Internet 属于分组数据交换网络。

WCDMA 系统主要有如下接口:

①Cu 接口。Cu 接口是 USIM 卡和 ME 之间的电气接口,Cu 接口采用标准接口。

②Uu 接口。Uu 接口是 WCDMA 的无线接口。UE 通过 Uu 接口接入 UMTS 系统的固定网络部分,可以说 Uu 接口是 UMTS 系统中最重要的开放接口。

③Iu 接口。Iu 是 UTRAN 和 CN 之间的接口。类似于 GSM 系统的 A 接口和 Gb 接口。Iu 接口是一个开放的标准接口。这也使得 UTRAN 与 CN 可以分别由不同的设备制造商提供。

④Iur 接口。Iur 是 RNC 之间的接口,是开放的标准接口。它是 UMTS 系统特有的接口,用于对 RAN 中移动台的移动管理。比如,在不同的 RNC 之间进行软切换时,移动台所有数据都是通过 Iur 接口从正在工作的 RNC 传到候选 RNC。

⑤Iub 接口。Iub 是 Node B 与 RNC 之间的接口,Iub 接口也是一个开放的标准接口。这也使得 RNC 与 Node B 可以分别由不同的设备制造商提供。

2. UTRAN 的基本结构

UTRAN 包含一个或几个无线网络子系统(RNS)。一个 RNS 由一个无线网络控制器(RNC)和一个或多个基站(Node B)组成。RNC 与 CN 之间的接口是 Iu 接口,Node B 和 RNC 通过 Iub 接口连接。在 UTRAN 内部,无线网络控制器(RNC)之间通过 Iur 互联,Iur 可以通过 RNC 之间进行直接物理连接或通过传输网连接。RNC 用来分配和控制与之相连或相关的 Node B 的无线资源。Node B 则完成 Iub 接口和 Uu 接口之间的数据流的转换,同时也参与一部分无线资源管理。

(1)RNC。RNC 用于控制 UTRAN 的无线资源。它通常与一个移动交换中心(MSC)和一个 SGSN 以及广播域通过 Iu 接口相连,在移动台和 UTRAN 之间的无线资源控制(RRC)协议在此终止。它在逻辑上对应 GSM 网络中的基站控制器(BSC)。

控制 Node B 的 RNC 称为该 Node B 的控制 RNC(CRNC),CRNC 负责对其控制的小区的无线资源进行管理。

如果在一个移动台与 UTRAN 的连接中用到了超过一个 RNS 的无线资源,则 RNS 分为:

服务 RNS(SRNS):管理 UE 和 UTRAN 之间的无线连接,它是对应于该 UE 的 Iu 接口的终止点。无线接入承载的参数映射到传输信道的参数,越区切换,开环功率控制等基本的无线资源管理都是由 SRNS 中的 SRNC(服务 RNC)来完成的。一个与 UTRAN 相连的 UE 有且只能有一个 SRNC。

漂移 RNS(DRNS):除了 SRNS 以外,UE 所用到的 RNS 称为 DRNS,其对应的 RNC 是 DRNC。一个用户可以没有,也可以有一个或多个 DRNS。

在实际 WCDMA 系统中的 RNC 中包含了所有 CRNC、SRNC 和 DRNC 的功能。

(2)Node B。Node B 用于完成空中接口与物理层的相关的处理(信道编码、交织、速率匹配、扩频等),同时它还完成一些如内环功率控制等的无线资源管理功能。它在逻辑上对应于

GSM 网络中的基站(BTS)。

3. UTRAN 完成的功能

(1)和总体系统接入控制有关的功能:准入控制,拥塞控制,系统信息广播。

(2)和安全与私有性有关的功能:无线信道加密/解密,消息完整性保护。

(3)和移动性有关的功能:切换,SRNS 迁移。

(4)和无线资源管理和控制有关的功能:无线资源配置和操作,无线环境勘测,宏分集控制(FDD),无线承载连接建立和释放(RB 控制),无线承载的分配和回收,动态信道分配 DCA(TDD),无线协议功能,RF 功率控制,RF 功率设置。

(5)时间提前量设置(TDD)。

(6)无线信道编码。

(7)无线信道解码。

(8)信道编码控制。

(9)初始接入检测和处理。

3.5.3 WCDMA 关键技术

1. RAKE 接收机

CDMA 扩频系统的信道带宽远大于信道的平坦衰落带宽。传统的调制技术用均衡算法来消除相邻符号间的码间干扰,CDMA 要求扩频码有良好的自相关特性。在无线信道中出现的时延扩展,只是被看作被传信号的再次传送。如果多径信号相互间的延时超过了一个码片的长度,它们就被 CDMA 接收机看作是非相关的噪声而无须均衡。

CDMA 接收机通过合并多径信号来改善接收信号的信噪比。当传播时延超过一个码片周期时,多径信号可看作是互不相关的,RAKE 接收机通过多个相关检测器接收多径信号中的各路信号,并把它们合并在一起。

RAKE 接收机中延迟估计的作用是通过匹配滤波器获取不同时间延迟位置上的信号能量分布,识别具有较大能量的多径位置,并将它们的时间量分配到 RAKE 接收机的不同接收径上。匹配滤波器的测量精度可以达到$\frac{1}{4} \sim \frac{1}{2}$码片,而 RAKE 接收机的不同接收径的间隔是一个码片。

由于信道中快速衰落和噪声的影响,实际接收的各径的相位与原来发射信号的相位有很大的变化,因此在合并以前,要按照信道估计的结果进行相位的旋转,实际的 CDMA 系统中的信道估计是根据发射信号中携带的导频符号完成的。根据发射信号中是否携带有连续导频,可以分别采用基于连续导频的相位预测和基于判决反馈技术的相位预测方法。

低通滤波器滤除信道估计结果中的噪声,其带宽一般要高于信道的衰落率。使用间断导频时,在导频的间隙要采用内插技术来进行信道估计。采用判决反馈技术时,先判决出信道中的数据符号,再以判决结果作为先验信息(类似导频)进行完整的信道估计,通过低通滤波得到比较好的信道估计结果。这种方法的缺点是,非线性和非因果预测技术使噪声较大时信道估计的准确度大大降低,而且还引入了较大的解码延迟。

延迟估计的主要部件是匹配滤波器,匹配滤波器的功能是用输入的数据、不同相位的本地码字进行相关,取得不同码字相位的相关能量。当串行输入的采样数据、本地的扩频码和扰码的相位一致时，其相关能力最大，在滤波器输出端有一个最大值。根据相关能量，延迟估计器就可以得到多径的到达时间量。

移动台和基站间的 RAKE 接收机的实现方法和功能有所不同，其原理是完全一样的。

对于多个接收天线分集接收而言，多个接收天线接收的多径同样可以用上面的方法处理，RAKE 接收机既可以接收来自同一天线的多径，也可以接收来自不同天线的多径，从 RAKE 接收的角度来看，两种分集并没有本质的不同。

2. 分集接收原理

无线信道是随机时变信道，其中的衰落特性会降低通信系统的性能。分集接收技术被认为是明显有效而且经济的抗衰落技术，可以采用多种措施对抗衰落：信道编解码技术，抗衰落接收技术或者扩频技术。

无线信道中接收的信号是到达接收机的多径分量的合成。如果将接收端同时获得的几个不同路径的信号适当合并成总的接收信号，就能大大减少衰落的影响。分集就是分散得到几个合成信号并集中（合并）信号。只要几个信号之间是统计独立的，那么经适当合并就能改善系统性能。

互相独立或者基本独立的一些接收信号，利用不同路径或者不同频率、不同角度、不同极化等接收手段来获取：

（1）空间分集。在接收或者发射端架设几个天线，各天线的位置间要有足够的间距，以保证各天线上发射或者获得的信号基本相互独立。通过双天线发射分集，增加了接收机获得的独立接收路径，取得了合并增益。

（2）频率分集。用多个不同的载频传送同样的信息，如果各载频的频差间隔比较远，超过信道相关带宽，则各载频传输的信号也相互不相关。

（3）角度分集。角度分集是利用天线波束的指向不同使信号不相关的原理构成的一种分集方法。

（4）极化分集。极化分集是分别接收水平极化和垂直极化波形成的分集方法。

这些分集方法互不排斥，实际使用中可以组合，分集信号的合并可以采用不同的方法：

（1）最佳选取。从几个分散信号中选取信噪比最好的一个作为接收信号。

（2）等增益相加。将几个分散信号以相同的支路增益直接相加，相加后的信号作为接收信号。

（3）最大比值相加。控制各合并支路增益，使它们分别与本支路的信噪比成正比，然后再相加获得接收信号。

3. 多用户检测技术

多用户检测技术（Multi-User Detection，MUD）通过去除小区内干扰来改进系统性能，增加系统容量。多用户检测技术还能有效缓解直扩 CDMA 系统中的远/近效应。

由于信道的非正交性和不同用户的扩频码字的非正交性，导致用户间存在相互干扰，多用户检测的作用就是去除多用户之间的相互干扰。对于上行的多用户检测，只能去除小区内各用户之间的干扰，而小区间的干扰由于缺乏必要的信息而难以消除。对于下行的多用户检测，只能去除公共信道的干扰。

多用户检测的性能取决于相关器的同步扩频码字跟踪，各个用户信号的检测性能，相对能量的大小，信道估计的准确性等传统接收机的性能。

由于只能去除小区内干扰,假定小区间干扰的能量为小区内干扰能量的 f 倍,那么去除小区内用户干扰,容量的增加是 $(1+f)/f$。按照传播功率随距离 4 次幂线性衰减,小区间的干扰是小区内干扰的 55%。因此在理想情况下,多用户检测消除多址干扰 2.8 倍。但是实际情况下,多用户检测的有效性还不到 100%。多用户检测的有效性取决于检测方法和一些传统接收机估计精度,同时还受小区内用户业务模型的影响。例如,小区内如果有一些高速数据用户,那么采用干扰消除的多用户检测方法去掉这些高速数据用户对其他用户的较大干扰功率,显然能够有效提高系统的容量。多用户检测算法分类如图 3.26 所示。

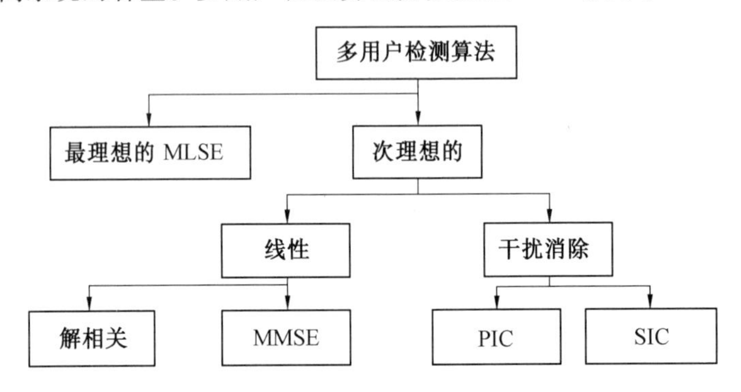

图 3.26 多用户检测算法分类

线性检测器通过求出多用户信号互相关矩阵的逆,乘以解扩后的信号,得到去除其他用户相互干扰后的信号估计。

干扰消除是指估计不同用户和多径引入的干扰,从接收信号中减去干扰的估计。串行干扰消除(SIC)是逐步减去最大用户的干扰,并行干扰消除(PIC)是同时减去除自身外所有其他用户的干扰。

并行干扰消除是在每级干扰消除中,对每个用户减去其他用户的信号能量,并进行解调。重复进行这样的干扰消除 3~5 次,基本可以去除其他用户的干扰。为了避免传统接收检测中的误差被不断放大,在每一级干扰消除中,并不是完全消除其他用户的所有信号能量,而是乘以一个相对小的系数。PIC 比较简单地实现了多用户的干扰消除,优于 SIC 的延迟。

WCDMA 下行的多用户检测技术主要集中在消除下行公共导频、共享信道、广播信道和同频相邻基站的公共信道的干扰方面。

3.5.4 3G 业务

1.3G 业务概述

3G 业务包括如下类别:

(1)基本电信业务:包括语音业务,紧急呼叫业务,短消息业务。

(2)补充业务:与 GSM 定义的补充业务相同。

(3)承载业务:包括电路型承载业务和分组型承载业务。

(4)智能业务:从 GSM 系统继承的基于 CAMEL 机制的智能网业务。

(5)位置业务:与位置信息相关的业务,如分区计费,移动黄页,紧急定位等。

(6)多媒体业务:包括电路型实时多媒体业务,分组型实时多媒体业务,非实时存贮转发型多媒体消息业务等。

3G(WCDMA)的业务从2G(GSM)继承而来,在新的体系结构下,又产生了一些新的业务能力,所以其支持的业务种类繁多,各业务特征差异较大。其特征包括:

(1)对于语音等实时业务,普遍有QoS的要求。

(2)向后兼容GSM上所有的业务。

(3)引入多媒体业务。

3G的业务完全包含2G的业务,对于2G上原有的电路交换型业务,初期主要在CS域实现,而PS域上主要实现数据业务。随着网络的演进,各种业务逐步在PS域上实现。

2.3G业务的具体内容

基本电信业务包括:

(1)语音业务。电路交换语音业务不需另外提供保障机制,分组交换语音业务需要提供专门的QoS保障机制。

(2)紧急呼叫。紧急呼叫即用户不受网络鉴权的限制,发起对特定紧急服务号码的呼叫。

(3)短消息业务。短消息业务包括点对点移动终止(MT)短消息业务,点对点移动发起(MO)短消息业务,小区广播型短消息业务。

(4)电路型传真业务。电路型传真业务交替语音和G3传真,自动进行G3传真业务。

补充业务包括:

(1)呼叫偏转:特殊的呼叫前转,由用户而不是网络决定的移动用户忙呼叫前转。

(2)号码标识:主叫显示(CLIP),主叫限制(CLIR),连接号显示(CoLP),连接限制(CoLR)。

(3)呼叫前转:无条件呼叫前转(CFU),移动用户忙呼叫前转(CFB),无应答呼叫前转(CFNRy),移动用户不可及前转(CFNRc)。

(4)呼叫完成:呼叫等待(CW),呼叫保持(HOLD)。

(5)多方会话(MPTY)。

(6)选择通信:紧密用户群(CUG)。

(7)用户到用户会话:用户/用户信令(UUS)。

(8)计费:计费信息建议(AoCI),计费建议(AoCC)。

(9)呼叫限制:呼出限制(BAOC),国际呼出限制(BOIC),归属国外国际呼出限制(BOIC-exHC),呼入限制(BAIC),国外漫游呼入限制(BIC-Roam)。

(10)呼叫转移:直接呼叫转移(ECT)。同呼叫前转不同的是,直接呼叫转移在呼叫中发生转移,而呼叫前转是在呼叫前发生转移;同呼叫等待/呼叫保持不同的是,直接呼叫转移在呼叫转移后原有的呼叫结束,而呼叫等待/呼叫保持在呼叫转移后不结束原有呼叫,处于保持状态。

(11)用户忙呼叫完成:CCBS。

(12)名字标识:主叫名显示(CNAP)。

承载业务包括:

(1)基本电路型数据承载业务:异步电路型数据承载业务、同步电路型数据承载业务。

(2)网络数据承载业务。

智能业务包括:

(1)基本电路交换呼叫的控制业务。

(2)GPRS 的控制业务。

(3)USSD 的控制业务

(4)SMS 的控制业务。

(5)移动性管理的控制业务。

(6)位置信息的控制业务。

业务分类:

(1)公共安全业务。美国从 2001 年 10 月 1 日开始提供增强紧急呼叫服务(Enhanced Emergency Services),FCC(联邦通信委员会)规定无线运营公司必须提供呼叫者位置经度和纬度的估算值,其精度在 125 m 以内或者低于用根均方值的方法所得的结果。该类业务主要由国家制定的法令驱动,属于运营商为公众利益服务而提供的一项业务。

(2)基于位置的计费。

特定用户计费:设定一些位置区为优惠区,在这些位置区内打/接电话能够获得优惠。

接近位置计费:主被叫双方位于相同或者相近的位置区时双方可获得优惠。

特定区域计费:通话的某一方或者双方位于某个特定位置时可以获得优惠,用以鼓励用户进入该区域。

(3)资产管理业务:对用户的资产的位置进行定位,实现动态的实时管理。

(4)增强呼叫路由(Enhanced Call Routing):增强呼叫路由(ECR)根据用户的呼叫位置信息被路由到最近的服务提供点,用户通过特定的接入号码来完成相应的任务。

(5)基于位置的信息业务(Location Based Information Services)。

(6)移动黄页:同 ECR 类似,按照用户的要求提供最近的服务提供点的联系方式。

(7)网络增强业务(Network Enhancing Services)。

业务的分类描述:

(1)电路型实时多媒体业务。在电路域上实现的多媒体业务主要使用 H.324 协议实现。

(2)分组型实时多媒体业务。在分组域上实现的多媒体业务主要使用 SIP 协议实现。

(3)非实时多媒体消息业务。MMS 属于短消息业务的自然发展,用户发送或接收由文字、图像、动画和音乐等组成的多媒体消息,为了保持互操作性,兼容现有的多媒体格式。

3.6 第四代移动通信技术

3.6.1 4G 的起源与标准化进展

1. LTE 的产生与标准化

随着 3G 标准的成功制定和 3G 网络商业化大潮的开始,移动宽带业务逐步进入人们的生活。为改善无线接入性能和提高移动网络服务质量,作为 3G 标准 WCDMA 和 TD-SCDMA 的制定者,3GPP 开始按部就班地进行一个又一个小版本的升级。

从 2004 年底到 2005 年初,3GPP 进行了 R6 的标准化工作。R6 版本的主要特性是 HSUPA(高速上行链路分组接入)和 MBMS(多媒体广播组播业务)。此时,在 IEEE-SA 组织中进行标准化的 802.16e 宽带无线接入标准化进展迅速,在 Intel 等 IT 巨头的推动下,产业化势头迅猛,对以传统电信运营商、设备制造商和其他电信产业环节为主组成的 3GPP 构成了实质性的竞争威胁。

简而言之,802.16e和以此为基础的移动WiMAX技术(全球互通微波存取技术)是“宽带接入移动化”思想的体现。WiMAX的主要的空中接口技术是OFDMA(正交频分多址)和MIMO(多输入多输出),支持10 MHz以上的带宽,可以提供数十Mbit/s的高速数据业务,并能够支持车载移动速度。相比之下,WCDMA单载波HSOPA的峰值速率仅为14.4 Mbit/s,在市场宣传上处于非常不利的地位。更进一步,OFDMA本身具有大量正交窄带子载波构成的特点,允许系统灵活扩展到更大带宽;而5 MHz以上的宽带CDMA系统会面临频率选择性衰落环境下接收机复杂等一系列技术问题。因此,3GPP迫切需要一种新的标准来对抗WiMAX。在这种形势下,LTE(长期演进项目)就应运而生了。

从2004年底开始的LTE标准化工作分为研究项目(SI)和工作项目(WI)两个阶段。其中,SI阶段于2006年9月结束,主要完成目标需求的定义,明确LTE的概念等,然后征集候选技术提案,并对技术提案进行评估,确定其是否符合目标需求。3GPP在2005年6月完成了LTE需求的研究,形成了需求报告TR 25.913。

2006年9月3GPP正式批准了LTE工作计划,LTE标准正式起草。3GPP已于2007年3月完成第2阶段(Stage2)的协议,形成了Stage2规范TS36.300。按照工作计划,3GPP在2007年9月完成第3阶段(Stage3)协议,测试规范在2008年3月完成。2008年12月,3GPP工作组完成了所有的性能规格和协议,并且公布了3GPP R8版本作为LTE的主要技术标准。3GPP最终在提交的6个候选方案中选择1号和6号两个方案进行结合,即多址方式下行采用OFDMA,上行采用SC-FDMA(单载波频分多址),舍弃了3G核心技术CDMA。LTE系统具有TDD和FDD两种模式,分别称为LTE-TDD(TD-LTE或LTE-FDD)。与3G时代不同,LTE的TDD和FDD具有相同的基础技术和参数,也是用统一的规范描述的。LTE核心网层面同样进行了革命性变革,引入了SAE(系统架构演进);核心网仅含分组域,且控制面与用户面分离。LTE网络中的网元进行了精简,取消了RNC,整个网络向扁平化方向发展。

R8之后的R9对LTE标准进行了修订与增强,主要内容有:WiMAX-LTE之间的移动性、WiMAX-UMTS之间的移动性、Home Node B(家用基站)/eNode B(增强型基站)、各种一致性测试等。

作为应对措施,3GPP2阵营也提出了自己的长期演进计划——空中接口演进(AIE),在2007年4月发布了第一版的接近于4G的系统标准UMB(超移动宽带),但该标准后来在运营商中接受度不高,没有继续演进到4G。

2. 移动WiMAX的产生与标准化

IEEE-SA在广泛的产业范围内负责全球产业标准的制订,它负责的其中一部分就是关于电信产业的。其制定的IE EE 802.16系列标准又称为IEEE WMAN标准,它对工作于不同频带的无线接入系统空中接口的一致性和共存问题进行了规范。由于它所规定的无线系统覆盖范围在千米量级,因而符合这一标准的系统主要应用于城域网。

成立于2001年的WiMAX论坛的主要目标是促进802.16d和802.16e设备之间的兼容性和互操作性能,它对设备性能要求和选项进行了明确的规范和选择,对不同的选项按照技术发展和市场要求定义为必选或可选。论坛制定相关的测试标准,并基于此对设备进行认证,运营商和用户可以自由选择、放心使用通过认证的产品。这一举动免除了运营商系统测试和试商用时间成本和风险,用户也可不受限制地选择终端。WiMAX论坛虽然不是标准化组织,但它主要用于交流和促进 802.16 标准的技术,因此一般定义基于 802.16d 标准的宽带无线接入技术为 WiMAX 技术,符合 802.16e 标准的称为移动 WiMAX 技术。

802.16e在 2005 年发布,它是为了支持移动性而制定的标准。它增加了对于小于 6 GHz 许可频段移动无线接入的支持,支持用户以 120 km/h 的车辆速度移动。与 802.16d 技术相比,802.16e 对物理层的 OFDMA 方式进行了扩展,并支持基站或扇区间的高层切换功能。由于采用了 MIMO/OFDM 等 4G 的核心技术,802.16e 在某些方面已经具有了 4G 的特征。

为了融入主流通信阵营,802.16e 主动申请加入 ITU 的通信标准,2007 年 12 月被 ITU 正式接纳为 3G 标准之一。为了进一步向前演进,IEEE 802.16 委员会设立了 802.16 m 项目,并于 2006 年 12 月批准了 802.16 m 的立项申请,正式启动 802.16 m 标准的制定工作。802.16 m 项目的主要目标有两个:一是满足 ITU 的 4G 技术要求;二是保证与 802. l6e 兼容。为了满足 4G 所提出的技术要求,802.16 m 下行峰值速率需要实现低速移动、热点覆盖场景下传输速率达到 1 Gbit/s 以上,高速移动、广域覆盖场景下传输速率达到 100 Mbit/s。为了兼容 802.16e 标准,802.16m 考虑在 802.16 WMAN OFDMA 的基础上进行修改来实现。通过对 802.16 WMAN OFDMA 进行增补,进一步提高系统吞吐量和传输速率。

3. IMT-Advanced 标准发展

早在 2000 年 10 月,ITU 就在加拿大蒙特利尔市成立了"IMT-2000 and Beyond"工作组,其任务之一就是探索 3G 之后下一代移动通信系统的概念和方案。直到 2005 年 10 月 18 日结束的 ITU-R WP8F 第 17 次会议上,ITU 将 System Beyond IMT-2000(即 B3G)正式定名为 IMT-Advanced。

ITU-R 2003 年底完成了 M. 1645 文件,即 vision(愿景)建议,并在 2004 年征询了各成员意见后,对其进行了增补。在这个建议中,ITU 首次明确了 B3G 技术的关键性能指标、主要技术特征以及实施的时间表等关键性的内容。通过这个文件,业界对 B3G 的内涵和外延有了一个比较统一的认识,从而为 B3G 的发展奠定了基础。

ITU-R 详细地定义了 IMT-Advanced 特征,主要包括:①高移动性时支持 100 Mbit/s 峰值数据速率,低移动性时支持 1 Gbit/s 峰值数据速率;②与其他技术的互通;③支持高质量的移动服务、与其他无线技术的互通和支持全球范围内使用的设备。

综合各成员的研究成果,ITU 给出了 IMT-Advanced 系统的基本构想,IMT-Advanced 将采用单一的全球范围的蜂窝核心网来取代 3G 中各类蜂窝核心网,满足这个特征的只有基于 IPv6 技术的网络。各类接入系统(包括蜂窝系统、短距离无线接入系统、宽带本地接入网、卫星系统、广播系统和有线系统等)通过媒体接入系统(MAS)连接基于 IP 的核心网中,形成一个公共的、灵活的、可扩展的平台。

2007 年 11 月世界无线电大会(WRC-07)为 IMT-Advanced 分配了频谱,进一步加快了 IMT-Advanced 技术的研究进程。

2008 年 3 月,ITU-R 发出通函,向各成员征集 IMT-Advanced 候选技术提案,正式启动了 4G 标准化工作。

2009 年,在 ITU-R WP5D 工作组第 6 次会议上收到了 6 项 4G 技术提案,分别由 IEEE、3GPP、日本(2 项)、韩国和我国提交。

2010 年 10 月 21 日,ITU 完成了 6 个 4G 技术提案的评估:将 3 个基于 3GPP LTE-Advance 的方案融合为 LTE-Advanced,作为是 LTE 的增强型技术,对应于 3GPP R10 版本;将另外 3 个基于 IEEE 802.16m 的方案融合为 WirelessMAN-Advanced(也称为 WiMAX-2),作为是 802.16e 的增强型技术;完成了 IMT-Advanced 标准建议 IMT.GCS。

2012 年,ITU-R WP5D 会议正式审议通过了 IMT.GCS,确定了官方的 IMT-Advanced 技术。至此业界一致认为这是正式的4G 标准,而之前的 LTE 和 802.16e 未达到 IMT-Advanced 的性能要求,但关键技术具有4G 特征,并能平滑演进到4G,所以将它们称为准4G 或3.9G,属于4G 阵营。

3.6.2 4G 特征

1. 4G 业务特征

随着生活水平的提高、社会经济的高度发展,人们对移动通信业务的需求越来越大,要求越来越高。需求驱动了产业链的发展,使得业务模型、业务架构成为4G 系统中最为重要的特性之一。人们对4G 业务的要求主要集中在以下方面:

(1)丰富多彩。就移动通信业务内容而言,用户追求清晰度更高的画面,更加逼真的音效等;就业务范围而言,购物消费、居家生活、娱乐休闲、医疗保健、紧急处理等日常生活的各个方面都应该纳入业务框架之中。

(2)方便简单。业务需要提供质量越来越高、范围越来越广、内容越来越丰富的服务,这对技术复杂度、系统架构的要求也必然越来越高;但对于用户而言,业务应该是透明的,人机界面的设计至关重要。

(3)安全可靠。安全性成为用户关注的焦点,除了金融相关的安全性问题,隐私保护也是用户关心的重点。用户应被授予控制隐私级别的权利,在不同场所应用不同业务的过程中如果隐私可能受到侵犯,系统应有能力及时告知用户。

(4)个性化。追求个性化是用户的必然趋势,从个性化外观的手持终端到可配置的信息预订,终端制造商到内容提供商等产业链中的各个部分都需要协同合作,来满足用户对业务最大程度智能控制的要求。

(5)无缝覆盖。4G 系统应提供无缝覆盖功能,不仅在网络层面上实现互联互通,而且在业务和应用层面上实现用户体验的无缝融合。

(6)开放性。开放分层的业务架构和平台将为 IMT-Advanced 提供丰富的业务资源,这主要体现在通过标准接口开放网络的能力,从而允许第三方利用开放的接口和资源灵活快速地开发和部署新业务。

2.4G 技术特征

4G 标准的两大方案 LTE-Advanced 和 802.16 m 经测试都达到或超过了 IMT-Advanced 的性能指标。虽然两者的核心技术是一致的,但具体实施方案不一样,均延续了“家族特色”;演进路线也不一样,LTE-Advanced 沿“移动网络宽带化”方向演进,而 802.16 m 沿“宽带网络移动化”方向演进。两个方案体现出的技术特征见表3.2。

表 3.2 LTE-Advanced 和 802.16 m 的主要技术特征

LTE-Advanced 的主要特征	802.16 m
下行:OFDMA 上行:基于 DFT-spread OFDM 的 SC-FDMA	下行/上行:OFDMA
同时支持 FDD 和 TDD 模式	同时支持 FDD 和 TDD 模式
弹性适应不同的载波带宽	弹性适应不同的载波带宽
低的接入和切换延迟	低的接入和切换延迟
下行多种跟踪信道变化的参考信号	高级 MAP(A-MAP)控制信道
上行多种跟踪信道变化的参考信号	上行多种反馈和信道质量指示信道
简单的 RTT 协议栈	简单的 RTT 协议栈
多种 MIMO 方案(SU-MIMO:基于 SFBC 和 FSTD 的传输分集、空分复用,波束成型。MU-MIMO:SDMA;分布式天线技术)	多种 MIMO 方案(SU-MIMO:基于 SFBC 的传输分集、没有预编码的空分复用、基于码书的预编码、基于信道估计的预编码、秩和模式自适应的预编。MU-MIMO:SDMA、协作空分复用;多基站 MIMO)
多种干扰抵消技术(包括软频谱再用、基站协作调度、协作多点传输等)	多种干扰抵消技术(包括干扰随机化、干扰感知的基站协作和调度、软频谱再用、传输波束成型等)
和 3GPP 早期系统兼容	和 WiMAX 早期系统兼容
与 CDMA2000 等其他蜂窝系统的互联互通	多种无线电系统共存功能
专用家庭基站(Femto)	专用家庭基站(Femto)
有效的多播/广播方案	有效的多播/广播方案
支持自优化网络(SON)操作	支持自组织和自优化功能
支持更大带宽的载波聚合技术	支持更大带宽的多载波技术
改进小区边沿频谱效率的协作多点传输(CoMP)	—
增强覆盖和低成本部署的中继技术	多跳中继技术
—	基于位置的业务
—	基站间同步

3.6.3 4G 的关键技术

为了适应移动通信用户日益增长的高速多媒体数据业务需求,具体实现 4G 系统(相比 3G)的优越之处,4G 移动通信系统将主要采用以下关键技术。

1. 接入方式和多址方案

OFDM(正交频分复用)是一种无线环境下的高速传输技术,其主要原理就是在频域内将给定信道分成许多正交子信道,在每个子信道上使用一个子载波进行调制,各子载波并行传输。尽管总的信道是非平坦的,即具有频率选择性,但是每个子信道是相对平坦的,在每个子信道上进行的是窄带传输,信号带宽小于信道的相应带宽。OFDM 技术的优点是可以消除或减小信号波形间的干扰,对多径衰落和多普勒频移不敏感,提高了频谱利用率,可实现低成本的单波段接收机。OFDM 的主要缺点是功率效率较低。

2. 调制与编码技术

4G 移动通信系统采用新的调制技术,如多载波正交频分复用调制技术及单载波自适应均衡技术等调制方式,以保证频谱利用率和延长用户终端电池的寿命。4G 移动通信系统采用更高级的信道编码方案(如 Turbo 码、级连码和 LDPC 等)、自动重发请求(ARQ)技术和分集接收技术等,从而在低 Eb/N0 条件下保证系统足够的性能。

3. 高性能的接收机

4G 移动通信系统对接收机提出了很高的要求。Shannon 定理给出了在带宽为 BW 的信道中实现容量为 C 的可靠传输所需要的最小 SNR。按照 Shannon 定理可以计算出,对于 3G 系统,如果信道带宽为 5 MHz,数据速率为 2 Mbit/s,所需的 SNR 为 1.2 dB;而对于 4G 系统,要在 5 MHz的带宽上传输 20 Mbit/s 的数据,则所需要的 SNR 为 12 dB。可见对于 4G 系统,由于速率很高,对接收机的性能要求也要高得多。

4. 智能天线技术

智能天线具有抑制信号干扰、自动跟踪及数字波束调节等智能功能,被认为是未来移动通信的关键技术。智能天线应用数字信号处理技术,产生空间定向波束,使天线主波束对准用户信号到达方向,旁瓣或零陷对准干扰信号到达方向,达到充分利用移动用户信号并消除或抑制干扰信号的目的。这种技术既能改善信号质量,又能增加传输容量。

5. MIMO 技术

MIMO 技术是指利用多发射、多接收天线进行空间分集的技术,它采用的是分立式多天线,能够有效地将通信链路分解成为许多并行的子信道,从而大大提高容量。信息论已经证明,当不同的接收天线和不同的发射天线之间互不相关时,MIMO 系统能够很好地提高系统的抗衰落和噪声性能,从而获得巨大的容量。例如:当接收天线和发送天线数目都为 8 根,且平均信噪比为 20 dB 时,链路容量可以高达 42 bit/(s·Hz),这是单天线系统所能达到容量的 40 多倍。因此,在功率带宽受限的无线信道中,MIMO 技术是实现高数据速率、提高系统容量、提高传输质量的空间分集技术。在无线频谱资源相对匮乏的今天,MIMO 系统已经体现出其优越性,也会在 4G 移动通信系统中继续应用。

6. 软件无线电技术

软件无线电是将标准化、模块化的硬件功能单元经过一个通用硬件平台,利用软件加载方式来实现各种类型的无线电通信系统的一种具有开放式结构的新技术。软件无线电的核心思想是在尽可能靠近天线的地方使用宽带 A/D 和 D/A 变换器,并尽可能多地用软件来定义无线功能,各种功能和信号处理都尽可能用软件实现。其软件系统包括各类无线信令规则与处理软件、信号流变换软件、信源编码软件、信道纠错编码软件、调制解调算法软件等。软件无线电使得系统具有灵活性和适应性,能够适应不同的网络和空中接口。软件无线电技术能支持采用不同空中接口的多模式手机和基站,能实现各种应用的可变 QoS。

7. 基于 IP 的核心网

4G 移动通信系统的核心网是一个基于全 IP 的网络,同已有的移动网络相比具有根本性的优点,即可以实现不同网络间的无缝互联。核心网独立于各种具体的无线接入方案,能提供端到端的 IP 业务,能同已有的核心网和 PSTN 兼容。核心网具有开放的结构,能允许各种空中接口接入核心网;同时核心网能把业务、控制和传输等分开。采用 IP 后,所采用的无线接入方式和协议与核心网络(CN)协议、链路层是分离独立的。IP 与多种无线接入协议兼容,因此在设计核心网络时具有很大的灵活性,不需要考虑无线接入究竟采用何种方式和协议。

8. 多用户检测技术

多用户检测是宽带 CDMA 通信系统中抗干扰的关键技术。在实际的 CDMA 通信系统中,各个用户信号之间存在一定的相关性,这就是多址干扰存在的根源。由个别用户产生的多址干扰固然很小,可是随着用户数的增加或信号功率的增大,多址干扰就成为宽带 CDMA 通信系统的一个主要干扰。传统的检测技术完全按照经典直接序列扩频理论对每个用户的信号分别进行扩频码匹配处理,因而抗多址干扰能力较差;多用户检测技术在传统检测技术的基础上,充分利用造成多址干扰的所有用户信号信息对单个用户的信号进行检测,从而具有优良的抗干扰性能,解决了远近效应问题,降低了系统对功率控制精度的要求,因此可以更加有效地利用链路频谱资源,显著提高系统容量。

3.7 第五代移动通信技术

3.7.1 5G 关键能力指标

1. 5G 总体愿景

移动通信已经深刻地改变了人们的生活,但人们对更高性能移动通信的追求从未停止。为了应对未来爆炸性的移动数据流量增长、海量的设备连接、不断涌现的各类新业务和应用场景,第五代移动通信(5G)系统应运而生。

5G 将渗透到未来社会的各个领域,以用户为中心构建全方位的信息生态系统;将使信息突破时空限制,提供极佳的交互体验,为用户带来身临其境的信息盛宴;将拉近万物的距离,通过无缝融合的方式,便捷地实现人与万物的智能互联。5G 可为用户提供光纤般的接入速率,"零"时延的使用体验,千亿设备的连接能力,超高流量密度、超高连接数密度和超高移动性等多场景的一致服务,以及业务及用户感知的智能优化;同时,将为网络带来超百倍的能效提升和超百倍的比特成本降低,最终实现"信息随心至,万物触手及"的总体愿景,如图 3.28 所示。

2. 5G 关键能力指标

如何评价 5G 的关键能力? 5G 要满足多样化的场景与业务需求,同时要实现各种资源的高效利用。这样,从两个大的方面可以评价 5G 的关键能力:场景性能指标和效率指标。

5G 典型场景涉及人们居住、工作、休闲和交通等各种领域,在这些领域中,有各种 5G 典型业务的需求,如增强现实、虚拟现实、超高清视频、云存储、车联网、智能家居、OTT 消息等。5G 的这些场景的性能水平可以用"两个速率""两个密度""一个时延"和"一个移动性"共 6 个指标来衡量。"两个速率"是指峰值速率和体验速率;"两个密度"是指流量密度和连接密度;"一个时延"是指端到端时延;"一个移动性"是指高速移动的支撑能力。

可持续高效地进行网络的建设、部署、运维,是 5G 网络生命力的关键。"三个效率"是评估网络可持续高效发展的指标:频谱利用、能源效率和成本效率。

6 个场景性能指标加 3 个效率指标,一共是 9 个指标,是 5G 网络关键能力的衡量标准,如图 3.29 所示。

面对移动网、互联网和物联网各类场景与业务融合发展和差异化需求,ITU 定义的 5G 关

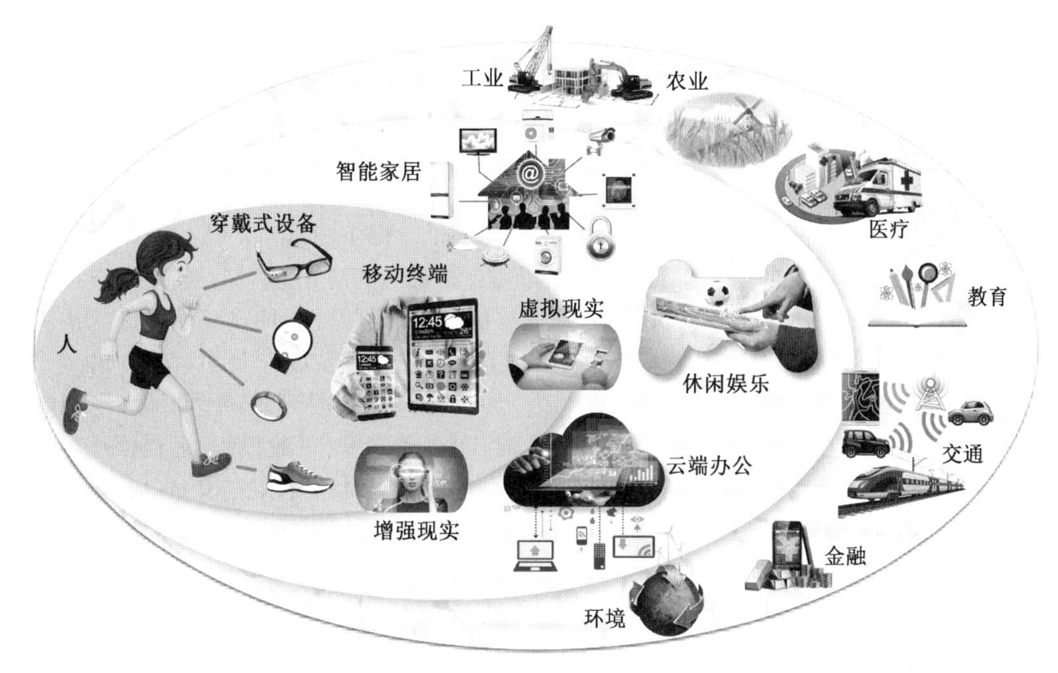

图3.28　5G愿景

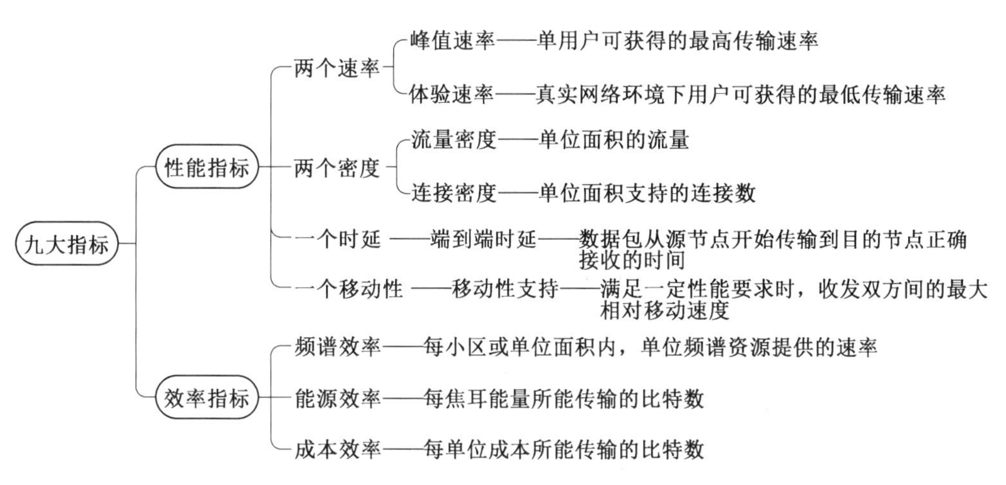

图3.29　9大指标

键能力要比4G更上一个台阶，9个能力指标都要实现大幅跨越。

(1)两个速率。

LTE网络的20 M带宽下，一个小区理论峰值速率为下行100 Mbit/s，上行50 Mbit/s。即使采用5个载波聚合，理论上一个小区峰值速率可提高5倍，下行能达到500 Mbit/s，上行达到250 Mbit/s。但是峰值速率是一个理论值，真正用户能够体验到的速率和终端等级、无线环境、传输带宽、核心网、服务器带宽、用户规模等有很大的关系。LTE的一个小区路测速率一般在50 Mbit/s左右，如果50个用户共享这个速率资源，每个用户的体验速率在1 Mbit/s左右。这样的体验速率无法满足超高清、VR、全息投影等业务的速率要求。5G的峰值速率和体验速率，相对于4G，要有百倍左右的提升。5G峰值速率为10～20 Gbit/s，用户体验速率将达到

0.1～1 Gbit/s。

(2)两个密度。

流量密度是单位面积的数据业务流量大小。4G时代,大流量传输需求的业务场景,如媒体点播、高清视频等业务需求还没有充分释放,每平方米的流量密度只需0.1 Mbit/(s·m^2)即可。可是在5G时代,随着4 K/8 K的高清视频、VR/AR互动、全息投影等业务的大范围推广,每平方米的流量密度需提升100倍,达到10 Mbit/(s·m^2),即10 Tbit/(s·km^2)。

在4G时代,主要解决的是人与人之间通信问题,物联网的应用还不是很普及,连接数密度达到10万/km^2就足以满足4G时代物联网连接的需求。可是,这种连接数密度无法满足5G时代海量连接的需求。所以5G连接数密度的目标值为100万/km^2,是4G的10倍。

端到端时延方面,4G时代主要面向人与人之间的通信,对时延敏感性不大,空口时延10 ms,用户面时延到100 ms可以满足要求。5G时代,自动驾驶、工业控制、远程医疗等业务场景对时延要求非常严格,虚拟现实和增强现实业务的端到端时延要求在10 ms以下,自动驾驶车辆业务的端到端时延要求在5 ms左右,工业自动化的端到端时延则须在1 ms以下。这些场景的5G空口时延都要求降到1 ms以内。

移动性方面,基于OFDM技术的网络对高速情况下的多普勒频移较为敏感,所以4G网络时,收发双方间的最大相对移动速度须在350 km/h以下。在5G时代,需要支持的高速列车速度需达到500 km/h。

(3)3个效率。

5G相比4G在网络建设、部署、运维的效率方面都有大幅提升。5G频谱效率是4G的3～5倍,能效和成本效率是4G的百倍以上。

频谱效率的单位是bit/(s·Hz·cell)或bit/(s·Hz·km^2),指每小区或单位面积内单位频谱资源提供的比特速率。从多小区多信道条件下的香农公式出发,可以得出5G网络提升频谱效率的方向。大规模天线阵列(MassiveMIMO)、超密集组网(UDN)、256QAM、大带宽等技术都是提升频谱效率的利器。

能耗效率的单位是bit/J,是指每焦耳能量传输的比特数。对物联网终端,比如智慧城市、智能抄表、环保监测等,降功耗、节能是最根本的需求。5G网络下一个比特的能耗降低至4G的百分之一,或者说单位能量的比特数为4G的100倍。但是大家要注意,5G的业务速率是4G的100倍以上。从实际测量的结果来看,一个5G基站的能耗会大于等于一个同等类型的4G基站的能耗。

成本效率的单位是bit/Y,是指每单位成本所能传输的比特数。5G基站的成本一般来源于基础设施、网络设备、频谱资源和用户推广等。5G利用新技术可降低硬件成本、频谱资源成本和获取用户成本。从单位比特所消耗的成本来看,会有100倍左右的下降。但由于5G的业务速率是4G的100倍以上,所以从单站成本的角度上看,成本不会明显下降。

4G和5G 9个指标的对比见表3.2。

5G需要具备比4G更高的性能,支持0.1～1 Gbit/s的用户体验速率,每平方千米一百万的连接数密度,毫秒级的端到端时延,每平方千米数十Tbit/s的流量密度,500 km/h以上的移动性和数十Gbit/s的峰值速率。其中,用户体验速率、连接数密度和时延为5G最基本的3个性能指标。

表3.2 4G和5G的9个指标的对比

移动制式	两个速率		两个密度		一个时延	一个移动性	3个效率		
	峰值速率	用户体验速率	流量密度	连接数密度	时延	移动性	频谱效率/(bit·s^{-1}·Hz^{-1}·$cell^{-1}$))	能耗效率/(bit·J^{-1})	成本效率/(bit·Y^{-1})
4G	0.5 Gbit/s	1 Mbit/s	0.1 Mbit/(s·m^2)	10万/km^2	空口10 ms	350 km/h	—	—	—
5G	20 Gbit/s	100 Mbit/s ~ 1 Gbit/s	10 Mbit/(s·m^2)、10 Tbit/(s·km^2)	100万/km^2	空口1 ms	500 km/h	3倍以上提升	100倍提升	100倍提升

注:①cell指代小区域单元;②Y指代一定范围内的成本。

性能需求和效率需求共同定义了5G的关键能力,犹如一株绽放的鲜花,如图3.30所示。红花绿叶,相辅相成,花瓣代表了5G的6大性能指标,体现了5G满足未来多样化业务与场景需求的能力,其中花瓣顶点代表了相应指标的最大值;绿叶代表了3个效率指标,是实现5G可持续发展的基本保障。

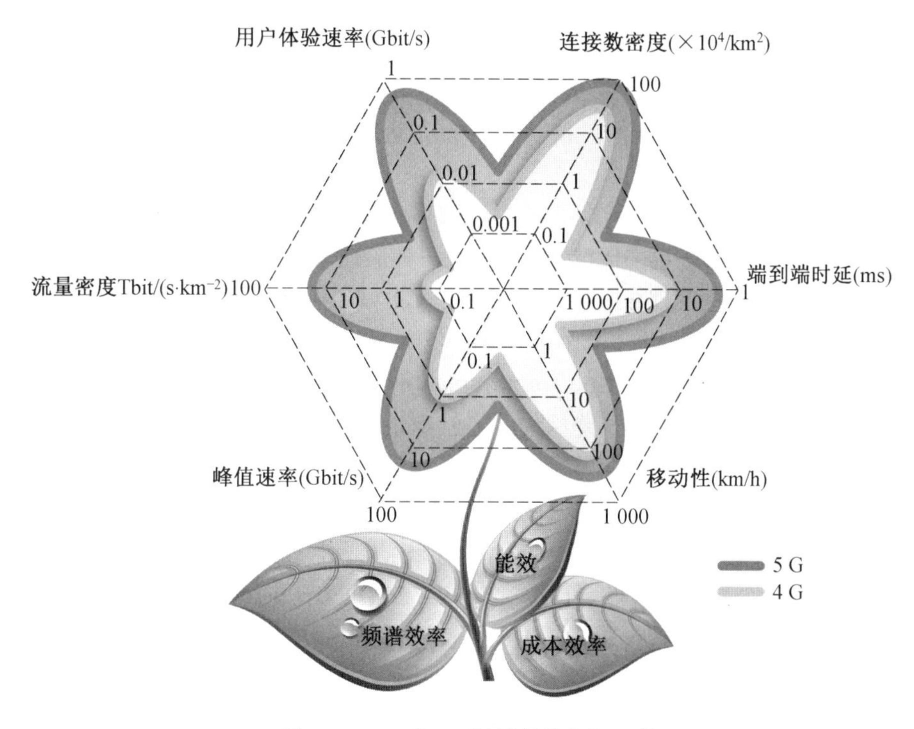

图3.30 4G和5G场景性能指标比较

3.7.2 5G应用场景

移动互联网和物联网作为未来移动通信发展的两大主要驱动力,为第五代移动通信系统提供了广阔的应用前景。

5G 移动通信系统的设计目标是为多种不同类型的业务提供满意的服务。综合未来移动互联网和物联网各类场景和业务需求特征,5G 典型的业务通常可分为 3 大类:增强型移动宽带(enhanced Mobile Broadband, eMBB)业务、海量机器类通信(massive Machine-Type Communication,mMTC)业务和超可靠低时延通信(ultra-Reliable Low Latency Communication, uRLLC)业务,如图 3.31 所示。不同的业务对于系统架构需求、移动通信网络空口能力存在一定的差异,这些差异主要体现在时延、空口传输以及回传能力等方面。

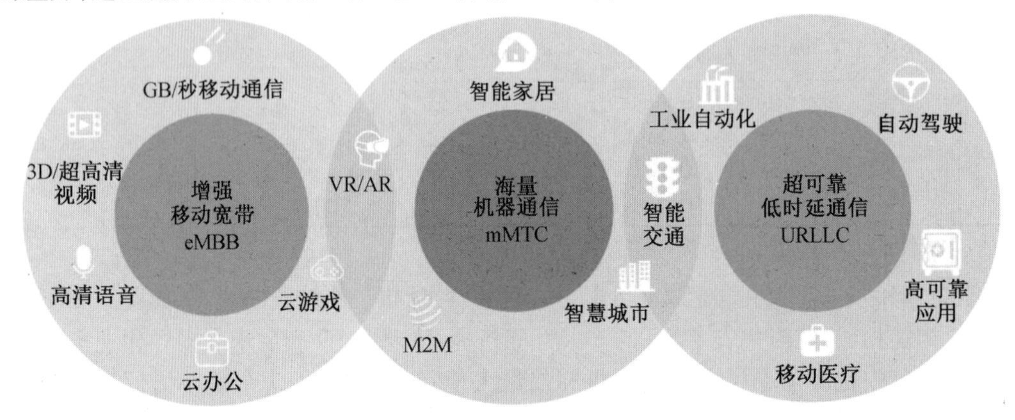

图 3.31 5G 的 3 大应用场景

1. eMBB(enhanced Mobile BroadBand,增强型移动宽带)场景

eMBB 场景是承接移动网、增强互联网的场景。更高的数据业务下载速率是移动制式不断向前发展的,孜孜不倦追求的目标。每一个新的移动制式推出,我们关注的第一个问题,就是它的峰值速率是多少?

大流量移动宽带业务(如高清视频业务)是 4G、5G 乃至 6G 的主要应用,主要的信息交互对象是人与人或人与视频源。在 5G 的支持下,用户体验速率可提升至 1 Gbit/s,峰值速度甚至达到 20 Gbit/s,用户可以轻松实现在线 4 K/8 K 视频以及 VR/AR 视频,因此,用户数据业务流量还将爆发式增长,这会极大地释放远程智能视觉系统的需求,会出现层出不穷的新的行业应用。

2. mMTC(massive Machine-Type Communication,海量机器类通信)场景

mMTC 场景也是物联网中的一个重要场景,针对的是大规模物联网业务,如智慧城市、智慧楼宇、智能交通、智能家居、环境监测等场景。

这类业务场景对数据速率要求较低,且时延不敏感,但对连接规模要求比较高,属于小数据包业务,信令交互比例较大,海量连接可能导致信令风暴。在 5G 时代,每平方公里的物联网连接数将突破百万,连接需求将覆盖社会、工作和生活的方方面面。5G 的海量连接能力是渗透到各垂直行业的关键特性之一。

通俗来说,5G 的 3 个场景特征就是:干活快、不拖沓、挤不爆;用专业术语讲就是:超越光纤的传输速率(Mobile Beyond Giga)、超越工业总线的实时能力(Real-Time World)以及全空间的连接(All-Online Everywhere)。

一个实际应用通常会具备某一个鲜明的场景特征,但并不是和其他场景泾渭分明。也就是说,一个应用,通常会对带宽、时延、连接数都有要求,只不过以其中一个为主而已。比如说,自动驾驶类应用是典型的低时延类业务,但也有一定的连接数需求和行车记录仪的带宽需求。智慧城市类应用是典型的大连接类业务,但是有些平安城市类应用对高清视频监控有需求,也可以是一个大带宽类的业务；有些时候，智慧城市也需要有应急响应能力，这要求时延低于一定的水平。虚拟现实（VR）类应用是典型的大带宽类业务，但如果在交互式的VR游戏里，又要求是低时延的；在多人携带可穿戴设备的虚拟现实应用场景中，也需要满足一定的连接数要求。

图3.32呈现了一些典型应用及它们归属的场景，以及这些应用对时延、速率指标的大致要求。对于时延指标要求大于20 ms，速率指标要求低于100 Mbit/s，且连接数要求不多的应用可以在4G网络上承载。但对于时延指标要求小于20 ms或速率指标要求高于100 Mbit/s或连接数要求较高的应用则必须考虑在5G网络上承载。

5G的3个场景就是我们选取5G网络架构技术和无线技术的出发点和归宿。5G网络架构技术和无线技术，最终要满足3个场景的需求；3个场景的行业应用发展又会进一步促进5G网络架构技术和无线技术的向前发展。

3. uRLLC（utra-Reliable Low Latency Communication，超可靠低时延通信）场景

uRLLC场景是物联网中的一个重要场景。像车联网、工业远程控制、远程医疗、无人驾驶等特殊应用对时延和可靠连接的要求比较严格。时延过大，将会导致严重的事故；可靠性低，将会造成财产损失。

在这样的场景下，连接时延要达到10 ms以下，甚至是1 ms的级别。对很多远程应用来说，操作体验能达到零时延，才会有很强的既视感和现场感。

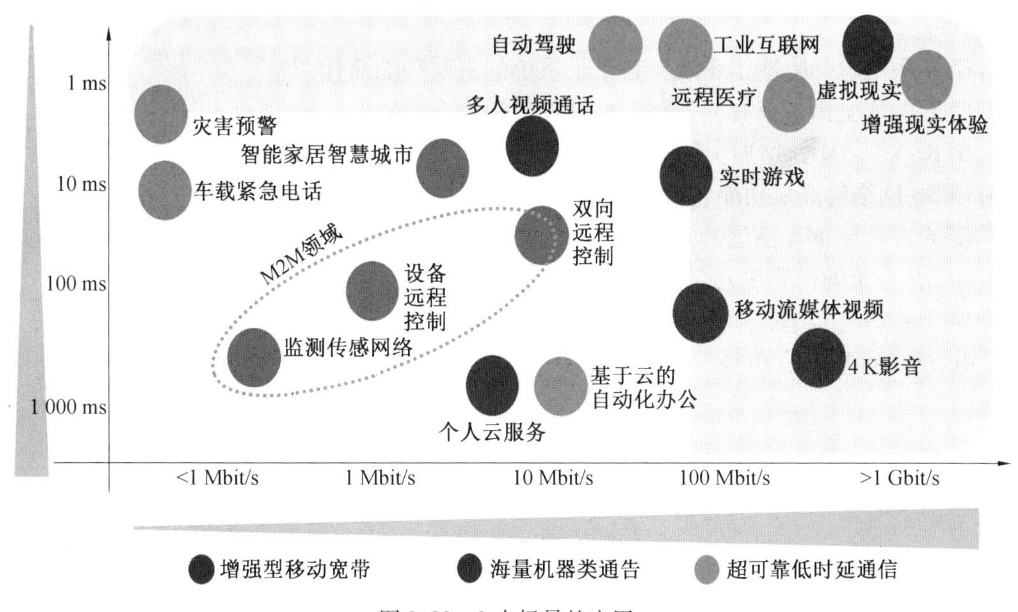

图3.32　3大场景的应用

3.7.3　6G指标的展望

按照5G相对于4G的性能提升幅度，6G大多数性能指标都将是5G的10～100倍。

6G的峰值传输速率可达1 Tbit/s、体验速率高达1～10 Gbit/s，是5G速率的10～100倍。6G的流量密度和连接密度也会是5G的100倍，但这里需要说明的是，6G更强调空间覆盖能力，因此流量密度和连接密度不再是以面积（m^2或km^2）为单位，而是以体积（m^3）为单位。5G

的连接密度为100万/km^2,相当于每立方米只有1个连接;而6G的连接密度为每立方米超过百个。5G的流量密度为10 Mbit/($s \cdot m^2$),而6G的流量密度每立方米可达1 Gbit/s。6G的时延指标也会是5G的10倍,空口时延缩短到0.1 ms,是5G的十分之一。6G的移动性指标将会提高到接入移动速度为1 200 km/h,这将使飞机上的移动通信成为可能。

6G的3个效率指标也会比5G有大幅提升,预计是5G的10~100倍。但目前没有明确的指标值。

另外和5G指标不同的是,6G强调了定位精度、超大容量、超高可靠性等指标。就定位精度而言,6G在室内可达到10 cm,在室外则为1 m;6G的超高可靠性表现在连接的中断概率小于百万分之一;6G的超高容量是指单基站容量可达5G基站的1 000倍。

小　　结

本章以移动通信技术的发展历程为主线,详细介绍了2G的GSM、过渡技术2.5G的GPRS和3G的WCDMA,以及3G、4G和5G的各个关键技术,并概要介绍了各个阶段的移动数据业务。

习　　题

1. GSM系统包括哪些子系统?各个子系统的主要功能是什么?
2. GSM的安全措施有哪些?移动性管理包括什么内容?
3. GPRS对GSM新增加了哪些功能实体?
4. GPRS网络的高层功能包括哪几个方面?
5. GSM向WCDMA演进的策略是什么?
6. UMTS系统的网络单元包括哪几部分?
7. WCDMA的分集技术原理是什么?有什么优点?
8. 4G的关键技术有哪些?

第4章 Android 编程

这一章将重点介绍 Android 移动开发平台程序设计的基础知识，主要介绍平台的体系结构、开发环境配置、应用程序开发流程、Android 中基本控件的应用开发方法，并详细介绍了文件存储、多媒体、数据库、图形图像、Socket、地图等领域开发的基本步骤与方法，以及详细的开发实例等。

4.1 Android 简介

Android 是 Google 公司主导开发的基于 Linux 开源智能的移动终端操作系统，Android 开发环境是用来设计应用于移动设备的系统和软件，开发语言可以使用 Java 也可以使用 C/C++ 语言，前者用 Java 开发，称作 JDK(Java Development Kit)开发；后者用 C/C++开发，称之为 NDK(Native Development Kit)开发。因此 Android 本身就是 C、C-Java 和 Java 的混合体。因为 Android 相关开发工具的跨平台特性，Android 开发环境可以搭建在目前主流系统(Mac、Windows、Linux)的任何一种上，Android 系统架构如图 4.1 所示。

4.1.1 Android 开发工具介绍

1. Java Development Kit(JDK)

Java Development(JDK)是用于开发、编译和测试，使用 Java 语言编写的应用程序、Applet 和组件，JDK 包含以下几个部分：

(1)开发工具——实用程序，可帮助用户开发、执行、调试和保存以 Java 编程语言编写的程序。

(2)运行时环境——由 JDK 使用的 Java Runtime Environment(JRE)的实现。JRE 包括 Java 虚拟机(JVM)、类库以及其他支持执行以 Java 编程语言编写的程序的文件。

(3)附加库——开发工具所需的其他类库和支持文件。

(4)演示 Applet 和应用程序——Java 平台的编程示例源码。

(5)样例代码——某些 Java API 的编程样例源码。

(6)C 头文件——支持使用 Java 本机界面、JVM 工具界面以及 JavaTM 平台的其他功能进行本机代码编程的头文件。

(7)源代码——组成 Java 核心 API 的所有类的 Java 源文件。

2. Eclipse

Eclipse 最初是由 IBM 开发的跨平台集成开发环境(IDE)，后来贡献给 Apache 开源软件基

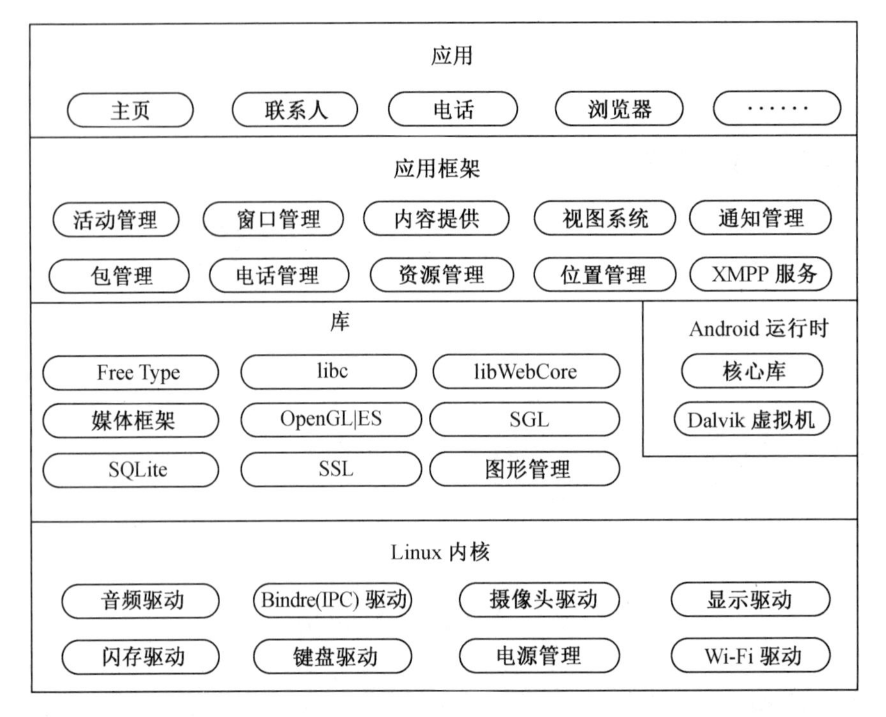

图 4.1　Android 架构图

金会。最初主要用于 Java 语言开发,目前可通过 C++、Python、PHP 等语言插件支持对应语言开发,Eclipse 看起来更像一个框架,更多工作都是交给插件或上文的 JDK 来完成。模块化的设计,让 Eclipse 的定位更清晰,Eclipse 集成开发环境如图 4.2 所示。

3. Android Development Tools(ADT)

Android 开发工具(ADT),作为 Eclipse 工具插件,使其支持 Android 快速入门和便捷开发,ADT 包括 Android Dalvik Debug Moniter Server(Android DDMS),DDMS 可以提供调试设备时为设备截屏、查看线程及内存信息、Logcat、广播信息、模拟呼叫、接收短消息、文件查看器等功能。

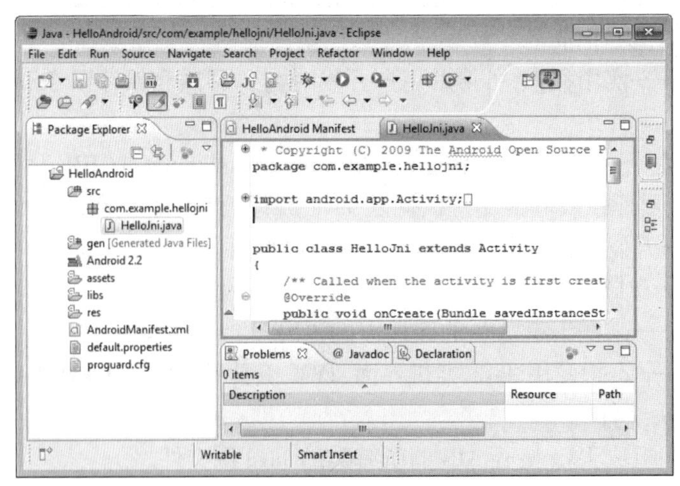

图 4.2　Eclipse 集成开发环境

4. Android Software Development Kit(SDK)

一般提到 SDK 就会涉及 API 接口库、帮助文档和示例源码,Android SDK 也不例外,它为开发者提供相关封装 API 接口库文件、文档资源及一些工具包集合。

5. Android Native Development Kit(NDK)

Android Native Development Kit(NDK)是 Android 原生开发套件,Android 平台基于 Linux 内核,所以语言原生就是指 C、C++语言,这对于很多喜欢 C/C++的程序员来说或许是个好消息,使用 NDK 一样可以进行 Android 开发。由于 NDK 开发编译需要 GCC 编译环境,如果是 windows 环境,还应该安装 Cygwin 模拟环境。NDK 包含的内容有:

(1)用于创建基于 C/C++源文件的原生代码库。

(2)提供一种将原生库集成到应用程序包,并部署到 Android 设备的方法。

(3)一系列未来 Android 平台均会支持的原生系统头文件和库文件。

(4)文档、示例和教程。

4.1.2 Android 开发环境配置

1. 安装 JDK(Java Development Kit)

(1)安装 JDK。

(2)关于 Java 软件版本较多,在官方下载网页选择所需版本的 JDK,点击后进入下载页面,注意选择对应版本链接(本文选择 Windows 环境包,类似 jdk-6u22-windows-i586. exe)。

(3)下载后,默认路径安装。

(4)设置好环境变量后,依次单击"开始""运行",输入"cmd",在 CMD 窗口中输入"javac",看是否有帮助信息输出。

(5)上一步如果该命令未执行成功,可能是 PATH 路径问题,可在"系统属性"→"环境变量"的 PATH 里增加;C:\Program Files\Java\jdk1. 6. 0_22\bin 后再次尝试。

2. 安装 Eclipse

(1)由于设计架构的开放性和丰富的插件支持,Eclipse 已经支持很多种语言开发。本书将要使用 Java 开发,所以选择 Eclipse IDE for Java Developers、Pulsar for Mobile Developers 或 Eclipse IDE for Java EE Developers。

(2)下载完成后,直接解压到 C 盘根目录或 Program Files 目录下。

3. 安装 Android SDK

(1)下载 Android SDK,在下载页面中的 Windows 平台选择 for windows 包,Linux 平台选择 for linux 包,压缩包类似 android-sdk_r9-windows. zip。

(2)下载后解压到;C:\Program Files\android-sdk-windows。

4. 配置环境

配置环境涉及安装 ADT、配置 SDK 与虚拟机。

(1)安装 ADT(Android Development Tools)。

①启动 Eclipse 后,选择菜单 Help→Install New Software,弹出窗口如图 4.3 所示。

②在弹出窗口中,点击"Add..."按钮,Name 随意填写(比如 Android),Location 一栏填写 ADT plus-in 网址,点击"OK"。

③等待在线更新可用列表,然后在列表框 Developer Tools 中选择并安装 Android DDMS

(Android Dalvik Debug Moniter Server)和 Android Development Tools(ADT)。

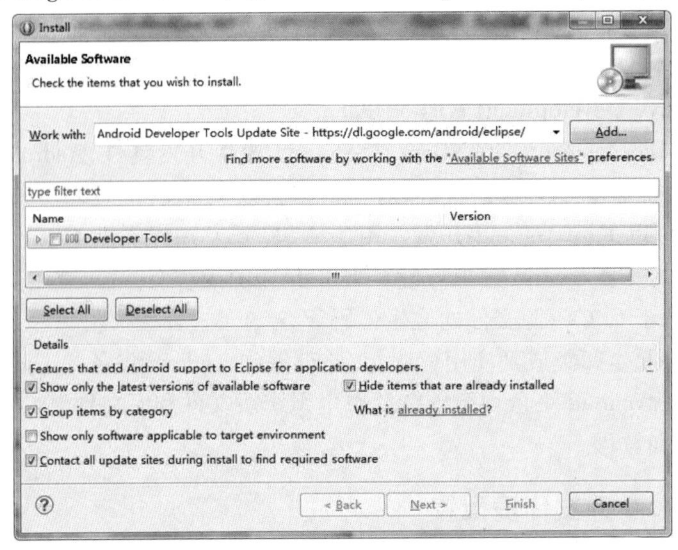

图 4.3　ADT 配置环境窗口

④选择"Next"后,接受安装协议,点击"Finish",并等待安装完成。

⑤完成后会提示重启 Eclipse(点击 Restart Now)。

(2)配置 SDK。

①点击菜单 Windows→Preferences,然后点击左侧的 Android 设置项。

②在右侧的 SDK Location 里填入上文解压的 SDK 目录;C:\Program Files\android-sdk-windows,点击确定(或在 SDK Location 上单击"Browse…",选择刚才解压完的 Android SDK 文件夹所在目录)。

③点击菜单 Windows→Android SDK and AVD Manager,弹出窗口如图 4.4 所示。

④在弹出窗口中,点击"Update All..."按钮(或点击左侧的"Available package"),会弹出可选的程序包版本。

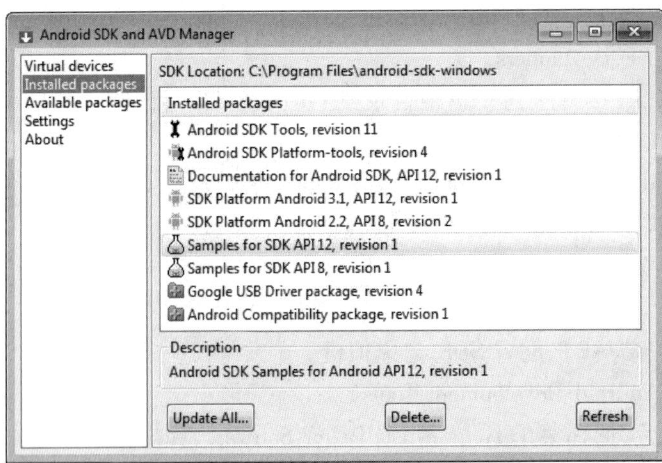

图 4.4　程序包选择窗口

(3)配置虚拟机。

①点击菜单 Windows→Android SDK and AVD Manager。

②点击左侧的“Virtual Devices”,新建 AVD(Android Virtual Devices,Android 虚拟设备)。

③点击“New...”按钮,弹出“Create new Android Virtual Device(AVD)”对话框。

④在 Name 中输入 Android-AVD,Target 中选择 API 版本(这个 API 版本要选对,跟上文对应)。

⑤Skin 里 Build-in 屏幕大小建议选小一点,不要默认,比如 WQVGA400,否则太大了,笔记本可能会满屏,导致不好操作。

⑥其他选项按照默认(后续仍可以随时修改,点击右侧的“Edit”按钮即可),点击“Create AVD”按钮即可。

⑦可以点击右侧的“Start...”进行测试,弹出窗口中点击 Launch 启动虚拟机(后续运行是使用 eclipse 里设置自动调用),AVD 加载较慢,请耐心等待。

5. 创建 Android Project

点击 Eclipse 菜单 File→New→Other,如图 4.5 所示。

图 4.5　创建 Android Project 窗口

选择 Android Project,如图 4.6 所示。

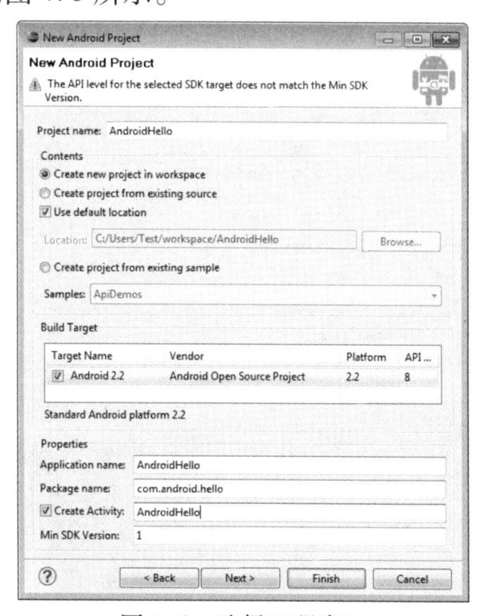

图 4.6　选择工程窗口

在图 4.6 窗口中创建 Android 工程时，必须仔细填写，确保不要出错，关键点如下：

(1) Project name：表示项目所在的文件夹名称。Application Name：表示应用程序名（如果是放在主菜单下，会显示在手机的主菜单列表中和选中时的标题上）。Package Name：要最好按照 Android 上程序目录结构样式进行起名，比如 com. android. hello，实际创建效果如图 4.7 所示。

(2) 勾选 Create Activity。

(3) Min SDK Version 意为最小的 SDK 版本，填写时应为整数。

6. 编写程序并编译

实际上创建完成的工程，默认只是个空框架，可以直接编译执行，如图 4.7 所示。

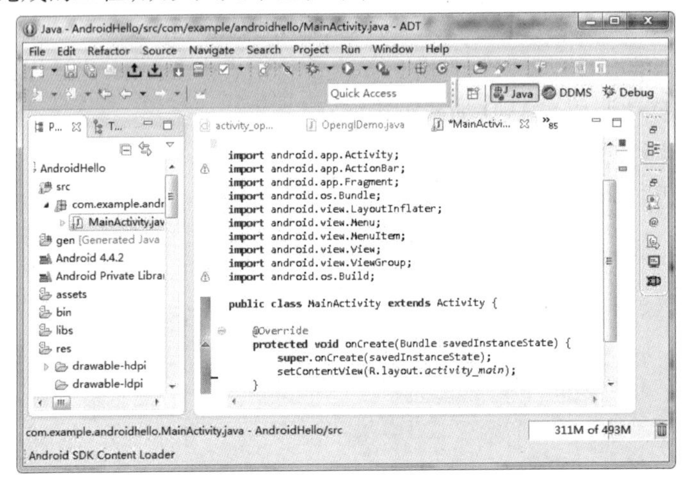

图 4.7 编写并编译程序窗口

工程的视图显示，可点击 Window→Show View，常用的有两个：Navigator 和 Package Explorer（参照 Package 组织方式显示）。

7. AVD 虚拟机测试

(1) 点击工具栏中的"Run As..."运行箭头按钮，弹出对话框，如图 4.8 所示。如果已经创建过一个 AVD 设备，那么这里直接双击 Android Application 运行，Eclipse 会自动创建一个 Andriod 运行配置。

图 4.8 运行配置窗口

按照标准操作步骤，建议先点击 Run As 右侧的向下箭头，打开配置窗口，进行手动配置，如图 4.9、4.10 所示。

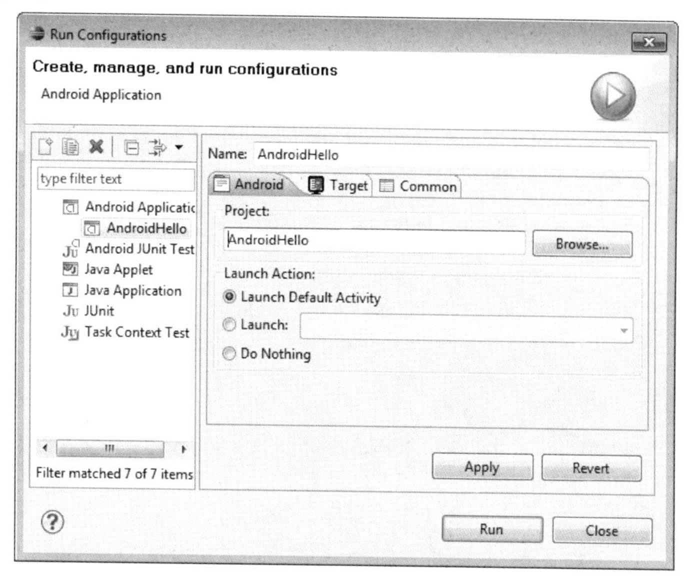

图 4.9　配置窗口图

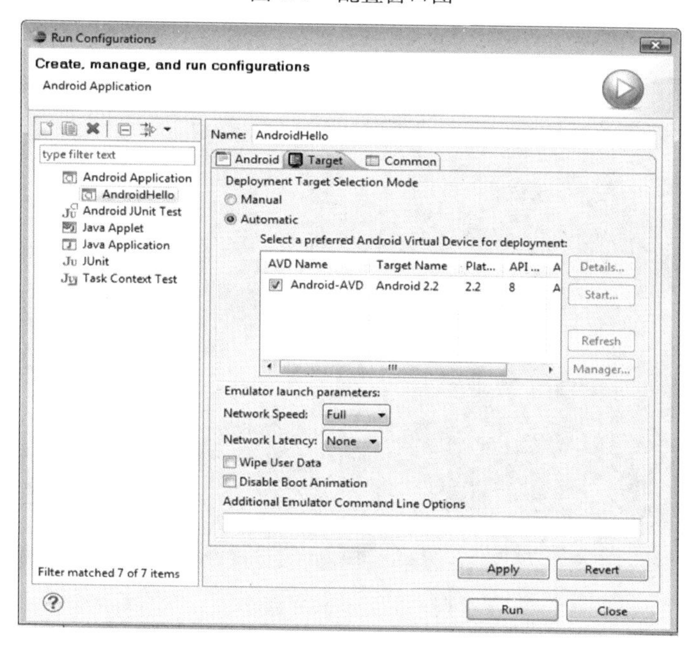

图 4.10　选择配置项

第一次执行配置，可双击左侧"Android Application"项，会自动创建一个配置，然后进行手动配置，配置内容包括：

（1）Android 选项卡里选择对应的工程。

（2）Target 选项卡里设置将要下载运行目标，默认就是使用上文创建的 android-AVD。

（2）运行结果如图 4.11 所示。

拉开左侧的解锁条，运行效果如图 4.12 所示。

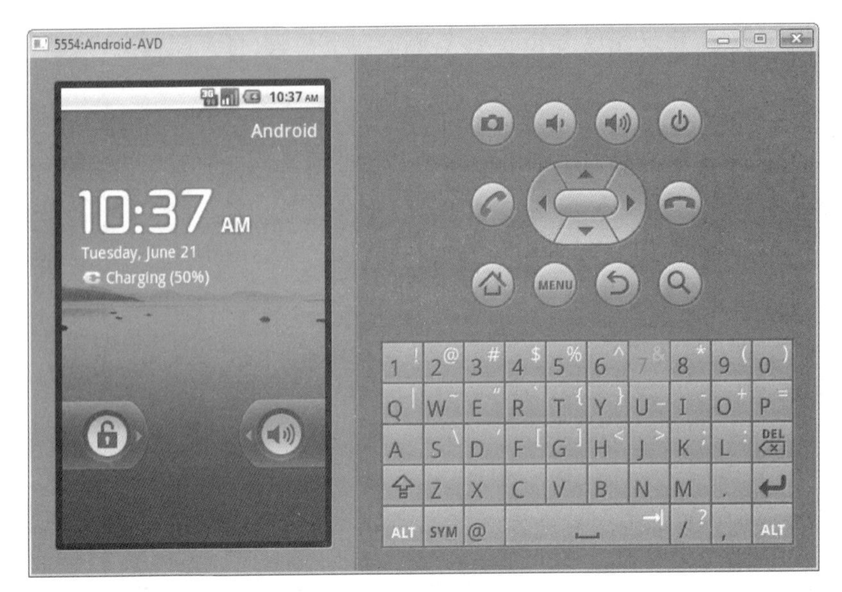

图 4.11　虚拟机界面

Android 开发时可以先使用模拟器进行模拟仿真，程序开发调试成熟时再下载到真机进行测试。

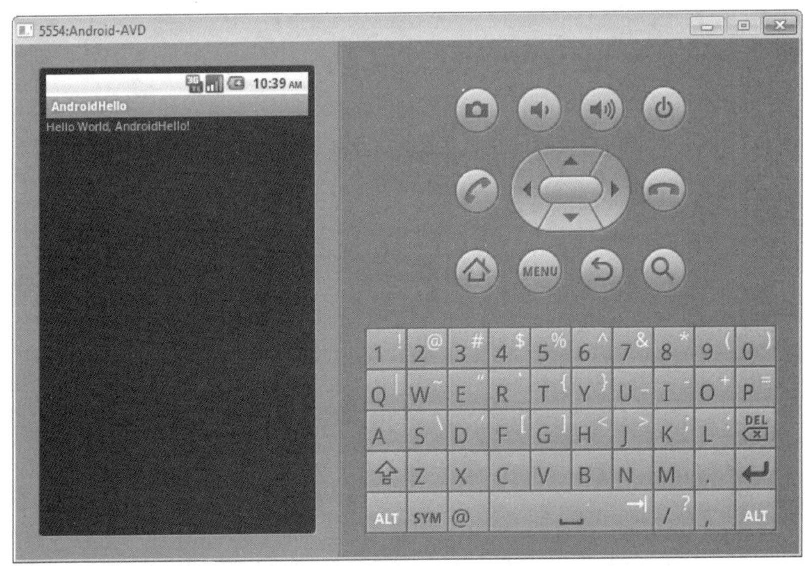

图 4.12　欢迎界面

4.2　Android 编程基础知识

4.2.1　项目文件系统分析

如上文建立一个新的 Android 项目后，会自动生成一系列文件和文件夹。图 4.13 为 Android 项目文件系统结构及功能。

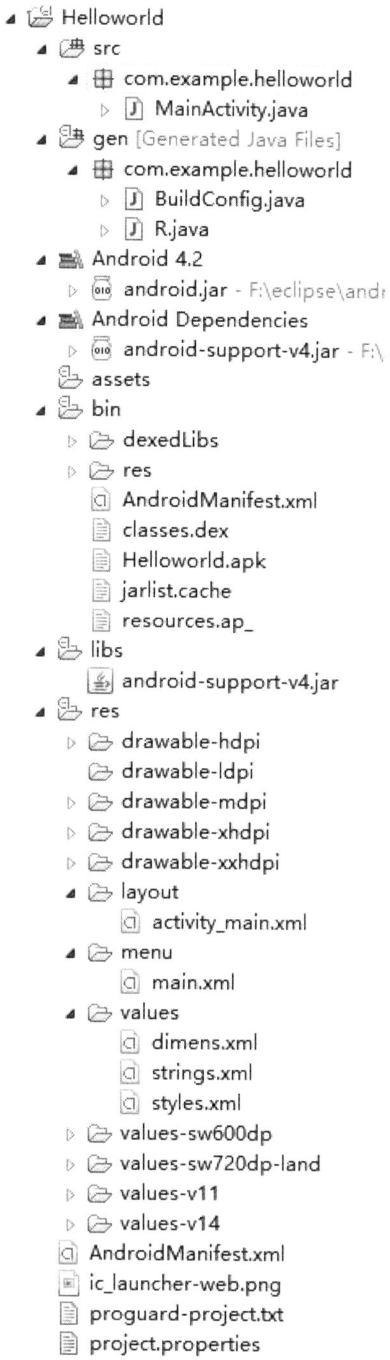

```
Helloworld
  src
    com.example.helloworld
      MainActivity.java
  gen [Generated Java Files]
    com.example.helloworld
      BuildConfig.java
      R.java
  Android 4.2
    android.jar - F:\eclipse\andr
  Android Dependencies
    android-support-v4.jar - F:\
  assets
  bin
    dexedLibs
    res
    AndroidManifest.xml
    classes.dex
    Helloworld.apk
    jarlist.cache
    resources.ap_
  libs
    android-support-v4.jar
  res
    drawable-hdpi
    drawable-ldpi
    drawable-mdpi
    drawable-xhdpi
    drawable-xxhdpi
    layout
      activity_main.xml
    menu
      main.xml
    values
      dimens.xml
      strings.xml
      styles.xml
    values-sw600dp
    values-sw720dp-land
    values-v11
    values-v14
  AndroidManifest.xml
  ic_launcher-web.png
  proguard-project.txt
  project.properties
```

src:源代码文件夹。

MainActivity. java：主程序，还可以存放其他程序类。

gen:系统自动生成的代码文件夹。

BuildConfig. java：项目配置文件。

R. java:项目公共数据存放文件。

Android 4.2:项目使用的 Android 系统类库。

android. jar:Android 系统类库文件。

Android Dependencies:环境支持库。

bin:最终生成的应用程序文件夹。

libs:库文件夹。

android-support-v4. jar：Android 环境支持库文件

res:项目资源文件夹。

res/layout:最重要的布局配置。

activity_main. xml:程序主布局配置文件。

res/menu：菜单布局文件。

main. xml：菜单布局。

res/values:常数文件。

dimens. xml：对齐方式配置。

strings. xml：字符串。

styles. xml：外观样式。

AndroidManifest. xml：项目设置文件，里面包含应用程序中 Activity、Service 或者 Receiver 设置等。

图 4.13 Android 项目文件系统结构及功能

4.2.2 重要代码分析

1. MainActivity. java—— 项目主程序类

```
package com. example. helloworld;
import android. os. Bundle;
```

```
import android.app.Activity;
import android.view.Menu;

public class MainActivity extends Activity {
 @Override
 protected void onCreate(Bundle savedInstanceState) {
   super.onCreate(savedInstanceState);
   setContentView(R.layout.activity_main);
 }

 @Override
 public boolean onCreateOptionsMenu(Menu menu) {
 //Inflate the menu; this adds items to the action bar if it is present.
   getMenuInflater().inflate(R.menu.main, menu);
   return true;
 }
}
```

主程序类 MainActivity(主活动程序类),派生自 Activity 类。主要用来设置当前程序的活动界面,该类重写了两个方法:

(1)onCreate(Bundle savedInstanceState):初始化 Activity,其中通过调用 setContentView 方法来读取资源文件夹中设置好的 UI 布局。

(2)onCreateOptionsMenu(Menu menu):此方法用于初始化菜单,其中 menu 参数就是即将要显示的 Menu 实例。

2. AndroidManifest.xml—— 项目配置文件

```
<?xml version="1.0" encoding="utf-8"?>
<manifest xmlns:android="http://schemas.android.com/apk/res/android"
      package="com.example.helloworld"
     android:versionCode="1"
       android:versionName="1.0">
         <uses-sdk
            android:minSdkVersion="8"
            android:targetSdkVersion="17"/>
       <application
          android:allowBackup="true"
          android:icon="@drawable/ic_launcher"
          android:label="@string/app_name"
          android:theme="@style/AppTheme">
          <activity
               android:name="com.example.helloworld.MainActivity"
               android:label="@string/app_name">
               <intent-filter>
                    <action android:name="android.intent.action.MAIN"/>
```

```
        <category android:name="android.intent.category.LAUNCHER"/>
            </intent-filter>
        </activity>
    </application>

</manifest>
```

项目配置文件在 application 节中，指定当前程序包含哪些 Activity、Service 或 Receiver。android. intent. category. LAUNCHER 指定了项目的启动 Activity。

4.2.3　Activity 介绍

Android 中一个应用程序（Application）对应一个独立进程（Process），其中可以包含多个 Activity，其中每一个可见的界面都是一个 Activity，一个 Activity 可以看作一个显示的页面，是应用程序和用户交互的接口，也是放置控件的容器。创建一个 Activity 需要注意以下几个步骤：

（1）需要继承 Activity 类。

（2）需要重写 onCreate( ) 方法。当此 Activity 第一次创建的时候会调用该方法。

（3）每一个 Activity 类都需要在 androidManifest. xml 中配置。

（4）为 Activity 添加必要的组件。

Activity 在整个生命周期（Entire lifetime）中可以分为 3 个周期：初始生命周期、可视生命周期和前端生命周期。

1. 初始生命周期

初始生命周期开始于 onCreate( )，结束于 onDestroy( )，直到执行过 onDestroy( )之后，才会真正关闭，释放所有资源。

2. 可视生命周期

可视生命周期过程虽然叫"visible lifetime"，并不代表一直能被看到。这一周期从 onStart( )开始，到 onStop( )结束。尽管在这个过程中可能并未获取前端焦点（in the foreground）和用户交互（interacting with the user），但在这两方法间可以使用 Activity 显示所需资源。这个过程可以重复多次。

3. 前端生命周期

前端生命周期过程是可见的并可以在所有其他 Activities 之前和用户交互。这一周期从 onResume( )开始，到 onPause( )结束。这个过程也可以重复多次，相互转换（图 4. 14），在整个生命周期中，Activity 通过响应下列 6 个事件切换状态。

（1）onCreate( )：第一次被创建时调用该方法。

（2）onStart( )：当此 Activity 能被用户看到时调用。

（3）onResume( )：当此 Activity 能获得用户的焦点时调用。

（4）onPause( )：当此 Activity 失去用户的焦点时调用。

（5）onStop( )：当用户看不见此 Activity 时调用。

（6）onDestroy( )：Activity 被销毁掉。通常两种情况下会调用该方法：调用 finish( )方法和当系统资源不足时。

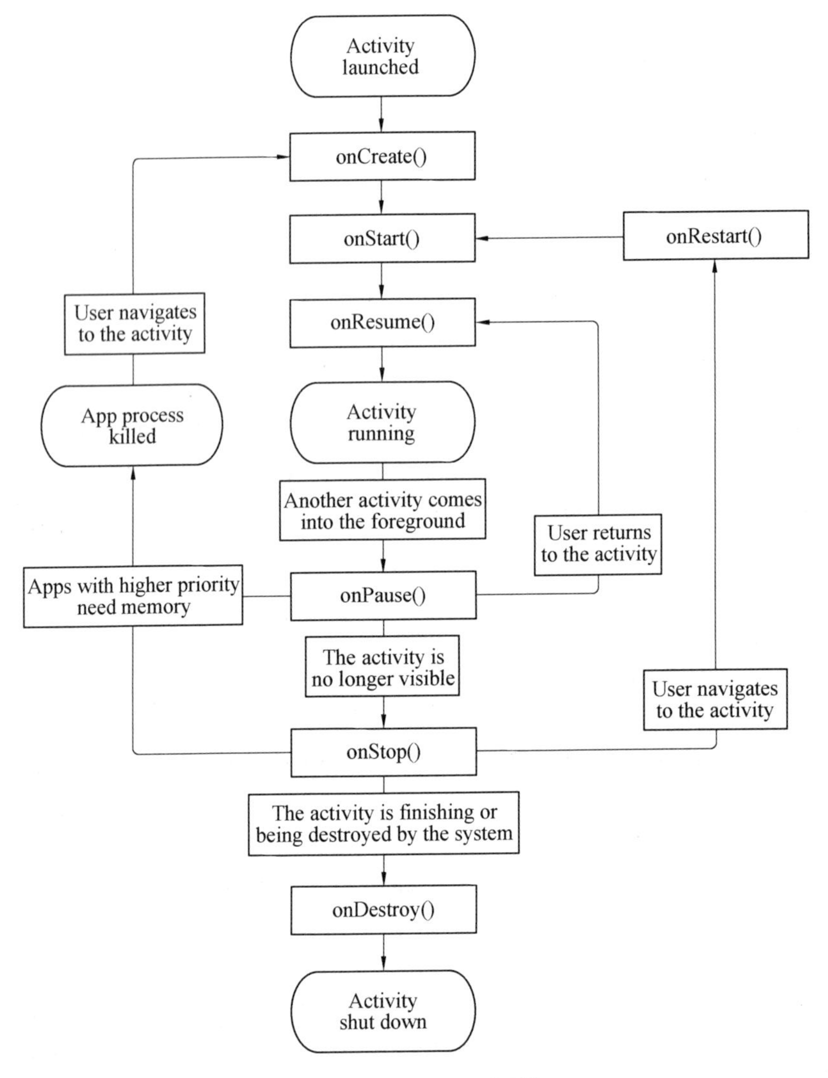

图 4.14 Activity 的生命周期

4.2.4 Intent 介绍

Android 系统中提供了 Intent 机制来协助应用间的交互与通信，Intent 负责对应用程序中一次操作的动作、附加数据进行描述，根据此 Intent 的描述，负责找到对应的组件，将 Intent 传递给调用的组件，并完成组件的调用。Intent 不仅可用于应用程序之间，也可用于应用程序内部的 Activity/Service 之间的交互。因此，Intent 在这里起着一个媒体中介的作用，专门提供组件互相调用的相关信息，实现调用者与被调用者之间的联系。在 SDK 中给出了 Intent 作用的表现形式：

(1)通过 Context. startActivity( ) orActivity. startActivityForResult( )启动一个 Activity。

(2)通过 Context. startService( )启动一项服务，或者通过 Context. bindService( )和后台服务交互。

(3)通过广播方法，比如 Context. sendBroadcast ( ), Context. sendOrderedBroadcast ( ),

Context. sendStickyBroadcast( )发给 broadcast receivers。Intent 属性的设置包括以下几种：

①要执行的动作(action)。

SDK 中定义了一些标准的动作,包括表4.1中定义的几种。

表4.1 SDK 中定义的标准动作

常　　量	目标组件	动　　作
ACTION_CALL	activity	发起一个电话呼叫
ACTION_EDIT	activity	显示可供用户编辑的数据
ACTION_MAIN	activity	作为应用程序的入口点,无须数据输入,也没有返回输出
ACTION_SYNC	activity	将服务器上的数据与移动设备上的数据同步
ACTION_BATTERY_LOW	broadcast receiver	电量不足警告
ACTION_HEADSET_PLUG	broadcast receiver	耳机已插入设备或从设备中拔出
ACTION_SCREEN_ON	broadcast receiver	屏幕亮起

当然也可以自定义动作(自定义的动作在使用时,需要加上包名作为前缀,如"com. example. project. SHOW_COLOR"),并可定义相应的 Activity 来处理我们的自定义动作。

②执行动作要操作的数据(data)。Android 中采用指向数据的一个 URI 来表示,如在联系人应用中,一个指向某联系人的 URI 可能为:content://contacts/1。对于不同的动作,其 URI 数据的类型是不同的(可以设置 type 属性指定特定类型数据),如 ACTION_EDIT 指定 Data 为文件 URI,打电话为 tel:URI,访问网络为 http:URI,而由 content provider 提供的数据则为 content:URI。

③数据类型(category)。数据类型用于显式指定 Intent 的数据类型(MIME)。一般 Intent 的数据类型能够根据数据本身进行判定,但是通过设置这个属性,可以强制采用显式指定的类型而不再进行推导。

④类别(type)。类别作为被执行动作的附加信息。例如 LAUNCHER_CATEGORY 表示 Intent 的接受者应该在 Launcher 中作为顶级应用出现;而 ALTERNATIVE_CATEGORY 表示当前的 Intent 是一系列的可选动作中的一个,这些动作可以在同一块数据上执行。更多类别的定义见表4.2。

表4.2 类别(category)的定义

常　　量	意　　义
CATEGORY_BROWSABLE	浏览器可以安全调用 Activity,以显示链接引用的数据,该链接可能是一个图片或 e-mail 信息
CATEGORY_GADGET	此类 Activity 可以嵌入到父类 Activity 中
CATEGORY_HOME	此类 Activity 表示主屏幕。通常只有一个这种类型的 Activity,如果有多个,系统将提示选择一个
CATEGORY_LAUNCHER	如果将此类别分配给一个 Activity,可以在启动屏幕上列出该 Activity
CATEGORY_PREFERENCE	将一个 Activity 标识为首选 Activity,显示在首选项屏幕

(5)组件(component)。

组件用于指定 Intent 的目标组件的类名称。通常 Android 会根据 Intent 中包含的其他属性信息,比如 action,data/type,category 进行查找,最终找到一个与之匹配的目标组件。但是如果 component 这个属性已经指定的话,将直接使用它指定的组件,而不再执行上述查找过程。指定了这个属性以后,Intent 的其他所有属性都是可选的。

(6)附加信息。

附加信息是其他所有附加信息的集合。使用附加信息(extras)可以为组件提供扩展信息,比如,要执行“发送电子邮件”这个动作,可以将电子邮件的标题、正文等保存在 extras 里,传给电子邮件发送组件。理解 Intent 的关键之一是理解清楚 Intent 的两种基本用法:一种是显式的 Intent,即在构造 Intent 对象时就指定接收者;另一种是隐式的 Intent,即 Intent 的发送者在构造 Intent 对象时,并不知道也不关心接收者是谁,有利于降低发送者和接收者之间的耦合。对于显式 Intent,Android 不需要去做解析,因为目标组件已经很明确,Android 需要解析的是那些隐式 Intent。通过解析,将 Intent 映射给可以处理此 Intent 的 Activity,IntentReceiver 或 Service。

Intent 解析机制主要是通过查找已注册在 AndroidManifest. xml 中的所有 IntentFilter 及其中定义的 Intent,最终找到匹配的 Intent。在这个解析过程中,Android 是通过 Intent 的 action,type,category 这 3 个属性来进行判断的。

4.2.5 Android 布局介绍

Android 的界面是由布局和组件协同完成的,布局好比是建筑里的框架,而组件则相当于建筑里的砖瓦。组件按照布局的要求依次排列,就组成了用户所看见的界面。Android 的 5 大布局分别是 LinearLayout(线性布局)、FrameLayout(单帧布局)、RelativeLayout(相对布局)、AbsoluteLayout(绝对布局)和 TableLayout(表格布局)。

1. LinearLayout 布局

LinearLayout 按照垂直或者水平的顺序依次排列子元素,每一个子元素都位于前一个元素之后。如果是垂直排列,那么将是一个 N 行单列的结构,每一行只会有一个元素,而不论这个元素的宽度为多少;如果是水平排列,那么将是一个单行 N 列的结构。如果搭建两行两列的结构,通常的方式是先垂直排列两个元素,每一个元素里再包含一个 LinearLayout 进行水平排列。

LinearLayout 中的子元素属性 android:layout_weight 用于描述该子元素在剩余空间中占有的大小比例。如果一行只有一个文本框,那么它的默认值就为 0,如果一行中有两个等长的文本框,那么他们的 android:layout_weight 值可以是同为 1。如果一行中有两个不等长的文本框,那么他们的 android:layout_weight 值分别为 1 和 2,即第一个文本框将占据剩余空间的三分之二,第二个文本框将占据剩余空间中的三分之一。android:layout_weight 遵循数值越小,重要度越高的原则。显示效果如图 4.15 所示。

代码如下:

```
<? xml version="1.0" encoding="utf-8"? >
<LinearLayout xmlns:android = "http://schemas.android.com/apk/res/android" android:orientation = "
```

```
vertical" android:layout_width="fill_parent" android:layout_height="fill_parent" android:background="#000000">
    <TextView  android:layout_width="fill_parent" android:layout_height="wrap_content" android:background="#000000" android:text="Hello World!" android:textColor="#ffffff"/>
    <LinearLayout android:orientation="horizontal" android:layout_width="fill_parent" android:layout_height="fill_parent">
    <TextView  android:layout_width="fill_parent" android:layout_height="wrap_content" android:background="#ff654321" android:layout_weight="1" android:text="1"/>
    <TextView  android:layout_width="fill_parent" android:layout_height="wrap_content" android:background="#fffedcba" android:layout_weight="2"  android:text="2"/>
    </LinearLayout>
    </LinearLayout>
```

2. FrameLayout 布局

FrameLayout 是 5 大布局中最简单的一个布局，在这个布局中，整个界面被当成一块空白备用区域，所有的子元素都不能被指定放置的位置，它们统统放于这块区域的左上角，并且后面的子元素直接覆盖在前面的子元素之上，将前面的子元素部分或全部遮挡。效果如图 4.16 所示，第一个 TextView 被第二个 TextView 完全遮挡，第三个 TextView 部分遮挡了第二个 TextView。

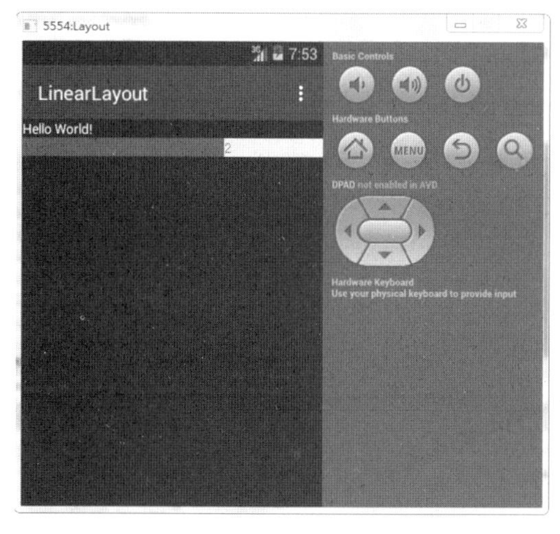

图 4.15　LinearLayout 效果

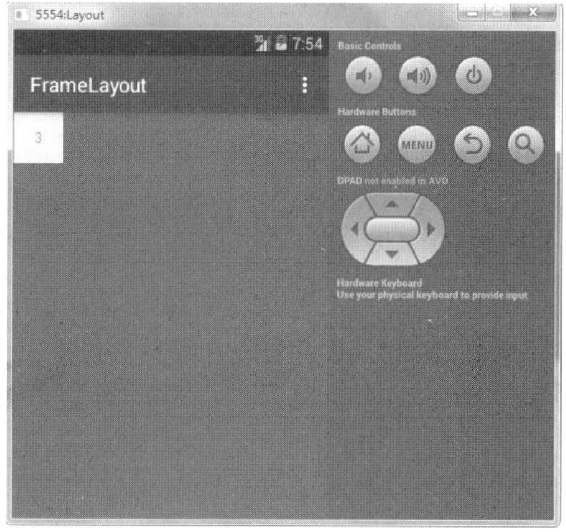

图 4.16　FrameLayout 效果

代码如下：

```
<? xml version="1.0" encoding="utf-8" ? >
<FrameLayout xmlns:android="http://schemas.android.com/apk/res/android" android:orientation="vertical" android:layout_width="fill_parent" android:layout_height="fill_parent">
<TextView android:layout_width="fill_parent" android:layout_height="fill_parent" android:background="#ff000000" android:gravity="center" android:text="1"/>
<TextView android:layout_width="fill_parent" android:layout_height="fill_parent" android:background="#ff654321" android:gravity="center" android:text="2"/>
<TextView android:layout_width="50dp" android:layout_height="50dp" android:background="#fffedcba" android:gravity="center" android:text="3"/>
```

```
</FrameLayout>
```

3. AbsoluteLayout 布局

AbsoluteLayout 是绝对位置布局。在此布局中的子元素的 android:layout_x 和 android:layout_y 属性将用于描述该子元素的坐标位置。屏幕左上角为坐标原点(0,0),第一个 0 代表横坐标,向右移动此值增大;第二个 0 代表纵坐标,向下移动此值增大。在此布局中的子元素可以相互重叠。在实际开发中,通常不采用此布局格式,因为它的界面代码过于死板,有可能不能很好地适应各种终端。显示效果如图 4.17 所示。

代码如下:

```
<? xml version="1.0" encoding="utf-8" ? >
<AbsoluteLayout xmlns:android="http://schemas.android.com/apk/res/android" android:orientation="vertical" android:layout_width="fill_parent" android:layout_height="fill_parent" android:background="#000000">
<TextView android:layout_width="50dp" android:layout_height="50dp" android:background="#ffffffff" android:gravity="center" android:layout_x="50dp" android:layout_y="50dp" android:text="1"/>
<TextView android:layout_width="50dp" android:layout_height="50dp" android:background="#ff654321" android:gravity="center" android:layout_x="25dp" android:layout_y="25dp" android:text="2"/>
<TextView android:layout_width="50dp" android:layout_height="50dp" android:background="#fffedcba" android:gravity="center" android:layout_x="125dp" android:layout_y="125dp" android:text="3"/>
</AbsoluteLayout>
```

4. RelativeLayout 布局

RelativeLayout 按照各子元素之间的位置关系完成布局。在此布局中的子元素里与位置相关的属性将生效。例如 android:layout_below, android:layout_above 等。子元素就通过这些属性和各自的 ID 配合指定位置关系。注意在指定位置关系时,引用的 ID 必须在引用之前被定义,否则将出现异常。

RelativeLayout 里常用的位置属性如下:

android:layout_toLeftOf—— 该组件位于引用组件的左方。

android:layout_toRightOf—— 该组件位于引用组件的右方。

android:layout_above—— 该组件位于引用组件的上方。

android:layout_below—— 该组件位于引用组件的下方。

android:layout_alignParentLeft—— 该组件是否对齐其父组件的左端。

android:layout_alignParentRight—— 该组件是否对齐其父组件的右端。

android:layout_alignParentTop—— 该组件是否对齐父组件的顶部。

android:layout_alignParentBottom—— 该组件是否对齐父组件的底部。

RelativeLayout 是 Android 5 大布局结构中最灵活的一种布局结构,比较适合一些复杂界面的布局。示例:第一个文本框与父组件的底部对齐,第二个文本框位于第一个文本框的上方,并且第三个文本框位于第二个文本框的左方。显示效果如图 4.18 所示。

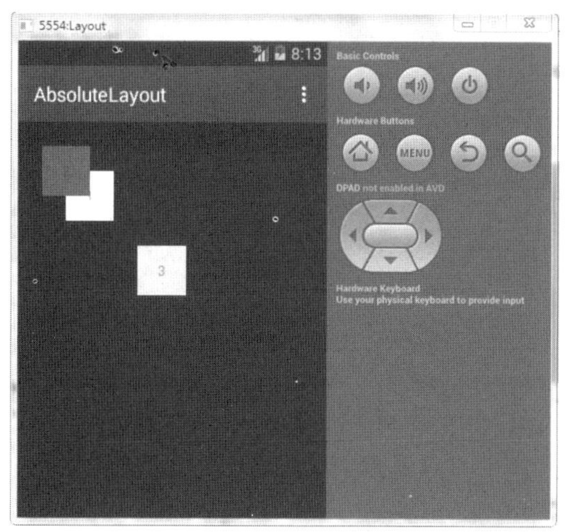

图 4.17 AbsoluteLayout 效果

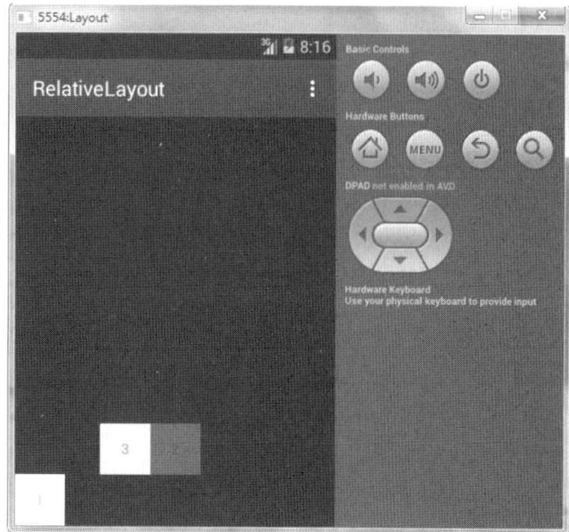

图 4.18 RelativeLayout 效果

代码如下:

```
<? xml version="1.0" encoding="utf-8" ? >
<RelativeLayout xmlns:android=" http://schemas. android. com/apk/res/android" android:orientation="
vertical" android:layout_width="fill_parent" android:layout_height="fill_parent" android:background="#000000" >
<TextView android:id="@+id/text_01" android:layout_width="50dp" android:layout_height="50dp"
android:background="#ffffffff" android:gravity="center" android:layout_alignParentBottom="true" android:text="
1"/>
<TextView android:id="@+id/text_02" android:layout_width="50dp" android:layout_height="50dp"
android:background="#ff654321" android:gravity="center" android:layout_above="@id/text_01" android:layout_
centerHorizontal="true" android:text="2"/>
<TextView android:id="@+id/text_03" android:layout_width="50dp" android:layout_height="50dp"
android:background="#fffedcba" android:gravity="center" android:layout_toLeftOf="@id/text_02" android:layout
_above="@id/text_01" android:text="3"/>
</RelativeLayout>
```

5. TableLayout 布局

TableLayout 布局指的是表格布局,适用于 N 行 N 列的布局格式。一个 TableLayout 由许多 TableRow 组成,一个 TableRow 就代表 TableLayout 中的一行。TableRow 是 LinearLayout 的子类,它的 android:orientation 属性值恒为 horizontal,并且它的 android:layout_width 和 android:layout_height 属性值恒为 MATCH_PARENT 和 WRAP_CONTENT。所以它的子元素都横向排列,并且宽高一致。这样的设计使得每个 TableRow 里的子元素都相当于表格中的单元格。在 TableRow 中,单元格可以为空,但是不能跨列。

图 4.19 示例演示了一个 TableLayout 的布局结构,其中第二行只有两个单元格,而其余行都是 3 个单元格。

代码如下:

```
<? xml version="1.0" encoding="utf-8" ? >
<TableLayout xmlns:android="http://schemas. android. com/apk/res/android" android:orientation="vertical"
android:layout_width="fill_parent" android:layout_height="fill_parent" android:background="#000000" >
<TableRow android:layout_width="fill_parent" android:layout_height="wrap_content" >
```

```
<TextView    android:background = " #ffffffff " android:gravity = " center" android:padding = " 10dp" android:text = " 1" />
<TextView android:background = " #ff654321 " android:gravity = " center" android:padding = " 10dp" android:text = " 2" />
<TextView    android:background = " #fffedcba" android:gravity = " center" android:padding = " 10dp" android:text = " 3" />
</TableRow>
< TableRow    android: layout _ width = " fill _ parent " android:layout_height = " wrap_content" >
<TextView    android:background = " #ff654321 " android:gravity = " center" android:padding = " 10dp" android:text = " 2" />
<TextView android:background = " #fffedcba " android:gravity = " center" android:padding = " 10dp" android:text = " 3 " />
</TableRow>
<TableRow android:layout_width = " fill_parent" android:layout_height = " wrap_content" >
<TextView android:background = " #fffedcba" android:gravity = " center" android:padding = " 10dp" android:text = " 3" />
<TextView    android:background = " #ff654321 " android:gravity = " center" android:padding = " 10dp" android:text = " 2" />
<TextView    android:background = " #ffffffff" android:gravity = " center" android:padding = " 10dp" android:text = " 1" />
</TableRow>
</TableLayout>
```

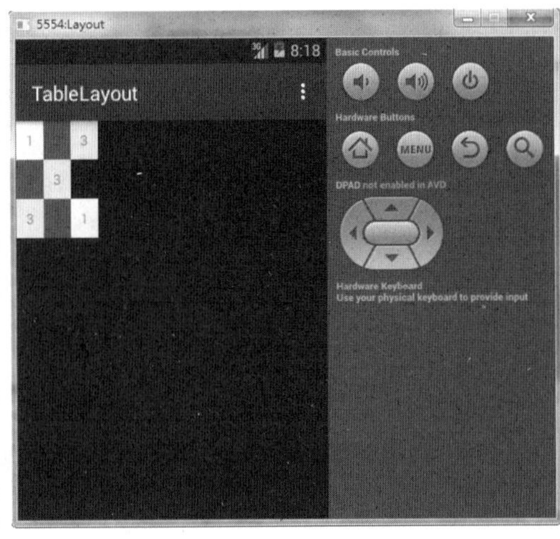

图 4.19　TableLayout 效果

4.3　Android 基本控件编程

Android 提供的所有基本控件,像 Button,TextView,EditText 等都存放于 widget 包中,因此可以说基本控件都是 Android 中的 widget,下面开始介绍 Android 中基本控件的结构与开发方法。

4.3.1　控件介绍

1. 控件类扩展结构

在 Android 中,android. view. View 类(视图类)是最基本的 UI 构造单元。一个视图占据屏幕上的一个方形区域,并且负责绘制和事件处理。View 有众多的子类,它们大部分位于 android. widget 包中,这些子类实际上就是 Android 系统中的“控件”。View 就是各个控件的基类,是创建交互式的图形用户界面的基础。View 的直接子类包括按钮(Button)、文本视图(TextView)、图像视图(ImageView)、进度条(ProgressBar)等。Android 中控件类的扩展结构如图 4.20 所示。

每个控件除了继承基类功能之外,一般还具有自己的公有方法、保护方法、XML 属性等。

在 Android 中使用各种控件的一般情况是在布局文件中可以实现 UI 的外观,然后在 Java 文件中实现对各种控件的控制动作。控件类的名称也是它们在布局文件 XML 中使用的标签名称。

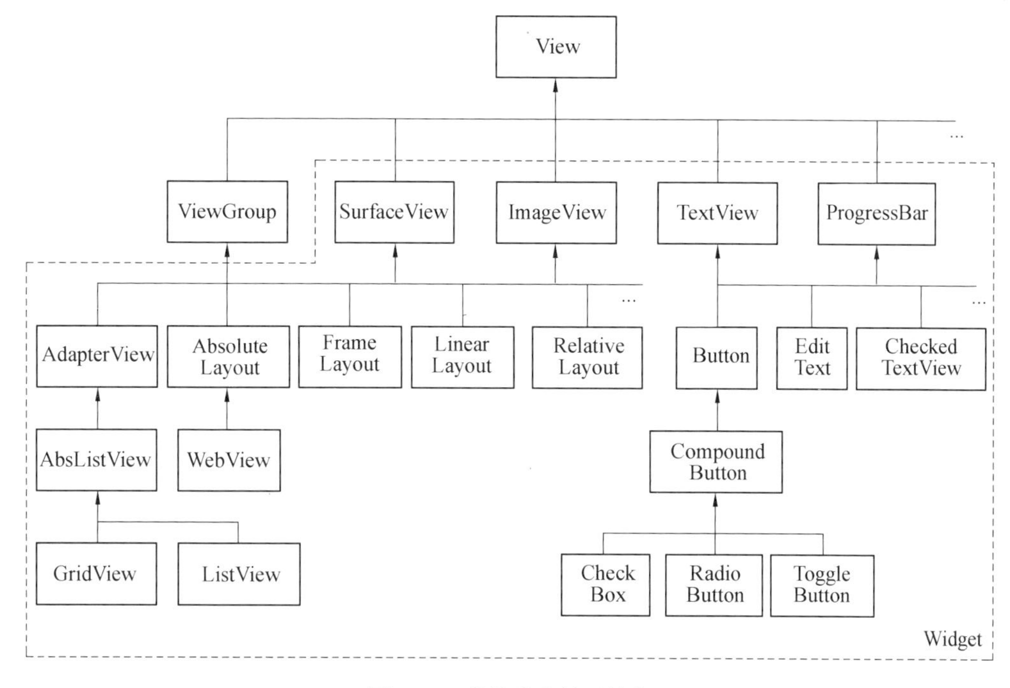

图 4.20　控件类的扩展结构

2. 控件通用行为和属性

View 是 Android 中所有控件类的基类,因此 View 中一些内容是所有控件类都具有的通用行为和属性。控件类可以使用 XML 属性(XML Attributes),经常和 Java 代码具有对应关系。View 作为各种控件的基类,其 XML 属性为所有控件通用,几个重要的 XML 属性见表 5.3。

表 4.3　View 中重要 XML 属性及其对应的方法

XML 属性	Java 中的方法	描　述
android:id	setId(int)	控件的标识
android:visibility	setVisibility(int)	控件的可见性
android:background	setBackgroundResource(int)	控件的背景

其中,android:id 表示控件的标识,通常需要在布局文件中指定这个属性。View 中与控件标识相关的几个方法如下所示:

```
public int    getId()                    //获得控件的 id(返回 int 类型)
public void   setId(int id)              //设置控件的 id(参数是 int 类型)
public Object   getTag()                 //获得控件的 tag(返回 Object 类型)
public void   setTag(Object tag)         //设置控件的 tag(参数是 Object 类型)
```

对于一个控件,也就是 View 的继承者,整数类型 id 是其主要的标识。其中,getId()可以获得控件的 id,而 setId()可以将一个整数设置为控件的 id。Object 类型的标识 tag 是控件的一个扩展标识,由于使用了 Object 类型,它可以接受大部分的 Java 类型。

在一个 View 中根据 id 或者 tag 查找其孩子的方法如下所示:

public final View　findViewById(int id)

public final View　findViewWithTag(Object tag)

使用 findViewById( )和 findViewWithTag( )的目的是返回这个 View 树中 id 和 tag 为某个数值的 View 的句柄。View 树的含义是 View 及其所有的孩子。

值得注意的是,id 不是控件的唯一标识,例如布局文件中 id 是可以重复的,在这种重复的情况下,findViewById( )的结果不能确保找到唯一的控件。作为控件标识的 id 和 tag 可以配合使用:当 id 有重复的时候,可以通过给控件设置不同的 tag,对其进行区分。

4.3.2　按钮控件 Button

按钮是一个常用的系统小组件,在开发中最常用到。一般通过与监听器使用,从而触发一些特定事件。下面为一个 Andriod 项目“ButtonProject”(点击按钮触发事件),其执行效果如图 4.21和图 4.22 所示,对应的代码如下。

代码分别为:

main. xml

string. xml

ButtonProject. java

代码清单:

main. xml

```
<? xml version="1.0"encoding="utf-8"? >
<LinearLayout xmlns:android="http://schemas.android.com/apk/res/android"
    android:layout_width="fill_parent"
    android:layout_height="fill_parent"
    android:orientation="vertical">
    <TextView
        android:id="@+id/tv"
        android:layout_width="fill_parent"
        android:layout_height="wrap_content"
        android:text="@string/hello"/>
    <Button
        android:id="@+id/btn_ok"
        android:layout_width="fill_parent"
        android:layout_height="wrap_content"
       android:text="@string/btn_ok"
        />
    <Button
        android:id="@+id/btn_cancel"
        android:layout_width="fill_parent"
        android:layout_height="wrap_content"
        android:text="@string/btn_cancel"
        />
</LinearLayout>
```

string. xml

```
<? xml version="1.0"encoding="utf-8"? >
```

```
<resources>
    <string name="hello">Hello World, ButtonProject! </string>
    <string name="app_name">ButtonProject</string>
    <string name="btn_ok">确定</string>
    <string name="btn_cancel">取消</string>
</resources>
```

ButtonProject. java

```
package com. buttonProject;
import android. app. Activity;
import android. os. Bundle;
import android. view. View;
import android. view. View. OnClickListener;
import android. widget. Button;
import android. widget. TextView;
public class ButtonProject extends Activity implements OnClickListener{
    private Button btn_ok,btn_cancel;          //声明两个按钮对象
    private TextView tv;          //声明文本视图对象
    /** Called when the activity is first created. */
    @ Override
    public void onCreate( Bundle savedInstanceState) {
        super. onCreate( savedInstanceState) ;
        setContentView( R. layout. main) ;
        //对 btn_ok 对象进行实例化
        btn_ok =(Button)findViewById( R. id. btn_ok) ;
        //对 btn_cancel 对象进行实例化
        btn_cancel =(Button)findViewById( R. id. btn_cancel) ;
        //对 tv 对象进行实例化
        tv =(TextView)findViewById( R. id. tv) ;
        //将 btn_ok 按钮绑定在点击监听器上
        btn_ok. setOnClickListener( this) ;
        //将 btn_cancel 按钮绑定在点击监听器上
        btn_cancel. setOnClickListener( this) ;
    }
    //使用点击监听器必须重写其抽象函数,
    public void onClick( View v) {
                //TODO Auto-generated method stub
            if( v == btn_ok) {
                    tv. setText("确定按钮触发事件!") ;
            }else if( v == btn_cancel) {
                    tv. setText("取消按钮触发事件!") ;
            }
        }
}
```

图 4.21 执行效果

图 4.22 执行效果

4.3.3 文本框控件 TextView

文本框控件 TextView 是使用最频繁的控件之一，在前面的几节中，已经多次使用了 TextView。下面将详细地讲解 TextView 控件的使用过程。

基本设置 TextView 需要通过如下 5 个步骤。

第 1 步：导入 TextView 包，代码如下。

```
Import Android. widget. TextView;
```

第 2 步：在 mainActivity. java 中声明一个 TextView，代码如下。

```
Private TextView mTextView01;
```

第 3 步：在 activity_main. xml 中定义一个 TextView，代码如下。

```
<TextView
        android:id="@+id/textView01"
        android:layout_width="wrap_content"
        android:layout_height="wrap_content"
        android:layout_alignParentLeft="true"
        android:layout_alignParentTop="true"
        android:layout_marginLeft="98dp"
        android:layout_marginTop="26dp"
        android:text="TextView"/>
```

第 4 步：利用 findViewById( )方法获取 main. xml 中的 TextView，代码如下。

```
mTextView01=(Textview)findViewById(R. id. textView01);
```

第 5 步：设置 TextView 标签内容，代码如下。

```
String str_2="欢迎使用 Android 的 TextView 控件";
mTextView01. setText(str_2);
```

上述步骤介绍了使用 TextView 的基本方法，TextView 相关内容在后续章节将继续介绍。

4.3.4 编辑框控件 EditText

编辑框控件 EditText 的用法和 TextView 类似，它能生成一个可编辑的文本框。使用编辑框控件 EditText 的基本流程如下。

第 1 步：在程序的主窗口界面添加一个 EditText 按钮，然后设定其监听器在接收到单击事件时，程序打开 EditText 的界面。文件 activity_main. xm 的具体代码如下所示。

```
<LinearLayout xmlns:android="http://schemas.android.com/apk/res/android"
    android:layout_width="fill_parent"
    android:layout_height="fill_parent"
    android:orientation="vertical">
    <EditText
        android:id="@+id/edit_text"
        android:layout_width="fill_parent"
        android:layout_height="wrap_content"
        android:text="这里可以输入文字"/>
    <Button
        android:id="@+id/get_edit_view_button"
        android:layout_width="wrap_content"
        android:layout_height="wrap_content"
        android:text="获取 EditView 的值"/>
</LinearLayout>
```

第 2 步：编写事件处理文件 MainActivity. java，主要代码如下所示。

```
package com.example.basicapp4;
import android.app.Activity;
import android.os.Bundle;
import android.view.View;
import android.widget.Button;
import android.widget.CheckBox;
import android.widget.EditText;
import android.widget.TextView;

public class EditTextActivity extends Activity {
/** Called when the activity is first created. */
@Override
public void onCreate(Bundle savedInstanceState) {
super.onCreate(savedInstanceState);
setTitle("EditTextActivity");
setContentView(R.layout.editview);
find_and_modify_text_view();
}

private void find_and_modify_text_view() {
Button get_edit_view_button = (Button)findViewById(R.id.get_edit_view_button);
get_edit_view_button.setOnClickListener(get_edit_view_button_listener);
}
```

```
private Button.OnClickListener get_edit_view_button_listener = new Button.OnClickListener() {
public void onClick(View v) {
EditText edit_text =(EditText)findViewById(R.id.edit_text);
CharSequence edit_text_value = edit_text.getText();
setTitle("EditText 的值:"+edit_text_value);
}
};


}
```

执行后,将首先显示默认的文本和输入框,如图4.23所示;输入一段文本,单击"获取EditText的值"按钮后,会获取输入的文字,并显示输入的文字,如图4.24所示。

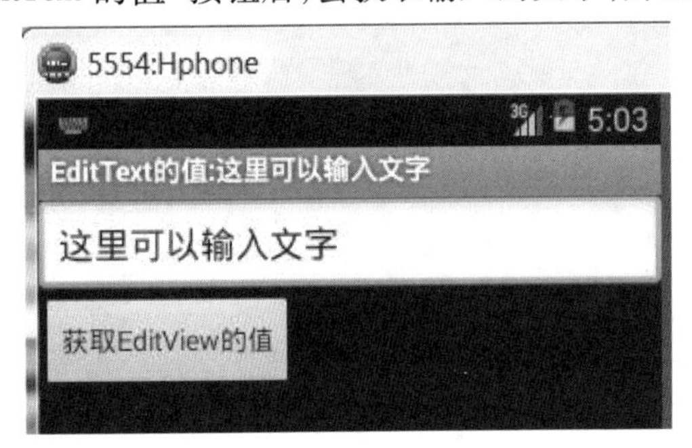

图4.23 初始效果

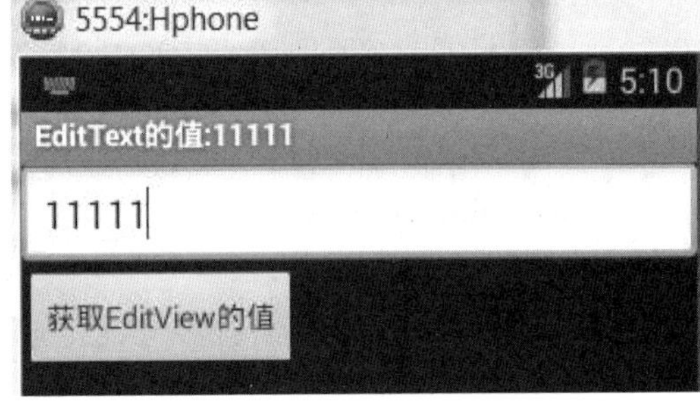

图4.24 点击按钮运行效果

4.3.5 多项选择控件 CheckBox

CheckBox控件能够为用户提供输入信息,用户可以一次性选择多个选项。在Android中使用CheckBox控件也需要在XML文件中定义,具体使用流程如下。

第1步:设计XML文件Actvity_check_box.xml,在里面插入4个选项供用户选择,具体代码如下所示。

```
<?xml version="1.0" encoding="utf-8"?>
<LinearLayout xmlns:android="http://schemas.android.com/apk/res/android"
     android:orientation="vertical"
     android:layout_width="fill_parent"
     android:layout_height="fill_parent"
     >
<CheckBox android:id="@+id/plain_cb"
      android:text="AA"
      android:layout_width="wrap_content"
      android:layout_height="wrap_content"
/>
<CheckBox android:id="@+id/serif_cb"
      android:text="BB"
      android:layout_width="wrap_content"
      android:layout_height="wrap_content"
      android:typeface="serif"
```

```
/>
<CheckBox android:id="@+id/bold_cb"
      android:text="CC"
      android:layout_width="wrap_content"
      android:layout_height="wrap_content"
      android:textStyle="bold"
/>
<CheckBox android:id ="@+id/italic_cb"
      android:text="DD"
      android:layout_width="wrap_content"
      android:layout_height="wrap_content"
      android:textStyle="italic"
/>
<Button android:id="@+id/get_view_button"
     android:layout_width="wrap_content"
android:layout_height="wrap_content"
android:text="获取 CheckBox 的值"/>
</LinearLayout>
```

在上述代码中分别创建了 4 个 CheckBox 选项供用户选择,然后插入了一个 Button 控件,供用户选择单击后处理特定事件。

第 2 步:编写事件处理文件 CheckBoxActivity. java 的代码,主要代码如下所示。

```
package com.example.basicapp5;
import android.app.Activity;
import android.os.Bundle;
import android.view.View;
import android.widget.Button;
import android.widget.CheckBox;
import android.widget.EditText;
import android.widget.TextView;

public class CheckBoxActivity extends Activity {
CheckBox plain_cb;
CheckBox serif_cb;
CheckBox italic_cb;
CheckBox bold_cb;

/** Called when the activity is first created. */
@Override
public void onCreate(Bundle savedInstanceState) {
super.onCreate(savedInstanceState);
setTitle("CheckBoxActivity");
setContentView(R.layout.check_box);
find_and_modify_text_view();
}
```

```
private void find_and_modify_text_view() {
plain_cb = (CheckBox)findViewById(R.id.plain_cb);
serif_cb = (CheckBox)findViewById(R.id.serif_cb);
italic_cb = (CheckBox)findViewById(R.id.italic_cb);
bold_cb = (CheckBox)findViewById(R.id.bold_cb);
Button get_view_button = (Button)findViewById(R.id.get_view_button);
get_view_button.setOnClickListener(get_view_button_listener);
}
Private  Button.OnClickListener get_view_button_listener = new
Button.OnClickListener() {
   public void onClick(View v) {
    String r = "";
    if(plain_cb.isChecked()) {
r = r + "," + plain_cb.getText();
}
    if(serif_cb.isChecked()) {
r = r + "," + serif_cb.getText();
}
    if(italic_cb.isChecked()) {
r = r + "," + italic_cb.getText();
}
    if(bold_cb.isChecked()) {
r = r + "," + bold_cb.getText();
}
setTitle("Checked: " + r);
}
};
}
```

上述代码中,把用户选中的选项值显示在 Title 上面。执行后,将首先显示 4 个选项值供用户选择,如图 4.25 所示;用户选择某些选项并单击“获取 CheckBox 的值”按钮后,文本提示用户选择的选项如图 4.26 所示。

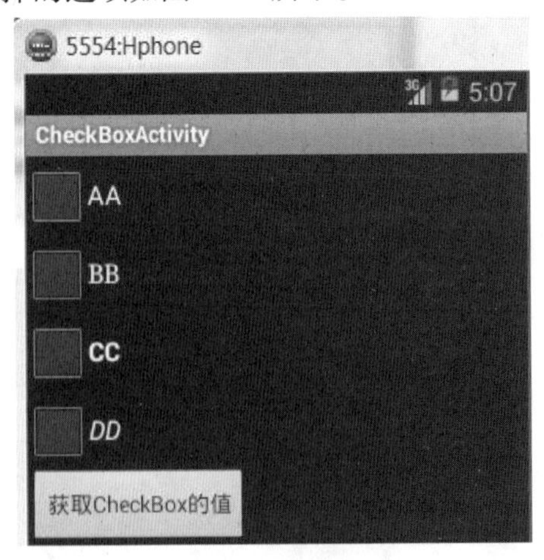

图 4.25　初始效果

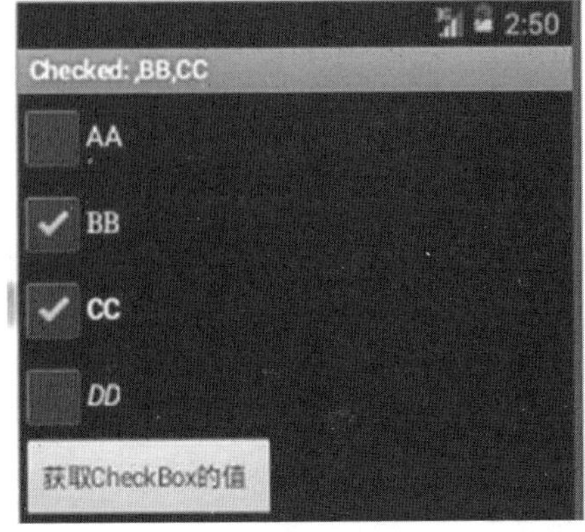

图 4.26　点击按钮运行效果

4.3.6 单项选择控件 RadioGroup

使用单项选择控件 RadioGroup 是和多选项控件 CheckBox 相类似的,但是它只能供用户选择一个选项。在 Android 中,使用 RadioGroup 控件也需要在 XML 文件中定义,具体使用流程如下。

第 1 步:设计 XML 文件 radio_group. xml,在里面插入 4 个选项供用户选择,具体代码如下所示。

```
<? xml version="1.0" encoding="utf-8" ? >
<LinearLayout xmlns:android="http://schemas.android.com/apk/res/android"
    android:layout_width="fill_parent"
    android:layout_height="fill_parent"
    android:orientation="vertical">
    <RadioGroup
        android:layout_width="fill_parent"
        android:layout_height="wrap_content"
        android:orientation="vertical"
        android:checkedButton="@ +id/lunch"
        android:id="@ +id/menu">
        <RadioButton
            android:text="AA"
            android:id="@ +id/breakfast"
            />
        <RadioButton
            android:text="BB"
            android:id="@ id/lunch"/>
        <RadioButton
            android:text="CC"
            android:id="@ +id/dinner"/>
        <RadioButton
            android:text="DD"
            android:id="@ +id/all"/>
    </RadioGroup>
    <Button
        android:layout_width="wrap_content"
        android:layout_height="wrap_content"
        android:text="清除"
        android:id="@ +id/clear"/>
</LinearLayout>
```

在上述代码中插入了 1 个 RadioGroup 空间,它提出了 4 个选项供用户选择,然后插入了一个 Button 控件,用于清除掉用户选择的选项。

第 2 步:编写事件处理文件 RadioGroupActivity. java 的代码,主要代码如下所示。

```
package com.example.basicapp6;
```

```
import android.app.Activity;
import android.os.Bundle;
import android.view.View;
import android.widget.Button;
import android.widget.RadioGroup;

public class RadioGroupActivity extends Activity implements View.OnClickListener {
    private RadioGroup mRadioGroup;
@Override
    protected void onCreate(Bundle savedInstanceState) {
        super.onCreate(savedInstanceState);
        setContentView(R.layout.radio_group);
        setTitle("RadioGroupActivity");
        mRadioGroup = (RadioGroup)findViewById(R.id.menu);
        Button clearButton = (Button)findViewById(R.id.clear);
        clearButton.setOnClickListener(this);
    }
```

当用户单击“清除”按钮后将使用 setTitle 修改 Title 为“RadioActvity”，然后会获取 RadioGroup 对象和按钮对象。

本节实例执行后，将会清除选择的选项，如图 4.27 和图 4.28 所示。

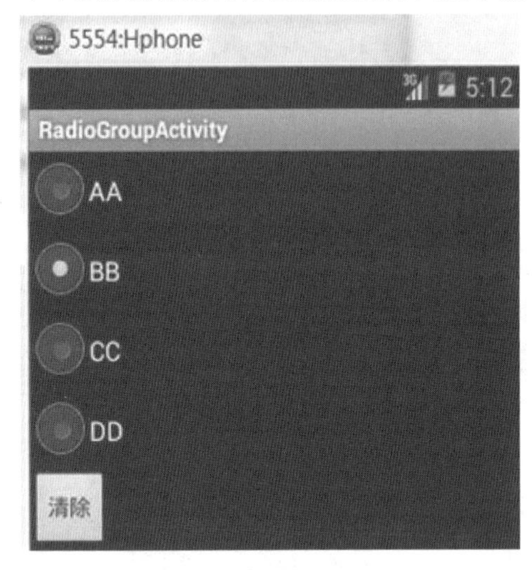

图 4.27　初始效果

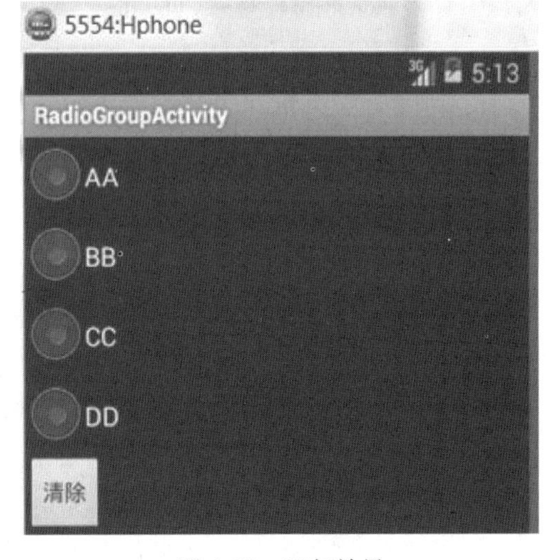

图 4.28　运行效果

4.3.7　下拉列表控件 Spinner

下拉列表控件 Spinner 能够提供下拉选择样式的输入框，用户不需要输入数据，只需要选择一个选项后即可在框中完成数据输入。使用下拉列表控件 Spinner 的具体实现流程如下。

第 1 步：先创建 SpinnerActivity 的 Activity，然后修改其 onCreate 方法，设置其对应模板为 spinner.xml。文件 SpinnerActivity.java 中对应的代码如下。

```
public void onCreate(Bundle savedInstanceState) {
```

```
super. onCreate( savedInstanceState) ;
setTitle( "SpinnerActivity" ) ;
  setContentView( R. layout. spinner) ;
find_and_modify_view( ) ;
}
```

第2步:编写文件 spinner. xml,主要代码如下所示。

```
<? xml version="1.0" encoding="utf-8"? >
<LinearLayout xmlns:android="http://schemas. android. com/apk/res/android"
    android:orientation="vertical"
    android:layout_width="fill_parent"
    android:layout_height="fill_parent"
    >

    <TextView
    android:layout_width="fill_parent"
    android:layout_height="wrap_content"
    android:text="Spinner_1"
    />

<Spinner   android:id="@+id/spinner_1"
        android:layout_width="fill_parent"
        android:layout_height="wrap_content"
        android:drawSelectorOnTop="false"
/>

<TextView
    android:layout_width="fill_parent"
    android:layout_height="wrap_content"
    android:text="Spinner_2 From arrays xml file"
    />
<Spinner   android:id="@+id/spinner_2"
        android:layout_width="fill_parent"
        android:layout_height="wrap_content"
        android:drawSelectorOnTop="false"
/>
    </LinearLayout>//在上述代码中,添加了两个TextView控件和两个Spinner控件。
```

第3步:在文件 AndroidMainifest. xml 中添加如下代码。

```
<activity android:name="SpinnerActivity"><>/activity>
```

在上述代码中,定义的 Spinner 组件的 ID 为 spinner_1,宽度占满了其父元素"LinearLayout"的宽,高度自适应。经过上述处理后,即可在界面中生成一个简单的单项选项界面,但是在列表中并没有选项值。如果要在下拉列表中实现可供用户选择的选项值,需要在里面填充一些数据。

第4步:载入列表数据,首先定义需要载入的数据,然后在 onCreate 方法中通过调用 find_and_modify_view()来完成数据载入。文件 SpinnerActivity. java 中实现上述功能的具体代码如下所示。

```
private static final String[] mCountries = { "China","Russia", "Germany",
        "Ukraine", "Belarus", "USA"};
private void find_and_modify_view(){
    spinner_c = (Spinner)findViewById(R.id.spinner_1);
    allcountries = new ArrayList<String>();
    for(int i = 0; i < mCountries.length; i++){
    allcountries.add(mCountries[i]);
    }
    aspnCountries = new ArrayAdapter<String>(this,
    android.R.layout.simple_spinner_item, allcountries);
    aspnCountries.setDropDownViewResource(android.R.layout.simple_spinner_dropdown_item);
    spinner_c.setAdapter(aspnCountries);
}
```

在上述代码中,将定义的 mCountries 数据载入了 Spinner 组件中。

第5步:在文件 spinner. xml 中预定义数据,即在 spinner. xml 模板中再添加一个 Spinner 组件,具体代码如下所示。

```
<TextView android:layout_height="wrap_content" android:layout_width="fill_parent" android:text="Spinner_2 From arrays xml file"/>
<Spinner android:layout_height="wrap_content" android:layout_width="fill_parent" android:drawSelectorOnTop="false"
```

第6步:在文件 SpinnerActivity. java 中初始化值,具体代码如下所示。

```
spinner_2 = (Spinner)findViewById(R.id.spinner_2);
ArrayAdapter<CharSequence> adapter = ArrayAdapter.createFromResource(
this, R.array.countries, android.R.layout.simple_spinner_item);
    adapter.setDropDownViewResource(android.R.layout.simple_spinner_dropdown_item);
spinner_2.setAdapter(adapter);
```

在上述代码中,将 R. array. countries 对应值载入了 spinner_2 中,而 R. array. ciunyries 的对应值是在文件 array. xml 中预先定义的,文件 array. xml 的具体代码如下所示。

```
<?xml version="1.0" encoding="utf-8"?>
<resources>
<!-- Used in Spinner/spinner_2.java -->
<string-array name="countries">
    <item>China2</item>
    <item>Russia2</item>
    <item>Germany2</item>
    <item>Ukraine2</item>
    <item>Belarus2</item>
    <item>USA2</item>
   </string-array>
```

```
</resources>
```

在上述代码中,预定义了一个名为“countries”的数组。

本节实例执行后,将首先显示 2 个下拉列表表单,如图 4.29 所示;用户单击一个下拉列表单后面的“三角号”时,会弹出一个由 Spinner 组件实现的下拉选项框,如图 4.30 所示;当选择一个选项后,选项值会自动出现在输入表单中,如图 4.31 所示。

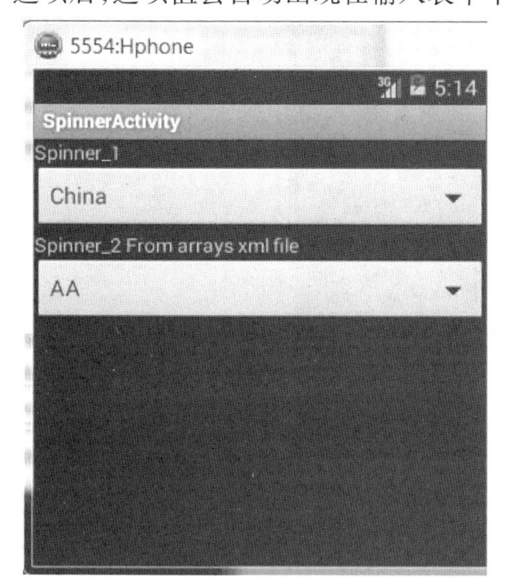

图 4.29　初始效果

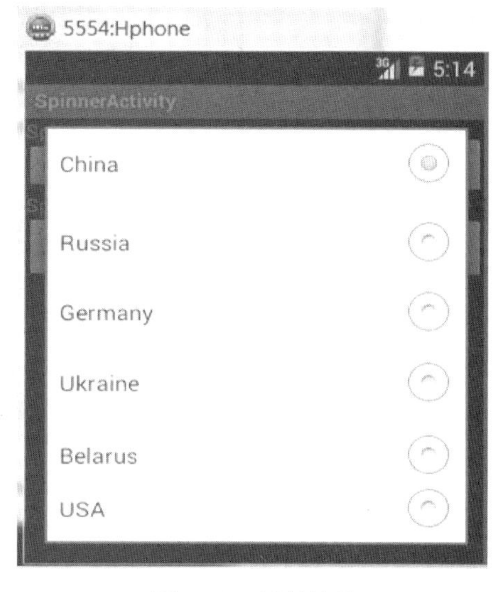

图 4.30　运行效果

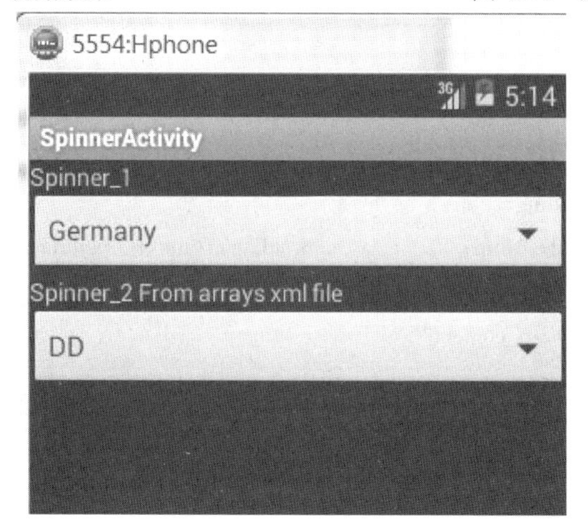

图 4.31　选择值自动出现在表单中

4.3.8　滚动视图控件 ScrollView

滚动视图控件 ScrollView 的功能是能够在手机屏幕中生成一个滚动样式的显示方式。这样即使内容超出了屏幕大小,也能通过滚动的方式供用户浏览。使用滚动视图控件 ScrollView 的方法比较简单,只需在 LinearLayout 外面增加一个 ScrollView 即可,代码如下。

```
<ScrollView xmlns:android="http://schemas.android.com/apk/res/res/android"
Android:layout_width="file_parent"
Android:layout_height="wrap_content">
```

在上述代码中，将滚动视图控件 ScrollView 放在了 LinearLayout 的外面，这样当 LinearLayout 中的内容超过屏幕大小时，会实现滚动浏览功能。程序运行后的效果如图 4.32 所示。

图 4.32 ScrollView 运行效果

4.3.9 图片视图控件 Image View

图片视图控件 Image View 的功能是在屏幕上显示一张图片。使用图片视图控件 Image View 的基本流程如下。

第 1 步：新建一个名为"myapp0"的工程，为创建 Activity 指定模板 image_view. xml，文件 mage_view. xml 的具体代码如下。

```
<? xml version="1.0" encoding="utf-8"? >
<LinearLayout xmlns:android="http://schemas. android. com/apk/res/android"
  android:orientation="vertical" android:layout_width="fill_parent"
  android:layout_height="wrap_content">
<TextView
        android:layout_width="wrap_content"
        android:layout_height="wrap_content"
        android:text="展示:"/>
<ImageView
  android:id="@+id/imagebutton"
  android:src="@drawable/eoe"
  android:layout_width="wrap_content"
  android:layout_height="wrap_content"/>
</LinearLayout>
```

在上述代码中，设置 Android：src 为一张图片，该图片位于本项目根目录下的"res\drawable"文件夹中，它支持 PNG、JPG、GIF 等常见的图片格式。

第 2 步：编写对应的 java 程序，对应代码如下所示。

```
public class ImageViewActivity extends Activity {
  /** Called when the activity is first created. */
  @Override
  public void onCreate(Bundle savedInstanceState) {
    super.onCreate(savedInstanceState);
    setTitle("Myapp0");
    setContentView(R.layout.image_view);
  }
}
```

第3步：在文件AndroidManifest.xml中增加对ImageViewActivity的声明，对应代码如下所示。

```
<activity android:name="ImageViewActivity">
```

至此，整个实例设计完毕，程序执行后的效果如图4.33所示。

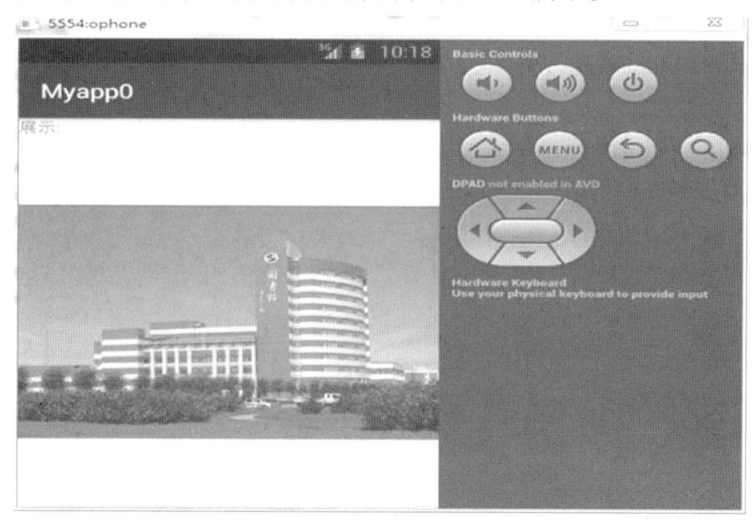

图4.33 Image View运行实例

4.3.10 图片按钮控件ImageButton

图片按钮控件ImageButton的功能是，在系统中将一张图片作为按钮来使用。通过使用ImageButton，可以使项目中的按钮更加美观大方。使用图片按钮控件的基本流程如下。

第1步：新建一个名为“myapp1”的工程，为创建Activity指定模板image_button.xml，文件image_button.xml的具体代码如下。

```
<?xml version="1.0" encoding="utf-8"?>
<LinearLayout xmlns:android="http://schemas.android.com/apk/res/android"
android:orientation="vertical" android:layout_width="fill_parent"
android:layout_height="wrap_content">
<TextView
    android:layout_width="wrap_content"
    android:layout_height="wrap_content"
```

```
        android:text="图片按钮:"/>
    <ImageButton
        android:id="@+id/<imagebutton"
        android:src="@drawable/play"
        android:layout_width="wrap_content"
        android:layout_height="wrap_content"/>
    </LinearLayout>
```

在上述代码中,设置了 Android:src 为一张图片,该图片位于本项目根目录下的"res\drawable"文件夹中,它支持 PNG、JPG、GIF 等常见的图片格式。

第 2 步:编写对应 java 程序,对应代码如下所示。

```
public class ImageButtonActivity extends Activity {
/ * * Called when the activity is first created.  * /
@Override
public void onCreate(Bundle savedInstanceState) {
    super.onCreate(savedInstanceState);
    setTitle("myapp1");
    setContentView(R.layout.image_button);
    find_and_modify_text_view();
}
```

第 3 步:在文件 AndroidManifest.xml 中增加对 ImageButtonActivity 的声明,对应代码如下所示。

```
<activity android:name="ImageButtonActivity">
```

至此,整个实例设计完毕。执行后将显示一个按钮,此按钮是使用指定的图片实现的。具体效果如图 4.34 所示。

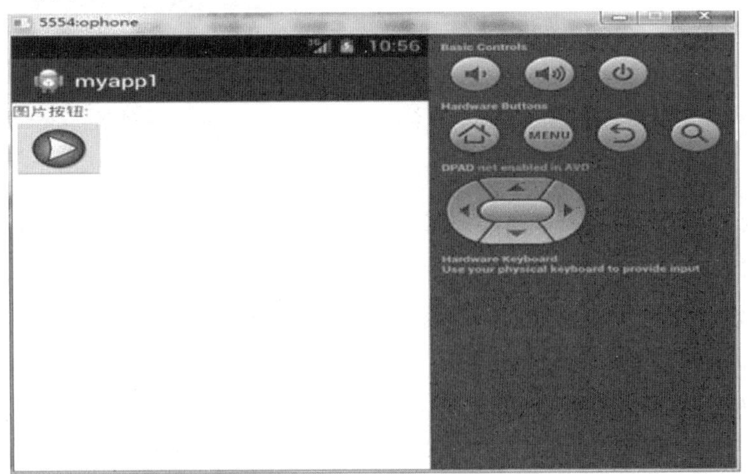

图 4.34 ImageButton 运行实例

4.3.11 进度条控件 ProgressBar

进度条控件 ProgressBar 的功能是,以图像化的方式显示某个过程的进度,这样做的好处是能够更加直观地显示进度。进度条在计算机领域中非常常见,例如软件安装过程一般使用进度条。使用进度条控件 ProgressBar 的基本流程如下。

第 1 步:新建一个名为“myapp2”的工程,为创建 Activity 指定模板 main. xml 中添加一个进度条,对应代码如下。

```
<ProgressBar
    android:id="@+id/loadProgressBar"
style="?android:attr/progressBarStyle"
//此处进度条风格是默认风格,另外还有三种风格
//大号圆形 style="?android:attr/progressBarStyleLarge"
//小号圆形 style="?android:attr/progressBarStyleSmall"
//长方形 style="?android:attr/progressBarStyleHorizontal"
    android:layout_width="fill_parent"
    android:layout_height="20px"
    android:layout_alignParentLeft="true"
    android:layout_alignParentTop="true"
    android:indeterminateDrawable="@drawable/progressbar"
    android:max="100"//设置总长度为 100
android:progress="0"/>
```

第 2 步:编写对应 java 程序,对应代码如下所示。

```
public class MainActivity2 extends Activity {
private int i=0;
private ProgressBar bar1;
private Button myButton;
private Handler h;
private Runnable r;
  protected void onCreate(Bundle savedInstanceState) {
    super.onCreate(savedInstanceState);
    setContentView(R.layout.activity_main_activity2);

    bar1=(ProgressBar)findViewById(R.id.loadProgressBar);
    myButton=(Button)findViewById(R.id.button1);
    myButton.setOnClickListener(new View.OnClickListener() {

      @Override
    public void onClick(View v) {
      //TODO Auto-generated method stub
      setProgressBarVisibility(true);
      bar1.incrementProgressBy(1);
      i+=1;
    }
  });
```

```
h = new Handler();
r =new Runnable(){
  @Override
  public void run(){
    //TODO Auto-generated method stub
    bar1.incrementProgressBy(1);
    i+=1;
    if(i==30)
    {
      h.removeCallbacks(this);}
    h.postDelayed(this,500);}
};
myButton.setOnLongClickListener(new View.OnLongClickListener(){

  @Override
  public boolean onLongClick(View v){
    //TODO Auto-generated method stub
    h.postDelayed(r, 500);
    return false;
  }
});
}
}
```

至此,整个实例设计完毕。执行后将显示一个按钮,此按钮是使用指定的图片实现的。具体效果如图 4.35 所示。

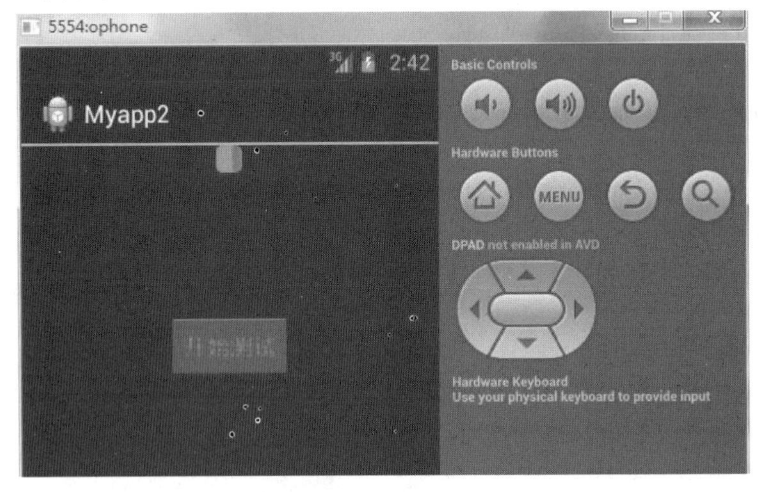

图 4.35　ProgressBar 运行实例

4.3.12　进度对话框控件 ProgressDialog

进度条作为后台程序处理过程中,反馈给使用者的一个很好的凭证,用来显示当前程序处理得怎么样,进度如何等情况。Android 中一共有两种样式进度条:长形进度条与圆形进度条。而且有的程序也可以在标题栏显示进度条。使用进度对话框控件 ProgressDialog 的基本流程如下。

第 1 步:新建一个名为“myapp3”的工程,为创建 Activity 指定模板 main. xml 中添加一个进度条,对应代码如下。

```
<Button
    android:id="@+id/button1"
    android:layout_width="wrap_content"
    android:layout_height="wrap_content"
    android:layout_alignParentLeft="true"
    android:layout_alignParentTop="true"
    android:text="Button"/>

<Button
    android:id="@+id/button2"
    android:layout_width="wrap_content"
    android:layout_height="wrap_content"
    android:layout_alignParentLeft="true"
    android:layout_below="@+id/button1"
    android:layout_marginTop="16dp"
    android:text="Button"/>
```

第 2 步:编写对应 java 程序,对应代码如下所示。

```
package com.example.myapp3;

import android.app.Activity;
import android.app.ProgressDialog;
import android.content.DialogInterface;
import android.os.Bundle;
import android.view.Menu;
import android.view.MenuItem;
import android.view.View;
import android.widget.Button;
public class MainActivity3 extends Activity
{
    private Button mButton01,mButton02;
    int m_count = 0;//声明进度条对话框
    ProgressDialog m_pDialog;
    @Override
    protected void onCreate(Bundle savedInstanceState){
```

```
super. onCreate( savedInstanceState) ;
setContentView( R. layout. activity_main_activity3) ;
//得到按钮对象
mButton01 =( Button) findViewById( R. id. button1) ;
mButton02 =( Button) findViewById( R. id. button2) ;
//设置 mButton01 的事件监听
mButton01. setOnClickListener( new Button. OnClickListener( ) {
    @ Override
public void onClick( View v)
{//TODO Auto-generated method stub
  m_pDialog = new ProgressDialog( MainActivity3. this) ;
//设置进度条风格,风格为圆形,旋转的
  m_pDialog. setProgressStyle( ProgressDialog.
  STYLE_SPINNER) ;
  m_pDialog. setTitle( "提示") ;
  m_pDialog. setMessage( "这是一个圆形进度条对话框") ;
  m_pDialog. setIcon( R. drawable. img1) ;
  m_pDialog. setIndeterminate( false) ;
  m_pDialog. setCancelable( true) ;
//设置 ProgressDialog 的一个 Button
  m_pDialog. setButton( "确定", new DialogInterface.
          OnClickListener( ) {
public void onClick( DialogInterface dialog, int i)
{ //点击“确定按钮”取消对话框
  dialog. cancel( ) ;
        }
    }) ;
  m_pDialog. show( ) ;
}
}) ;
//设置 mButton02 的事件监听
mButton02. setOnClickListener( new Button. OnClickListener( ) {
@ Override
public void onClick( View v)
{
m_count = 0;
m_pDialog= new ProgressDialog( MainActivity3. this) ;
//设置进度条风格,风格为长形
m_pDialog. setProgressStyle( ProgressDialog. STYLE_HORIZONTAL) ;
m_pDialog. setTitle( "提示") ;
m_pDialog. setMessage( "这是一个长形对话框进度条") ;
m_pDialog. setIcon( R. drawable. img2) ;
//设置 ProgressDialog 进度条进度
```

```
        m_pDialog.setProgress(100);
        //设置 ProgressDialog 的进度条是否不明确
        m_pDialog.setIndeterminate(false);
        //设置 ProgressDialog 是否可以按退回按键取消
        m_pDialog.setCancelable(true);    m_pDialog.show();
        new Thread()
        {
          public void run()
          {
            try
            {
              while(m_count <= 100)
                {//由线程来控制进度。
                m_pDialog.setProgress(m_count++);
                Thread.sleep(100);
                }
              m_pDialog.cancel();
            }
            catch(InterruptedException e)
            {m_pDialog.cancel();}
          }
        }.start();
      }
  });
}
```

执行后的效果图如图4.36所示：

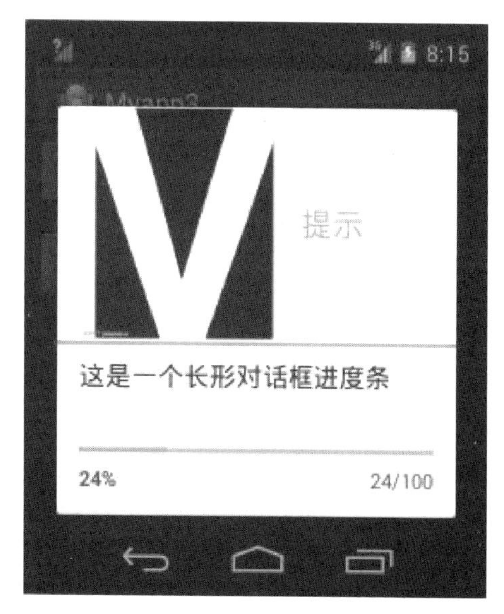

图4.36 ProgressDialog运行实例

4.3.13 拖动条控件 SeekBar

拖动条控件 SeekBar 的功能是,通过拖动某个进程来直观地显示进度。最常见的拖动条是播放器的播放进度,用户可以通过拖动来设置进度。使用拖动条控件 SeekBar 的基本流程如下。

第1步:新建一个名为"myapp4"的工程,为创建 Activity 指定模板 main. xml 中添加一个进度条,对应代码如下。

```
<SeekBar
        android:id="@+id/seekBar1"
        android:layout_width="match_parent"
        android:layout_height="wrap_content"
        android:layout_alignParentLeft="true"
        android:layout_alignParentTop="true"/>

<TextView
        android:id="@+id/text"
        android:layout_width="fill_parent"
        android:layout_height="wrap_content"
        android:layout_alignParentLeft="true"
        android:layout_below="@+id/seekBar1"
        android:layout_marginTop="44dp"/>
```

第2步:编写对应 java 程序,对应代码如下所示。

```
package com.example.myapp4;
import android.app.Activity;
import android.os.Bundle;
import android.text.method.ScrollingMovementMethod;
import android.view.Menu;
import android.view.MenuItem;
import android.widget.SeekBar;
import android.widget.TextView;
public class MainActivity4 extends Activity
{
    private SeekBar seekbar=null;
    private TextView text=null;
    protected void onCreate(Bundle savedInstanceState)
{
    super.onCreate(savedInstanceState);
    setContentView(R.layout.activity_main_activity4);
    this.seekbar=(SeekBar)super.findViewById(R.id.seekBar1);
    this.text=(TextView)super.findViewById(R.id.text);
    //设置文本可以滚动
this.text.setMovementMethod(ScrollingMovementMethod.getInstance());
```

```
this. seekbar. setOnSeekBarChangeListener( newOnSeekBarChangeListenerImp( ) );
    }
    private class OnSeekBarChangeListenerImp implements
SeekBar. OnSeekBarChangeListener
    {public void onProgressChanged( SeekBar seekBar, int progress,
      boolean fromUser) {
    MainActivity4. this. text. append(" 正在拖动,当前值:" +seekBar. getProgress( ) +" \n" );
}
      //表示进度条刚开始拖动,开始拖动时候触发的操作
      public void onStartTrackingTouch( SeekBar seekBar)
      {MainActivity4. this. text. append(" 开始拖动,当前值:" +seekBar. getProgress( ) +" \n" );
      }
    public void onStopTrackingTouch( SeekBar seekBar) {
      //TODO Auto-generated method stub
      MainActivity4. this. text. append(" 停止拖动,当前值:" +seekBar. getProgress( ) +" \n" );
      }
    }
}
```

执行后的效果图如图 4.37 所示。

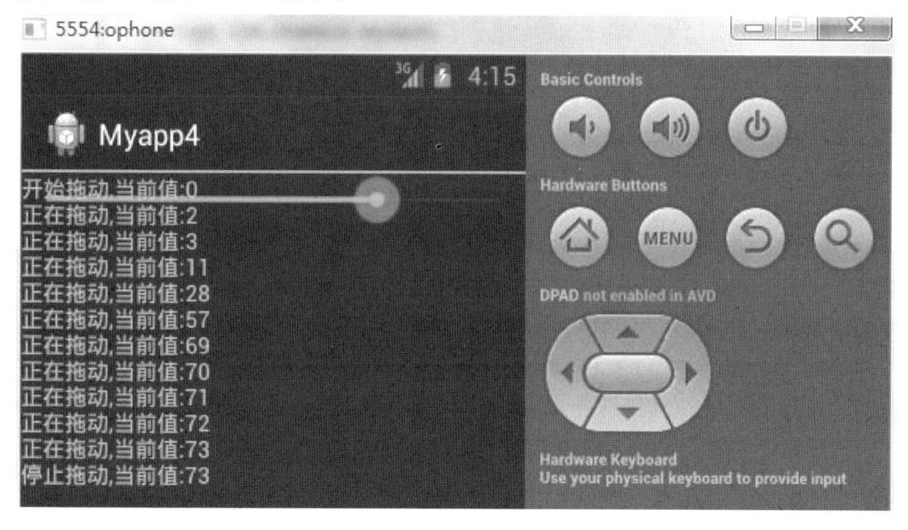

图 4.37　SeekBar 运行实例

SeekBar. getProgress( )获取拖动条当前值调用 setOnSeekBarChangeListener( )方法处理拖动条值变化事件,把 SeekBar. OnSeekBarChangeListener 实例作为参数传入。

4.3.14　切换图片 ImageSwitcher 与 Gallery 控件

切换图片的控件有两个,分别是 ImageSwitcher 与 Gallery,他们的功能是以滑动方式展现图片。在具体效果上将首先显示一张大图,然后在大图下面显示一组可以滑动的小图。上述显示方式在图片浏览中十分常见,如图 4.38 所示。

图 4.38 图片浏览效果

第 1 步:新建一个名为“myapp5”的工程,为创建 Activity 指定模板 main. xml 中添加一个切换图片控件,对应代码如下。

```
<TextView
        android:layout_width="fill_parent"
        android:layout_height="wrap_content"
        android:gravity="center"
        android:text="Welcome to Andy. Chen's Blog!"
        android:textSize="20sp"/>
        <ImageSwitcher android:id="@+id/switcher"
        android:layout_width="match_parent"
        android:layout_height="match_parent"
        android:layout_alignParentTop="true"
        android:layout_alignParentLeft="true"
    />
    <Gallery android:id="@+id/gallery1"
        android:background="#55000000"
        android:layout_width="match_parent"
        android:layout_height="60dp"
        android:layout_alignParentBottom="true"
        android:layout_alignParentLeft="true"
        android:gravity="center_vertical"
        android:spacing="16dp"
/>
```

第 2 步:在 res/values 目录下新增 attrs. xml 文件,具体代码如下。

```
<? xml version="1.0" encoding="utf-8" ? >
<resources>
        <declare-styleable name="Gallery">
    <attr name="android:galleryItemBackground"/>
  </declare-styleable>
</resources>
```

第 3 步:编写对应 java 程序,对应代码如下所示。

```
package com. example. myapp5;
import android. app. Activity;
import android. content. Context;
import android. os. Bundle;
import android. view. View;
import android. view. ViewGroup;
import android. view. Window;
import android. view. animation. AnimationUtils;
import android. widget. AdapterView;
import android. widget. BaseAdapter;
import android. widget. Gallery;
import android. widget. ImageSwitcher;
import android. widget. ImageView;
import android. widget. AdapterView. OnItemClickListener;
import android. widget. AdapterView. OnItemSelectedListener;
import android. widget. Gallery. LayoutParams;
import android. widget. ViewSwitcher. ViewFactory;
    public class MainActivity5 extends Activity implements OnItemSelectedListener,ViewFactory
{
    private ImageSwitcher is;
     private Gallery gallery;
     private Integer[ ] mThumbIds = { R. drawable. b, R. drawable. c,
        R. drawable. d, R. drawable. f, R. drawable. g,
        };
     private Integer[ ] mImageIds = { R. drawable. b, R. drawable. c,
        R. drawable. d, R. drawable. f, R. drawable. g};
     @ Override
     protected void onCreate( Bundle savedInstanceState) {
     //TODO Auto-generated method stub
     super. onCreate( savedInstanceState) ;
     requestWindowFeature( Window. FEATURE_NO_TITLE) ;
     setContentView( R. layout. activity_main_activity5) ;
     is =( ImageSwitcher) findViewById( R. id. switcher) ;
     is. setFactory( this) ;
     is. setInAnimation( AnimationUtils. loadAnimation( this,
       android. R. anim. fade_in) ) ;
     is. setOutAnimation( AnimationUtils. loadAnimation( this,
       android. R. anim. fade_out) ) ;
     gallery =( Gallery) findViewById( R. id. gallery1) ;
     gallery. setAdapter( new ImageAdapter( this) ) ;
     gallery. setOnItemSelectedListener( this) ;
    }
    @ Override
```

```
public View makeView() {
    ImageView i = new ImageView(this);
    i.setBackgroundColor(0xFF000000);
    i.setScaleType(ImageView.ScaleType.FIT_CENTER);
    i.setLayoutParams(new ImageSwitcher.LayoutParams(
        android.view.ViewGroup.LayoutParams.MATCH_PARENT, android.view.ViewGroup.LayoutParams.
MATCH_PARENT));
    return i;
}
public class ImageAdapter extends BaseAdapter {
    public ImageAdapter(Context c) {
    mContext = c;
}
    @Override
public int getCount() {
    return mThumbIds.length;
}
    @Override
public Object getItem(int position) {
    return position;
}
    @Override
public long getItemId(int position) {
    return position;
}
@Override
public View getView(int position, View convertView, ViewGroup parent) {
    ImageView i = new ImageView(mContext);
    i.setImageResource(mThumbIds[position]);
    i.setAdjustViewBounds(true);
    i.setLayoutParams(new Gallery.LayoutParams(
        android.view.ViewGroup.LayoutParams.WRAP_CONTENT, android.view.ViewGroup.LayoutParams.
WRAP_CONTENT));
    i.setBackgroundResource(R.drawable.e);
    return i;
}
private Context mContext;
}
@Override
public void onItemSelected(AdapterView<?> parent, View view, int position,
    long id) {
is.setImageResource(mImageIds[position]);
}
```

```
    @ Override
    public void onNothingSelected( AdapterView<? > parent) {
  //TODO Auto-generated method stub
    }
}
```

至此,整个实例设计完毕,执行后将会形成图片浏览样式,如图 4.39 所示。

图 4.39　运行实例

4.3.15　友好菜单控件 Menu

Menu 控件的功能是为用户提供一个友好的界面显示效果。在本节内容中将详细讲解创建 Menu 控件的具体过程。

第 1 步:打开 Eclipse,依次单击“File”→“New”→“AndroidProject”,新建一个名为“myapp6”的工程,如图 4.40 所示。

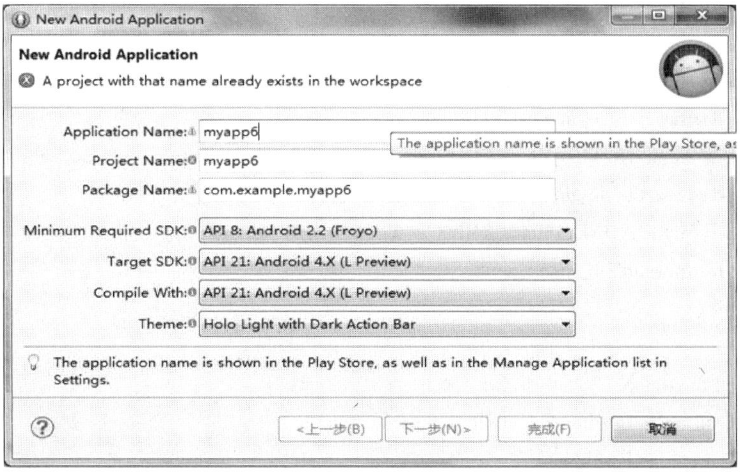

图 4.40　创建工程

第 2 步:在 src/MainActivity. java 中添加主代码如下。

```
package com. example. myapp6;
```

```
import android.app.Activity;
import android.os.Bundle;
import android.view.Menu;
import android.view.MenuItem;
import android.widget.Toast;
public class MainActivity6 extends Activity
{
    @Override
    protected void onCreate(Bundle savedInstanceState)
    {
      super.onCreate(savedInstanceState);
      setContentView(R.layout.activity_main_activity6);
    }
    @Override
    public boolean onCreateOptionsMenu(Menu menu){
        /* add()方法的4个参数,依次是:
         * 1、组别,如果不分组的话就写 Menu.NONE
         * 2、Id,这个很重要,Android 根据这个 Id 来确定不同的菜单
         * 3、顺序,哪个菜单现在在前面由这个参数的大小决定
         * 4、文本,菜单的显示文本 */
       menu.add(Menu.NONE, Menu.FIRST + 1, 5, "删除").setIcon(
      android.R.drawable.ic_menu_delete);
      //setIcon()方法为菜单设置图标,这里使用的是系统自带的图标
      //下面以 android.R 开头的资源是系统提供的,我们自己提供的资源是以 R 开头的
      menu.add(Menu.NONE, Menu.FIRST + 2, 2, "保存").setIcon(
      android.R.drawable.ic_menu_edit);
      menu.add(Menu.NONE, Menu.FIRST + 3, 6, "帮助").setIcon(
      android.R.drawable.ic_menu_help);
      menu.add(Menu.NONE, Menu.FIRST + 4, 1, "添加").setIcon(
      android.R.drawable.ic_menu_add);
      menu.add(Menu.NONE, Menu.FIRST + 5, 4, "详细").setIcon(
      android.R.drawable.ic_menu_info_details);
      menu.add(Menu.NONE, Menu.FIRST + 6, 3, "发送").setIcon(
      android.R.drawable.ic_menu_send);
      return true;
    }
    @Override
    public boolean onOptionsItemSelected(MenuItem item){
        switch(item.getItemId()){
        case Menu.FIRST + 1:
        Toast.makeText(this, "删除菜单被点击了", Toast.LENGTH_LONG).show();break;
        case Menu.FIRST + 2:
          Toast.makeText(this, "保存菜单被点击了", Toast.LENGTH_LONG).show();break;
```

```
        case Menu. FIRST + 3:
          Toast. makeText( this, "帮助菜单被点击了", Toast. LENGTH_LONG). show( );break;
        case Menu. FIRST + 4:
          Toast. makeText( this, "添加菜单被点击了", Toast. LENGTH_LONG). show( );break;
        case Menu. FIRST + 5:
          Toast. makeText( this, "详细菜单被点击了", Toast. LENGTH_LONG). show( );break;
        case Menu. FIRST + 6:
          Toast. makeText( this, "发送菜单被点击了", Toast. LENGTH_LONG). show( );break;}
        return false;
    }
    @ Override
    public void onOptionsMenuClosed( Menu menu) {
      Toast. makeText( this, "选项菜单关闭了", Toast. LENGTH_LONG). show( );}
    @ Override
    public boolean onPrepareOptionsMenu( Menu menu) {
        Toast. makeText( this,
        "选项菜单显示之前 onPrepareOptionsMenu 方法会被调用,可以用此方法根据当时的情况调整
菜单",
        Toast. LENGTH_LONG). show( );
          //如果返回 false,此方法就把用户点击 menu 的动作给消费了,onCreateOptionsMenu 方法将不
会被调用
        return true;
    }
}
```

执行后的效果图如图 4.41 所示。当单击“MENU”键后会触发程序,并有一个下拉菜单,点击任意键会有相应的效果如图 4.42 所示。

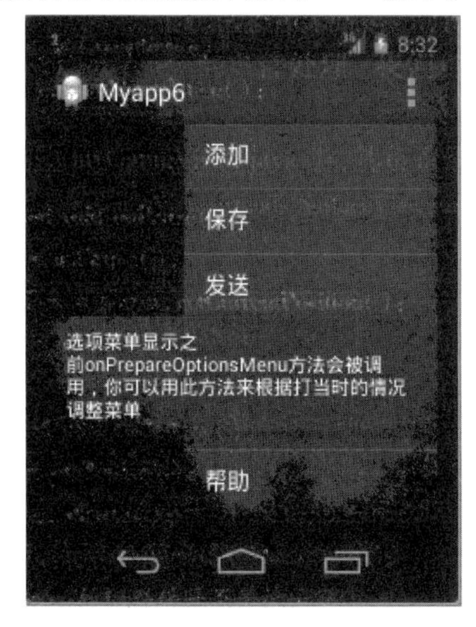

图 4.41 初始运行效果

图 4.42 选择后效果

4.4 文件存储编程

4.4.1 SharedPreferences 类介绍

在 Android 中使用 SharedPreferences 对象来保存数据是最简单的方法,但此方法只能保存少量数据。SharedPreferences 对象可以创建数据、读取数据、移除部分及全部数据,本节介绍 SharedPreferences 对象的使用方法。

1. SharedPreferences 保存数据

SharedPreferences 对象只能保存(key,value)形式的数据,key 是数据的名称,程序使用 key 来存取数据,而 value 是数据的实际内容。要使用 SharedPreferences 对象保存数据,首先要使用 getSharedPreferences 方法创建 SharedPreferences 对象,语法为:

SharedPreferences 变量=getSharedPreferences(文件名,权限);

文件名:是保存数据的文件名,SharedPreferences 对象以 XML 文件格式保存数据,创建数据文件时只要输入文件名,不需要指定扩展名。

权限:为设置文件的访问权限,常用的值如下。

MODE_PRIVATE:只有本应用程序具有访问权限。

MODE_WORLD_READABLE:所有应用程序都具有读取权限。

MODE_WORLD_WRITEABLE:所有应用程序都具有写入权限。

例如若要创建一个名称为"preference"的 SharedPreferences 对象,文件名称为"myFile",访问权限是只有本应用程序可以存取。

SharedPreferences preferences= getSharedPreferences("myFile",MODE_PRIVATE);

2. 写入 SharedPreferences 对象内容

如果要执行改变文件内容的工作,需使用 SharedPreferences 对象的 edit 方法获取 Editor 对象,才能变更文件内容。写入数据会改变文件内容,故需要获取 Editor 对象,语法为:

Editor 变量= SharedPreferences 对象名称. edit();

例如以 preference 获取名称为 editor 的 Editor 对象的语法为:

Editor editor=preference. edit();

接着就可以利用 Editor 对象的 putXXX 方法将数据写入文件中,语法为:Editor 对象名称. putXXX(key,value);putXXX 方法根据不同数据类型有以下 5 种,见表 4.4。

表 4.4 put 方法说明

方　法	说　明
putBoolean	写入布尔类型数据
putFloat	写入浮点类型数据
putInt	写入整数类型数据
putLong	写入长整数类型数据
putString	写入字符串类型数据

例如要写入的数据类型是字符串,内容为"Tom",名称为"name",代码为 editor. putString

("name","Tom");此时 putXXX 方法写入的数据并未实际写入文件中,等到调用 Editor 对象的 commit 方法时才真正写入文件。例如 editor 对象调用写入文件的语法:editor. commit();总结使用 SharedPreferences 对象写入数据的全部过程为:

```
SharedPreferences preferences=
getSharedPreferences("myFile",MODE_PRIVATE);
Editor editor=preferences. edit();
Editor. putString("name","Tom");
Editor. commit();
```

SharedPreferences 对象通常使用匿名对象方式编写程序:

```
SharedPreferences preferences=
getSharedPreferences("myFile",MODE_PRIVATE);
Preference. edit(). putString("name"," Tom"). commit();
```

3. SharedPreferences 读取及删除数据

由于读取数据并未改变文件内容,故不需调用 Editor 对象,创建 SharedPreferences 对象后,直接使用 getXXX 方法就可读取文件中数据。

(1)SharedPreferences 读取数据。

SharedPreferences 变量名称. getXXX(key,default);

与 putXXX 方法相同,读取不同数据类型时有不同的 getXXX 方法。Key 是保存数据时创建的数据名称,default 是当 key 不存在时所传回的默认值。

```
SharedPreferences preferences=
getSharedPreferences("myFile",MODE_PRIVATE);
String readName=preferences. getString("name","unknown");
```

(2)SharedPreferences 删除数据。

如果保存的数据不再使用,可以将其删除。因删除数据会改变文件内容,所以需使用 Editor 对象。删除数据的方式有两种,第一种是使用 remove 方法删除单条数据,语法为:

Editor 对象名称. remove(key);

删除数据的第二种方式是使用 clear 方法删除全部数据,语法为:

Editor 对象名称. clear();

下面我们以一个例子来说明如何使用 sharedPreferences 来存储及读取数据(图 4.43,图 4.44)。

```
public class MainActivity extends Activity implements OnClickListener{
private EditText ETname;
private EditText ETvalue;
private Button BTNsave;
private Button BTNread;
protected void onCreate(Bundle savedInstanceState){
    super. onCreate(savedInstanceState);
    setContentView(R. layout. activity_main);
    ETname =(EditText)findViewById(R. id. et_name);
    ETvalue =(EditText)findViewById(R. id. et_value);
    BTNsave =(Button)findViewById(R. id. btn_save);
```

```
BTNread =(Button)findViewById(R.id.btn_read);
BTNsave.setOnClickListener(this);
BTNread.setOnClickListener(this);
}
public void onClick(View v){
if(v==BTNsave)
{//保存数据
    String name = ETname.getText().toString();
    String value = ETvalue.getText().toString();
    //得到代表/data/data/packagename/shared_prefs/sf.xml 的对象
      SharedPreferences sharedPreferences = getSharedPreferences("myFile", Context.MODE_PRIVATE);
    Editor edit = sharedPreferences.edit();//得到一个编辑器
    edit.putString(name, value);//添加一个 key:value 数据
    edit.commit();//同步到文件中去
    Toast.makeText(this, "保存成功", 1).show();
    ETvalue.setText("");
    } else if(v==BTNread)
{//读取数据
      String name = ETname.getText().toString();
    SharedPreferences sharedPreferences = getSharedPreferences("myFile", Context.MODE_PRIVATE);
      String value = sharedPreferences.getString(name, "没有对应的数据");
      ETvalue.setText(value);
    }
  }
}
```

图4.43 存储数据

图4.44 读取数据

4.4.2 Android 文件操作

SharedPreferences 对象只能保存(key, value)形式的数据,数据类型受到很大限制。

Android系统也可以使用文件来保存数据，这样就可随心所欲地将各种数据保存在文件中。文件存取的核心是FileOutputStream及FileInputStream，文件保存就是以这两个类直接存取文件。但为了增加读写的性能，会再搭配BufferOutputStream与BufferInputStream两个类。

1. 写入文件数据

要将数据写入到文件中有以下几个步骤。

首先使用openFileOutput方法获取一个FileOutputStream对象。这个步骤的重点在决定写入的文件及访问权限，语法为：

FileOutputStream对象=openFileOutput(文件名，权限)；

文件名：是保存数据的文件名，可以指定扩展名，但不可指定保存路径，文件保存于系统内部指定位置中。

权限：为设置文件的访问权限，常用的值如下。

MODE_PRIVATE：只有本应用程序具有访问权限，若文件存在会加以覆盖。

MODE_WORLD_READABLE：所有应用程序都具有读取权限。

MODE_WORLD_WRITEABLE：所有应用程序都具有写入权限。

MODE_APPEND：只有本应用程序有访问权限，若文件存在会附加在最后。

例如要创建一个名称为"myfileops"的FileOutputStream对象，保存文件名为"myfiletest.txt"，访问权限是只有本应用程序可以存取，若文件存在会加以覆盖。

FileOutputStream myfileops=

openFileOutput("myfiletest.txt",MODE_PRIVATE)；

为了提高写入数据的效率，通常会使用BufferedOutputStream对象将数据写入文件。创建BufferedOutputStream对象的语法为：

BufferedOutputStream对象=

new BufferedOutputStream(FileOutputStream对象)；

利用BufferedOutputStream对象的write方法可将数据写入文件。由于写入文件的数据必须是byte类型，所以要写入的字符串需以getBytes方法将字符串转换为byte数组，才能写入文件中。语法为：

对象名.write(字符串.getBytes())；

当所有数据都写入文件后，就可以用BufferedOutputStream对象的close方法关闭文件。最后要注意一点：使用文件方式存取数据时，必须将存取文件的程序代码放在try…catch异常处理中，否则执行时会产生错误。

2. 读取文件数据

读取文件数据的方式与写入文件数据的方式相似，步骤如下：

首先是使用openFileIutput方法创建FileIutputStream对象，例如：创建名称为"myfips"的FileIutputStream对象，要读取的数据文件名称为"myfiletest.txt"。

FileIutputStream myfips=openFileIutput("myfiletest.txt")；

接着为了提高读取数据的效率，使用BufferedIutputStream对象进行文件数据读取。例如：将刚才创建的FileInputStream对象：myfips创建一个名称为"bufmyfips"的BufferedIutputStream对象。

BufferedIutputStream bufmyfips=new BufferedIutputStream(myfips)；

利用 BufferedIutputStream 对象 read 方法进行读取。方式为:声明 byte 类型的数据来存放读取的数据,read 读取后会传回一个整数值,整数值即为读取的 byte 数。若传回值为“-1”代表未读取到数据。例如:要用 BufferedIutputStream 对象在 bufmyfips 中读取 20 个 byte 数据。

Byte[ ] buffbyte=new byte[20];

int length=bufmyfips. read(buffbyte);

当所有数据读取完毕后,就可以用 BufferedIutputStream 对象的 close 方法关闭文件。文件存储方式是一种较常用的方法,在 Android 中读取/写入文件的方法,与 Java 中实现 I/O 的程序是完全一样的,提供了 openFileInput( )和 openFileOutput( )方法来读取设备上的文件。这种方式数据存储在 data/data/<包名>下的 files 文件夹下。当然文件也可以从程序的 raw 文件夹或 Asset 文件夹读取。

下面我们以一个例子来说明如何使用手机来进行文件存储及读取数据操作(图 4.45,图 4.46)。

```
public class MainActivity extends Activity {
private ImageView iv;
    @Override
  protected void onCreate(Bundle savedInstanceState) {
  super.onCreate(savedInstanceState);
  setContentView(R.layout.activity_main);

  iv =(ImageView)findViewById(R.id.imageView1);
 }
 public void save(View v)throws IOException {
  //得到/assets/cartoon.jpg 的文件流对象
  AssetManager assetManager = getAssets();
  InputStream is = assetManager.open("cartoon.jpg");
  //得到当前应用的 files 文件夹对象
  File filesDir = getFilesDir();
  OutputStream os = new FileOutputStream(new File(filesDir, "cartoon.jpg"));
  //保存数据
  byte[] buffer = new byte[1024];
  int len = -1;
  while((len=is.read(buffer))>0) {
    os.write(buffer, 0, len);
  }
  os.close();
  is.close();
  Toast.makeText(this, "保存成功!", 0).show();
 }

 public void read(View v)throws FileNotFoundException {
 //得到/files/cartoon.jpg 的文件流对象
 File filesDir = getFilesDir();
 //InputStream is = new FileInputStream(new File(filesDir, "cartoon.jpg"));
 //将这个图片文件流包装成一个图片对象 Bitmap
```

```
        Bitmap bitmap = BitmapFactory.decodeFile(filesDir.getAbsolutePath()+"/cartoon.jpg");
    //设置到 iv 视图中
    iv.setImageBitmap(bitmap);
    }
}
```

图 4.45　存储数据

图 4.46　读取数据

4.4.3　SDCard 文件存取

上节我们学习了 Android 文件数据的存储,但是这样的数据是存储在应用程序内的,也就是说这样存储的文件大小还是有一定限制的,有时候我们需要存储更大的文件,比如电影等,这就用到了我们的 SDCard 存储卡。Android 也为我们提供了 SDCard 的一些相关操作。Environment 这个类就可以实现这个功能。

1. Environment 类

Environment 类涉及的常用常量与方法见表 4.5 和表 4.6。

表 4.5　常用常量

String MEDIA_MOUNTED	当前 Android 的外部存储器可读可写
String MEDIA_MOUNTED_READ_ONLY	当前 Android 的外部存储器只读

表 4.6　常用方法

方法名称	描　述
Public static File getDataDirectory()	获得 Android 下的 data 文件夹的目录
Public static File getDownloadCacheDirectory()	获得 AndroidDownload/Cache 内容的目录
Public static File getExternalStorageDirectory()	获得 Android 外部存储器也就是 SDCard 的目录
Public static String getExternalStorageState()	获得 Android 外部存储器的当前状态
Public static File getRootDirectory()	获得 Android 下的 root 文件夹的目录

要想实现对 SDCard 的读取操作,只需要按以下几个步骤操作。

(1)需要首先判断是否存在可用的 SDCard,这可以使用一个访问设备环境变量的类 Environment 进行判断。Environment 类提供了一系列的静态方法,用于获取当前设备的状态。在这里,获取是否存在有效的 Sdcard,使用的是 Environment. getExternalStorageState( )方法,返回的是一个字符串数据,在这些返回的字符串数据中,除了 Environment. MEDIA_MOUNTED 外,其他均为有问题,所以只需要判断是否是 Environment. MEDIA_MOUNTED 状态即可。语法为:

Environment. getExternalStorageState( ). equals(getExternal. MEDIA_MOUNTED);

(2)既然转向了 SDCard,那么存储的文件路径就需要相对变更,这里可以使用 Envir. getExternalStorageDirectory( )方法获取当前 SDCard 的根目录,可以通过它访问到相应的文件。

(3)需要赋予应用程序访问 SDCard 的权限,Android 的权限控制尤为重要,在 Android 程序中,如果需要做一些越界的操作,均需要对其进行授权才可以访问。在 AndroidManifest. xml 中添加代码:

<uses-permission android:name="android. permission. WRITE_EXTERNAL_STORAGE"/>

而如果使用 SDCard 存储文件的话,存放的路径在 SDCard 的根目录下,如果使用模拟器运行程序的话,创建的文件在/mnt/sdcard/目录下。

下面通过一个完整的例子,说明 SDCard 的文件存储、读取操作(图 4.47,图 4.48)。

图 4.47 存储数据

图 4.48 读取数据

```
public class MainActivity extends Activity implements OnClickListener {
  private EditText ETfn;
  private EditText ETcnt;
  private Button BTNsv;
  private Button BTNrd;
  protected void onCreate(Bundle savedInstanceState){
    super. onCreate(savedInstanceState);
    setContentView(R. layout. activity_main);
    ETfn =(EditText)findViewById(R. id. et_filename);
```

```
        ETcnt = (EditText)findViewById(R.id.et_content);
        BTNsv = (Button)findViewById(R.id.btn_save_sd);
        BTNrd = (Button)findViewById(R.id.btn_read_sd);
        BTNsv.setOnClickListener(this);
        BTNrd.setOnClickListener(this);
    }
    public void onClick(View v){
        if(v==BTNsv){//保存数据到:/mnt/sdcard/xxx.txt
          //判断sd卡是否挂载在手机上
          if(Environment.MEDIA_MOUNTED.equals(Environment.getExternalStorageStat())){
          String filename = ETfn.getText().toString();
          String content = ETcnt.getText().toString();
          ///mnt/sdcard/所对应的File对象
          File sdFile = Environment.getExternalStorageDirectory();
          try {
          FileOutputStream fis = new FileOutputStream(new File(sdFile, filename));
          fis.write(content.getBytes("utf-8"));
          fis.close();
          ETcnt.setText("");
          Toast.makeText(this, "保存成功", 0).show();
          } catch(Exception e){
          e.printStackTrace();
          }
        } else {
          Toast.makeText(this, "没有找到sd卡", 1).show();
        }
    } else if(v==BTNrd){
           if(Environment.MEDIA_MOUNTED.equals(Environment.getExternalStorageState())){
          String filename = ETfn.getText().toString();
          File sdFile = Environment.getExternalStorageDirectory();
          try {
          FileInputStream fis = new FileInputStream(new File(sdFile, filename));
BufferedReader br = new BufferedReader(new InputStreamReader(fis));
          StringBuffer sb = new StringBuffer();
          String s = null;
          while((s=br.readLine())! =null){
          sb.append(s);
            }
            br.close();
            ETcnt.setText(sb);
          } catch(Exception e){
            e.printStackTrace();
          }
```

```
            } else {
              Toast.makeText(this, "没有找到 sd 卡", 1).show();
            }
          }
        }
      }
```

4.5 多媒体编程

4.5.1 Media Player 组件

在 Android 中可以使用 Media Player 组件来播放音频及视频，Media Player 组件有许多方法可控制多媒体，常用方法见表 4.7。

表 4.7 Media Player 组件常用方法

常用方法	说　明
Create	创建要播放的媒体
getCurrentPosition	获取目前播放位置
getDuration	获取目前播放文件的总时间
getVideoHeight	获取目前播放视频的高度
getVideoWidth	获取目前播放视频的宽度
isLooping	获取是否循环播放
isPlaying	获取是否有多媒体播放中
Pause	暂停播放
Prepare	多媒体准备播放
Release	结束 MediaPlayer 组件
Reset	重置 MediaPlayer 组件
Seekto	跳到指定的播放位置(单位为毫秒)
setAudioStreamType	设置流媒体的类型
setDataSource	设置多媒体数据源
setDisplay	设置用 SurfaceHolder 显示多媒体
setLooping	设置是否循环播放
setVolumn	设置音量
Start	开始播放
Stop	停止播放

4.5.2 音频播放

通过 Media Player 来播放音频内容的方法很多，可以将其包含为应用程序资源，或者从本地文件播放或者从Content Provider播放,或者从远程URL流式播放。要将音频内容作为资源包含到应用程序中,可以把它添加到资源层次结构的res/raw文件夹中,当作原始资源被打包到应用程序中。

初始化音频内容用于播放:

为了使用Media Player播放音频内容,需要创建一个新的Media Player对象并设置该音频的数据源。为此可以使用静态create方法,并传入Activity的上下文以及下列音频源中的一种:

一个资源标识符(通常用于存储在res/raw文件夹中的音频文件);

一个本地文件的URL(使用file://模式);

一个在线音频资源的URL(URL格式);

一个本地Content Provider(它应该返回一个音频文件)的行的URL。

例如:

```
//从一个包资源加载音频资源
MediaPlayer resourcePlayer=MediaPlayer.create(this,R.raw.my_audio);
//从一个本地文件加载音频资源
MediaPlayer filePlayer=
MediaPlayer.create(this,Uri.pares("flie:///sdcard/localfile.mp3"));
//从一个在线资源加载音频资源
MediaPlayer urlPlayer=
MediaPlayer.create(this,Url.parse("http://site.com/audio/audio.mp3"));
//从一个本地Content Provider加载音频资源
MediaPlayer contentPlayer=
MediaPlayer.create(this,Settings.System.DEFAULT_RINGTONE_URL);
```

注意,通过这些create方法返回的MediaPlayer对象已经调用了prepare,因此不再调用该方法,也可以使用现有MediaPlayer实例的setDataSource方法,该方法接收一个文件路径、Content ProviderURL、流式传输媒体URL路径或者文件描述符作为参数。当使用setDataSource方法时,在开始播放之前需要调用MediaPlayer的prepare方法。

```
MediaPlayer mediaPlayer=new MediaPlayer();
mediaPlayer.setDataSource("/sdcard/mymusci.mp3");
mediaPlayer.prepare();
```

下面介绍一个音频播放的例子(图4.49,图4.50):

```
public class MainActivity extends Activity {
private Button btplay,btpause,btstop;
private EditText et1;
private MediaPlayer mediaplay1;
    //声明一个变量判断是否为暂停,默认为false
private boolean isPaused = false;
    @Override
    protected void onCreate(Bundle savedInstanceState) {
      super.onCreate(savedInstanceState);
      setContentView(R.layout.activity_main);
```

```
  //通过 findViewById 找到资源
  btplay = (Button)findViewById(R.id.button1);
  btpause = (Button)findViewById(R.id.button2);
  btstop = (Button)findViewById(R.id.button3);
  et1 = (EditText)findViewById(R.id.editText1);
  //创建 MediaPlayer 对象,将 raw 文件夹下的 yesterday once more.mp3
  mediaplay1 = MediaPlayer.create(this,R.raw.yesterdayoncemore);
  btplay.setOnClickListener(new Button.OnClickListener(){
      @Override
  public void onClick(View v){
  try {
    if(mediaplay1 ! = null)
    {   mediaplay1.stop();}
    mediaplay1.prepare();
    mediaplay1.start();
    et1.setText("音乐播放中...");
    } catch(Exception e){
   et1.setText("播放发生异常...");
   e.printStackTrace();
   }
  }
});
   btpause.setOnClickListener(new Button.OnClickListener(){
   public void onClick(View v){
   try {
      if(mediaplay1 ! =null)
   { mediaplay1.stop();
      et1.setText("音乐停止播放...");
  }
  } catch(Exception e){
  et1.setText("音乐停止发生异常...");
   e.printStackTrace();
  }
   }
 });
  btstop.setOnClickListener(new Button.OnClickListener(){
   public void onClick(View v){
  try {
   if(mediaplay1 ! =null)
   {
   if(isPaused= =false)
   { mediaplay1.pause();
   isPaused=true;
```

```
        et1. setText( " 停止播放!" ) ;
      }
      else if( isPaused = = true)
      { mediaplay1. start( ) ;
      isPaused = false;
      et1. setText( " 开始播放!" ) ;
      }
      }
            } catch( Exception e) {
      et1. setText( " 发生异常... " ) ;
      e. printStackTrace( ) ;
      }
    }
} ) ;
/ * 当 MediaPlayer. OnCompletionLister 会运行的 Listener * /
mediaplay1. setOnCompletionListener(
new MediaPlayer. OnCompletionListener( )
{ / * 覆盖文件播出完毕事件 * /
      public void onCompletion( MediaPlayer arg0)
      {
try { / * 解除资源与 MediaPlayer 的赋值关系
            * 让资源可以为其他程序利用 * /
            mediaplay1. release( ) ;
           / * 改变 TextView 为播放结束 * /
           et1. setText( " 音乐播放结束!" ) ;
           }
         catch( Exception e)
         { et1. setText( e. toString( ) ) ;
e. printStackTrace( ) ;
         }
         }
      } ) ;
      / * 当 MediaPlayer. OnErrorListener 会运行的 Listener * /
      mediaplay1. setOnErrorListener( new MediaPlayer. OnErrorListener( )
      { / * 覆盖错误处理事件 * /
    public boolean onError( MediaPlayer arg0, int arg1, int arg2)
    {  try
    {/ * 发生错误时也解除资源与 MediaPlayer 的赋值 * /
        mediaplay1. release( ) ;
        et1. setText( " 播放发生异常!" ) ;
       } catch( Exception e)
        { et1. setText( e. toString( ) ) ;
         e. printStackTrace( ) ;
        }
        return false;
        }
```

```
        });
    }
}
```

图 4.49　音乐播放

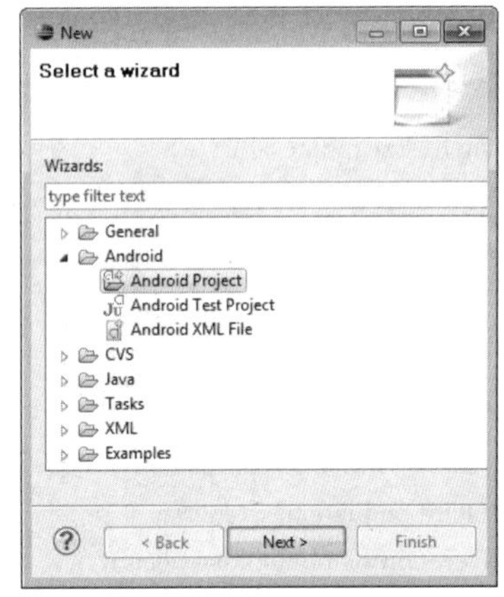

图 4.50　音乐停止

4.5.3　视频播放

1. VideoView 视频播放器

Android 系统内建了 VideoView 组件用来播放视频，使用此组件可容易地制作视频播放器。VideoView 组件的常用方法见表 4.8。

表 4.8　VideoView 组件常用方法

方　法	说　明
getBufferPercentage	获取缓冲百分比
getCurrentPosition	获取目前播放位置
isPlaying	获取是否有视频播放中
Pause	暂停播放
Seekto	跳到指定的播放位置（单位为毫秒）
setVideoPath	设置播放视频文件的路径
Start	开始播放

使用 VideoView 组件播放视频文件比较简单，首先用 setVideoPath 方法获取视频文件，语法为：

VideoView 组件名称. setVideoPath（视频文件路径）；

如果要加上播放控制轴及控制按钮，可以使用 setMediaController 方法，语法为：

vidVideo. setMediaController（new MediaController（VideoViewActivity. this））；

再使用 start 方法 vidVideo. start（）；即可播放。

VideoView 组件虽然有 isPlaying 方法，却无法用它来判断是否处于播放状态。因为

VideoView组件与MediaPlayer组件相同,必须在文件准备完成后(prepare)才开始播放。但是MediaPlayer组件有prepare方法,而且一定要先使用prepare方法准备完成才可以播放,所以MediaPlayer组件播放时isPlaying必定是true;而VideoView组件没有prepare方法,用start方法播放时isPlaying不一定是true,故无法用isPlaying来判断是否处于播放状态。

VideoView组件可用OnPreparedListener监听事件来判断是否正在播放视频,其语法为:

```
VideoView组件名称. setOnPreparedListener(变量);
Private MediaPlayer. OnPreparedListener 变量=
new MediaPlayer. OnPreparedListener() {
@ Override
Public void onPrepared(MediaPlayer mp) {
程序代码
}
};
```

2. SurfaceView组件

虽然使用VideoView组件可以很方便地播放影片,但其播放方式已经固定,开发者可更改的部分有限,使得使用VideoView组件制作的播放器看起来千篇一律,缺乏创意。其实MediaPlayer组件也可以播放视频,但其播放时需搭配SurfaceView组件。

SurfaceView继承View类,应用程序中绘图、视频播放及Camera照相等功能一般都使用SurfaceView组件来实现,因为SurfaceView组件可以控制显示界面的格式,比如显示的大小、位置等。而且Android还提供了GUP加速功能,能加快显示速度。

对于SurfaceView组件的存取,Android提供了SurfaceView类来操作,使用SurfaceView组件的getHolder方法即可获取SurfaceView对象。本节以创建一个显示视频的SurfaceView组件为例。首先在布局配置文件中加入名称为sufVideo的SurfaceView组件,接着创建SurfaceHolder对象来操作SurfaceView组件,语法为:

```
SurfaceHolder 变量名=SurfaceView组件名称. getHolder();
```

只要使用setType方法设置适当的来源格式就可让应用程序显示图形或视频了。SetType方法的语法为:

```
SurfaceHolder组件名称. setType(来源参数);
```

如果是要显示SD卡中的视频文件或照片等外部信息,“来源参数”需设为“SurfaceHolder. SURFACE_TYPE_PUSH_BUFFERS”,表示显示来源不是系统资源,而是由外部提供。例如要设置sufHolder的来源模式,语法如下:

```
SufHolder. setType(SurfaceHolder. SURFACE_TYPE_PUSH_BUFFERS);
```

3. MediaPlayer与SurfaceView结合

MediaPlayer组件结合SurfaceView即可根据个人需求制作视频播放器:由MediaPlayer组件播放视频,SurfaceView组件显示视频。使用MediaPlayer组件播放视频,步骤如下:

(1)使用setAudioStreamType方法设置数据流的格式为AudioManager. STREAM_MUSIC,语法为(MediaPlayer组件名称为mediaplayer):

```
mediaplayer. setAudioStreamType(AudioManager. STREAM_MUSIC);
```

(2)使用setDisplay方法设置显示的SurfaceView组件,SurfaceView组件需使用

SurfaceHolder 对象操作，所以 setDisplay 方法的语法为：

mediaplayer 组件名称. setDisplay(SurfaceHolder 对象名称)；

下面介绍一个视频播放的简单例子(图 4.51)。

图 4.51　视频播放

```
public class MainActivity extends Activity {
  MediaPlayer player = new MediaPlayer();
  private SurfaceView sv;
  private int currPos = 0;
  private LinearLayout layoutbar;
  public void onCreate(Bundle savedInstanceState) {
    super.onCreate(savedInstanceState);
    setContentView(R.layout.activity_main);
    layoutbar = (LinearLayout)findViewById(R.id.linelayout1);
    sv = (SurfaceView)findViewById(R.id.surfaceView1);
    //设置 Surface 对象
    sv.getHolder().addCallback(new Callback() {
    public void surfaceDestroyed(SurfaceHolder holder) {
    }
    public void surfaceCreated(SurfaceHolder holder) {
    if(currPos > 0)
{     play();
        player.seekTo(currPos);
    }
   }
    public void surfaceChanged(SurfaceHolder holder, int format,
    int width, int height) {
    }
  });
```

```
}
public void click(View v){
    int id = v.getId();
    //播放
    if(id == R.id.button1){
        play();
    }

    else if(id == R.id.button2){
        player.stop();
        currPos = 0;
    }
}
private void play(){
 try {
        player.reset();
        player.setAudioStreamType(AudioManager.STREAM_MUSIC);
        //设置显示画面
        player.setDisplay(sv.getHolder());
        //播放外部视频
        //player.setDataSource("/mnt/sdcard/videoviewdemo.mp4");
        AssetManager assetMg= this.getApplicationContext().getAssets();
AssetFileDescriptor fileDescriptor = assetMg.openFd("videoviewdemo.mp4");
        player.setDataSource(fileDescriptor.getFileDescriptor(),
        fileDescriptor.getStartOffset(), fileDescriptor.getLength());
        player.prepare();
        player.start();
            layoutbar.setVisibility(View.GONE);
    } catch(Exception e){
            e.printStackTrace();
    }
}
protected void onPause(){
    super.onPause();
    currPos = player.getCurrentPosition();
    player.stop();
}
protected void onDestroy(){
    super.onDestroy();
    player.release();
}
//boolean:控制事件是否继续传播
public boolean onTouchEvent(MotionEvent event){
```

```
        int action = event.getAction();
        int v = layoutbar.getVisibility();
        if(action == MotionEvent.ACTION_DOWN) {
            if(v == View.VISIBLE) {
                layoutbar.setVisibility(View.GONE);
            } else {
                layoutbar.setVisibility(View.VISIBLE);
            }
        }
        return true;
    }
}
```

4.6 SQLite数据库编程

4.6.1 SQLite简介

Android系统使用SQLite数据库系统，它提供SQLiteDatabase类处理数据库的创建、修改、删除、查询等操作。SQLite是一个嵌入式的数据库，支持SQL语法，适合于数据项相对固定而且数据量不大的系统应用。

传统的关系型数据库使用的是静态数据类型，即字段存储的数据类型是在声明时即可确定的，而SQLite采用的是动态数据类型。当某个值插入数据库时，SQLite将检查它的类型。如果该类型与关联的列类型不匹配，则SQLite会尝试将该值转换成列类型。如果不能转换，则该值将作为其本身具有的类型存储。SQLite支持NULL、INTEGER、REAL、TEXT和BLOB数据类型，下面介绍SQLite数据库的基本操作。

4.6.2 创建/打开/删除数据库

1. 创建、打开SQLite数据库

使用数据库必须以Activity类的openOrCreateDatabase方法创建数据库，语法如下：

SQLiteDatabase对象=openOrCreateDatabase(文件名，权限，null)；

openOrCreateDatabase方法会检查数据库是否存在，如果存在则打开数据库，如果不存在则创建一个新的数据库，创建成功会传回一个SQLiteDatabase对象，否则会抛出FileNotFoundException的错误，openOrCreateDatabase方法的参数含义如下：

(1)“文件名”表示创建的数据库名称，扩展名为.db，也可以指定扩展名。

(2)“权限”为配置文件的访问权限，常用的值如下。

MODE_PRIVATE：只有本应用程序具有访问权限。

MODE_WORD_READABLE：所有应用程序都具有写入权限。

(3)创建成功会传回一个SQLiteDatabase对象。

例如：创建“db1.db”数据库，模式MODE_PRIVATE，并传回SQLiteDatabase类对象db，语法为：

SQLiteDatabase db=openOrCreateDatabase("db1.db",MODE_PRIVATE,null);

2. 删除 SQLite 数据库

使用 Activity 类的 deleteDatabase()可以删除数据库。例如:删除"db1.db"数据库,语法为:

deleteDatabase(db1.db);

4.6.3 数据表操作

1. SQLiteDatabase 类

SQLiteDatabase 类是一个处理数据库的类,除了可以创建数据表,还可以执行新增、修改、删除、查询等操作。SQLiteDatabase 类提供的方法见表 4.9。

表 4.9 SQLiteDatabase 类方法

方　法	用　途
exeSQL()	执行 SQL 命令,可以完成数据表的创建、新增、修改、删除动作
rawQuery()	使用 Cursor 类型传回查询的数据,最常用于查询所有的数据
insert()	数据新增,使用时会以 contentvalues 类将数据以打包的方式,再通过 insert()新增至数据表中
delete()	删除指定的数据
update()	修改数据,使用时会以 contentvalues 类数据以打包的方式,再通过 update()新增至数据表中
query()	使用 Cursor 类型传回指定字段的数据
close()	关闭数据库

SQLiteDatabase 类提供 exeSQL()方法来执行非 SELECT 及不需要回传值的 SQL 命令,例如数据表的创建、新增、修改、删除动作,提供 query()方法执行 SELECT 查询命令。

2. 新增数据表

在名为 db 的数据库中创建名为 table01 的数据表,内含"_id,num,data"3 个字段,其中_id 为"自动编号"的主索引字段,num,data 分别为整数和文本字段。

```
String str="CREATE TABLE table01(
_id INTEGER PRIMARY KEY AUTOINCREMENT, num INTERGER, data TEXT)";
db.exeSQL(str);
```

3. 新增、修改及删除数据表及数据

在 table01 数据表中,新增一条记录,因为"_id"为自动编号字段,只需输入 num、data 两个字段即可:

```
String str="INSERT INTO table01(num,data)values(1,'数据项 1')";
db.exeSQL(str);
```

更新 table01 数据表中编号"_id=1"的数据。

```
String str="UPDATE table01 SET num=12,data='数据更新'  WHERE_id=1";
db.exeSQL(str);
```

删除 table01 数据表中编号"_id=1"的数据:

String str = "DELETE FROM table01 WHERE _id = 1";

db. exeSQL(str);

删除 table01 数据表:

String str = "DROP TABLE table01";

db. exeSQL(str);

4. rawQuery()数据查询

使用 rawQuery()可以执行指定的 SQL 指令,与 exeSQL()不同的地方是,它会以 Cursor 类型传回执行结果或查询结果。

查询 table01 数据表的所有数据,并以 Cursor 类型传回查询数据:

Cursor cursor = db. rawQuery("SELECT * FROM table01",null);

查询 table01 数据表中编号"_id = 1"的数据,并以 Cursor 类型传回查询数据:

Cursor cursor = db. rawQuery("SELECT * FROM table01WHERE _id = 1",null);

SQLiteDatabase 查询后回传的数据是以 Cursor 的类型来呈现,它只传回程序中目前需要用的数据,以节省内存资源。Cursor 常用方法见表 4.10。

表 4.10 Cursor 常用方法表

方 法	用 途
exeSQL()	执行 SQL 命令,可以完成数据表的创建、新增、修改、删除动作
rawQuery()	使用 Cursor 类型传回查询的数据,最常用于查询所有的数据
insert()	数据新增,使用时会以 contentvalues 类将数据以打包的方式,再通过 insert()新增至数据表中
delete()	删除指定的数据
update()	修改数据,使用时会以 contentvalues 类数据以打包的方式,再通过 update()新增至数据表中
query()	使用 Cursor 类型传回指定字段的数据。
close()	关闭数据库

5. Query()数据查询

rawQuery()在参数中直接以字符串的方式设置 SQL 指令,而 Query()是将 SQL 语法的结构拆解为参数,包含了要查询的数据表名称、要选取的字段、where 筛选条件、筛选条件参数名、筛选条件参数值、groupby 条件、having 条件。其中除了数据表名称外,其他参数可以使用 null 来取代。完成查询后,最后以 Cursor 类型传回数据。

Query()语法如下:

Cursor cursor = query(string table, string[] columns, string selection, string[] selectionarg, string groupby, string having, string orderby, string limit);

Cursor:传回指定字段的数据。

Table:代表数据表名称。

Columns:代表指定数据的字段,设为 null 代表获取全部的字段。

Selection:代表指定的查询条件式,不必加 where 子句,设为 null 代表获取所有的数据。

Selectionarg:定义 SQLwhere 子句中的"?"查询参数。

Groupby:设置排序,不必加 groupby 子句,设为 null 代表不指定。

Having:指定分组,不必加 Having 子句,设为 null 代表不指定。

Orderby:设置排序,不必加 Orderby 子句,设为 null 代表不指定。

Limit:获取的数据记录数,不必加 Limit 子句,设为 null 代表不指定。

例如查询 table01 数据表中所有的数据,并以 Cursor 类型传回 num,data 两个字段的数据:

Db. query("table01",new string[]{"num","data"},null,null,null,null,null,null);

查询 table01 数据表中编号"_id=1"的数据,并以 Cursor 类型传回 num,data 两个字段的数据:

Db. query("table01",new string[]{"num","data"},"_id=1",null,null,null,null,null);

6. Insert()数据新增

SQLiteDatabase 类提供的 insert()方法可进行数据新增动作。使用时首先用 contentvalues 类以打包的方式和 put()方法加入数据,再通过 insert()将数据新增至数据表中。

例如将数据内容"西瓜,120"的数据加入 table01 数据表的"name,price"字段中。

Contentvalues cv=new contentvalues();

Cv. put("name","西瓜");

Cv. put("price","120");

Db. insert("table01",null,cv);

7. Delete()数据删除

删除 table01 数据表中编号"_id=1"的数据。

int id=1;

Db. delete("table01","_id="+id,null);

8. Update()修改数据

使用时会用 contentvalues 类以打包的方式和 put()方法加入数据,再通过 update()更新数据表。

更新 table01 数据表中编号"_id=1"的数据为 name="南瓜"、price=135。

Contentvalues cv=new contentvalues();

Cv. put("name","南瓜");

Cv. put("price",135);

Db. update("table01",cv,"_id=1",null);

9. 使用 listview 显示 SQLite 数据

使用 rawquery()或 query()查询的数据是以 Cursor 类型来呈现的,它只传回程序中目前需要的数据,以节省内存资源。要将数据表显示在 listview 上必须使用 Simplecursoradapter 作为数据的适配器。Simplecursoradapter 类是显示界面组件和 Cursor 数据的桥梁,它的功能是将 Cursor 类的数据适配到显示的界面组件,如 listview、spinner 等组件。

Simplecursoradapter 类的构造函数如下:

Simplecursoradapter(Context context,int layout,Cursor cursor,String[] from,int[] to)

Context:表示目前的主程序。

Layout:表示显示的布局配置文件。

Cursor:表示要显示的数据。

From:表示要显示的字段。

To:表示布局配置中对应显示的组件。

例如将 table01 数据表中所有的数据显示在 listview 上,布局配置使用内建的 Android. R. layOut. simple_list 模板,数据字段为 num、data,布局配置中对应显示的组件为 Android. R. id. text1、Android. R. id. text2,语法为:

```
Cursor cursor=db. rawQuery("SELECT * FROMtable01"null);
SimpleCursorAdapter adapter =new SimpleCursorAdapter(this,android. R. layout. simple_list,
new string[]{"num","data"},new int[]{android. R. id. text1,android. R. id. text2});
Listview01. setAdapter(adapter);
```

10. 扩展类 SQLiteOpenHelper

Android 提供了数据库操作扩展类 SQLiteOpenHelper,只要继承 SQLiteOpenHelper 类,就可以轻松创建数据库。SQLiteOpenHelper 类根据开发应用程序的需要,封装了创建和更新数据库使用的逻辑。SQLiteOpenHelper 的子类,至少需要实现 3 个方法:

(1)构造函数:调用父类 SQLiteOpenHelper 的构造函数。

(2)onCreate()方法://TODO 创建数据库后,对数据库的操作。

(3)onUpgrade()方法://TODO 更改数据库版本的操作。

当完成了对数据库的操作(例如 Activity 已经关闭),需要调用 SQLiteDatabase 的 Close()方法来释放掉数据库连接,操作数据库的最佳方法是创建一个辅助类,例如定义操作 mydb 数据库辅助类:class mydbDatabaseHelper extends SQLiteOpenHelper。

下面通过一个例子说明数据库辅助类的应用与数据基本操作的方法。

例子中首先在包 package com. example. dbdemo 中创建一个新的数据库辅助类 BooksDB. java。这个类要继承于 android. database. sqlite. SQLiteOpenHelper 抽象类,我们要实现其中两个方法:onCreate(),onUpdate。具体代码如下:

```
public class BooksDB extends SQLiteOpenHelper {
private final static String DATABASE_NAME = "BOOKS. db";
private final static int DATABASE_VERSION = 1;
private final static String TABLE_NAME = "books_table";
public final static String BOOK_ID = "book_id";
public final static String BOOK_NAME = "book_name";
public final static String BOOK_AUTHOR = "book_author";
public BooksDB(Context context){
//TODO Auto-generated constructor stub
super(context, DATABASE_NAME, null, DATABASE_VERSION);
}
//创建 table
public void onCreate(SQLiteDatabase db){
String sql = "CREATE TABLE "+ TABLE_NAME + "("+ BOOK_ID
+ "INTEGER primary key autoincrement, "+ BOOK_NAME + "text, "+ BOOK_AUTHOR +"text);";
db. execSQL(sql);
}
```

```
@ Override
public void onUpgrade( SQLiteDatabase db, int oldVersion, int newVersion) {
String sql = "DROP TABLE IF EXISTS "+ TABLE_NAME;
db. execSQL( sql) ;
onCreate( db) ;
}
public Cursor select( ) {
SQLiteDatabase db = this. getReadableDatabase( ) ;
Cursor cursor = db.
query( TABLE_NAME, null, null, null, null, null, null) ;
return cursor;
}
//增加操作
public long insert( String bookname,String author)
{
SQLiteDatabase db = this. getWritableDatabase( ) ;
/ * ContentValues * /
ContentValues cv = new ContentValues( ) ;
cv. put( BOOK_NAME, bookname) ;
cv. put( BOOK_AUTHOR, author) ;
long row = db. insert( TABLE_NAME, null, cv) ;
return row;
}
//删除操作
public void delete( int id)
{
SQLiteDatabase db = this. getWritableDatabase( ) ;
String where = BOOK_ID + " = ?" ;
String[ ] whereValue ={ Integer. toString( id) } ;
db. delete( TABLE_NAME, where, whereValue) ;
}
//修改操作
public void update( int id, String bookname,String author)
{
SQLiteDatabase db = this. getWritableDatabase( ) ;
String where = BOOK_ID + " = ?" ;
String[ ] whereValue = { Integer. toString( id) } ;

ContentValues cv = new ContentValues( ) ;
cv. put( BOOK_NAME, bookname) ;
cv. put( BOOK_AUTHOR, author) ;
db. update( TABLE_NAME, cv, where, whereValue) ;
}
```

```
}
```

修改 main. xml 布局，由两个 EditText 和一个 ListView 组成，代码如下：

```
<? xml version="1.0" encoding="utf-8"? >
<LinearLayout xmlns:android="http://schemas.android.com/apk/res/android"
android:orientation="vertical"
android:layout_width="fill_parent"
android:layout_height="fill_parent"
>
<EditText
android:id="@+id/bookname"
android:layout_width="fill_parent"
android:layout_height="wrap_content"
>
</EditText>
<EditText
android:id="@+id/author"
android:layout_width="fill_parent"
android:layout_height="wrap_content"
>
</EditText>
<ListView
android:id="@+id/bookslist"
android:layout_width="fill_parent"
android:layout_height="wrap_content"
>
</ListView>
</LinearLayout>
```

修改 MainActivity. java 代码如下：

```
public class MainActivity extends Activity implements AdapterView.OnItemClickListener {
private BooksDB mBooksDB;
private Cursor mCursor;
private EditText BookName;
private EditText BookAuthor;
private ListView BooksList;
private int BOOK_ID = 0;
protected final static int MENU_ADD = Menu.FIRST;
protected final static int MENU_DELETE = Menu.FIRST + 1;
protected final static int MENU_UPDATE = Menu.FIRST + 2;
public void onCreate(Bundle savedInstanceState) {
super.onCreate(savedInstanceState);
setContentView(R.layout.activity_main);
```

```
setUpViews();
}
public void setUpViews(){
mBooksDB = new BooksDB(this);
mCursor = mBooksDB.select();
BookName =(EditText)findViewById(R.id.bookname);
BookAuthor =(EditText)findViewById(R.id.author);
BooksList =(ListView)findViewById(R.id.bookslist);
BooksList.setAdapter(new BooksListAdapter(this, mCursor));
BooksList.setOnItemClickListener(this);
}
public boolean onCreateOptionsMenu(Menu menu){
super.onCreateOptionsMenu(menu);
menu.add(Menu.NONE, MENU_ADD, 0, "ADD");
menu.add(Menu.NONE, MENU_DELETE, 0, "DELETE");
menu.add(Menu.NONE, MENU_DELETE, 0, "UPDATE");
return true;
}
public boolean onOptionsItemSelected(MenuItem item)
{
super.onOptionsItemSelected(item);
switch(item.getItemId())
{
case MENU_ADD:
add();
break;
case MENU_DELETE:
delete();
break;
case MENU_UPDATE:
update();
break;
}
return true;
}
public void add(){
String bookname = BookName.getText().toString();
String author = BookAuthor.getText().toString();
//书名和作者都不能为空,或者退出
if(bookname.equals("")|| author.equals("")){
return;
```

```
}
mBooksDB.insert(bookname, author);
mCursor.requery();
BooksList.invalidateViews();
BookName.setText("");
BookAuthor.setText("");
Toast.makeText(this, "Add Successed!", Toast.LENGTH_SHORT).show();
}
public void delete(){
if(BOOK_ID == 0){
return;
}
mBooksDB.delete(BOOK_ID);
mCursor.requery();
BooksList.invalidateViews();
BookName.setText("");
BookAuthor.setText("");
Toast.makeText(this, "Delete Successed!", Toast.LENGTH_SHORT).show();
}
public void update(){
String bookname = BookName.getText().toString();
String author = BookAuthor.getText().toString();
//书名和作者都不能为空,或者退出
if(bookname.equals("") || author.equals("")){
return;
}
mBooksDB.update(BOOK_ID, bookname, author);
mCursor.requery();
BooksList.invalidateViews();
BookName.setText("");
BookAuthor.setText("");
Toast.makeText(this, "Update Successed!", Toast.LENGTH_SHORT).show();
}
public void onItemClick(AdapterView<?> parent, View view, int position, long id){
mCursor.moveToPosition(position);
BOOK_ID = mCursor.getInt(0);
BookName.setText(mCursor.getString(1));
BookAuthor.setText(mCursor.getString(2));
}
public class BooksListAdapter extends BaseAdapter{
private Context mContext;
```

```
private Cursor mCursor;
public BooksListAdapter(Context context,Cursor cursor){
mContext = context;
mCursor = cursor;
}
public int getCount(){
return mCursor.getCount();
}
public Object getItem(int position){
return null;
}
public long getItemId(int position){
return 0;
}
public View getView(int position, View convertView, ViewGroup parent){
TextView mTextView = new TextView(mContext);
mCursor.moveToPosition(position);
mTextView.setText(mCursor.getString(1)+"___"+mCursor.getString(2));
return mTextView;
}
}
}
```

程序运行效果如图 4.52 和图 4.53 所示。

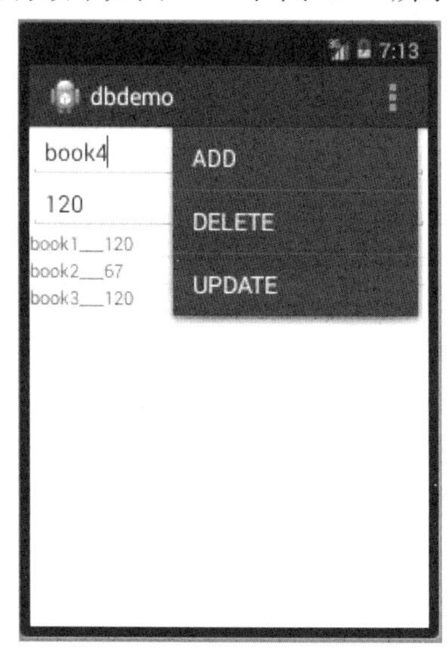

图 4.52　数据增加

图 4.53　数据删除

11. 查看数据库

查看我们所创建的数据库有两种方法：

(1)用命令查看：adb shell ls data/data/com.example.dbdem/databases。

(2)用 DDMS 查看,在 data/data 下面对应的应用程序的包名目录下会有如图 4.54 所示数据库。

Threads | Heap | Allocation Tr... | Network Stati... | File Explorer | Emulator Co... | System Infor...

Name	Size	Date	Time	Permissions	Info
com.android.speechrecorder		2015-02-23	04:30	drwxr-x--x	
com.android.systemui		2015-02-23	04:30	drwxr-x--x	
com.android.vpndialogs		2015-02-23	04:30	drwxr-x--x	
com.android.wallpaper.livepicker		2015-02-23	04:30	drwxr-x--x	
com.android.widgetpreview		2015-02-24	20:00	drwxr-x--x	
com.atguigu.t3_datastorage		2015-02-24	20:00	drwxr-x--x	
com.example.android.apis		2015-02-24	20:00	drwxr-x--x	
com.example.android.livecubes		2015-02-24	20:00	drwxr-x--x	
com.example.android.softkeyboard		2015-02-24	20:00	drwxr-x--x	
com.example.c		2015-02-24	20:10	drwxr-x--x	
com.example.d		2015-02-24	21:43	drwxr-x--x	
com.example.dbdemo		2015-02-25	07:19	drwxr-x--x	
cache		2015-02-25	03:09	drwxrwx--x	
databases		2015-02-25	03:09	drwxrwx--x	
BOOKS.db	20480	2015-02-25	07:15	-rw-rw----	
BOOKS.db-journal	12824	2015-02-25	07:15	-rw-------	
lib		2015-02-25	07:19	lrwxrwxrwx	-> /data/app-l...
com.example.fileoperation		2015-02-24	20:00	drwxr-x--x	
com.example.multimedia_palysound		2015-02-24	20:05	drwxr-x--x	
com.example.multimedia_playvideo		2015-02-24	22:03	drwxr-x--x	
com.example.rr		2015-02-24	20:00	drwxr-x--x	
com.example.sdcarddemo		2015-02-24	20:00	drwxr-x--x	
com.svox.pico		2015-02-23	04:36	drwxr-x--x	
jp.co.omronsoft.openwnn		2015-02-23	04:30	drwxr-x--x	
dontpanic		2015-02-23	04:28	drwxr-x---	
drm		2015-02-23	04:28	drwxrwx---	

图 4.54 数据库存储位置

4.7 图形图像编程

4.7.1 Canvas 类与 Paint 类

1. Canvas 类

Canvas 类代表画布,通过该类提供的构造方法,可以绘制各种图形。通常情况下,要在 Android 中绘图,需要先创建一个继承自 View 类的视图,并且在该类中重写它的 onDraw 方法,然后在显示绘图的 Activity 中添加该视图。这一过程经常要用到 Canvas 和 Paint 类,Canvas 好比是一张画布,上面已经有想绘制图画的轮廓了,而 Paint 就好比是画笔,就要给 Canvas 进行添色等操作。

Canvas 类绘制的主要方法如下:

drawArc(参数):绘制弧。

drawBitmao(Bitmap bitmap ,Rect rect,Rect dst,Paint paint):在指定点绘制从源图中“挖取”的一块。

clipRect(float left,float top,float right,float bottom):剪切一个矩形区域。

clipRegion(Region region):剪切一个指定区域。

Canvas 除了直接绘制一个基本图形外,还提供了如下方法进行坐标变化:

rotate(float degree,float px, float py):对 Canvas 执行旋转变化。

scale(float sx,float sy,float px,float py):对 Cnavas 进行缩放变换。

skew(float sx,float sy):对 Canvas 执行倾斜变换。

translate(float dx,float dy):对 Cnavas 执行移动。

2. Paint 类

Paint 类代表画笔,用来描述图形的颜色和风格,如线宽、颜色、透明度和填充效果等信息。使用 Paint 类时,需要先创建该类的对象,可以通过该类的构造函数实现。通常情况的实现代码是:

Paint paint=new Paint();

创建完 Paint 对象后,可以通过该对象提供的方法对画笔的默认设置进行改变。Paint 中包含了很多方法对其属性进行设置,主要方法如下:

setAntiAlias:设置画笔的锯齿效果。

setColor:设置画笔颜色。

setARGB:设置画笔的 a,r,p,g 值。

setAlpha:设置 Alpha 值。

setTextSize:设置字体尺寸。

setStyle:设置画笔风格,空心或者实心。

setStrokeWidth:设置空心的边框宽度。

getColor:得到画笔的颜色。

getAlpha:得到画笔的 Alpha 值。

3. 文本绘制

setFakeBoldText(boolean fakeBoldText):模拟实现粗体文字,设置在小字体上效果会非常差。

setSubpixelText(boolean subpixelText):设置该项为 true,将有助于文本在 LCD 屏幕上的显示效果。

setTextAlign(Paint. Align align):设置绘制文字的对齐方向。

setTextScaleX(float scaleX):设置绘制文字 x 轴的缩放比例,可以实现文字的拉伸效果。

setTextSize(float textSize):设置绘制文字的字号大小。

setTextSkewX(float skewX):设置斜体文字,skewX 为倾斜弧度。

setTypeface(Typeface typeface):设置 Typeface 对象,即字体风格,包括粗体、斜体以及衬线体、非衬线体等。

setUnderlineText(boolean underlineText):设置带有下划线的文字效果。

setStrikeThruText(boolean strikeThruText):设置带有删除线的效果。

4. 用 Shader 类进行渲染

Android 系统中提供了 Shader 渲染类来实现渲染功能。Shader 是一个抽象父类,其子类有很多个,如 BitmapShader、ComposeShader、LinearGradient、RadialGradient 和 SweepGradient 等。通过 Paint 对象的 paint. setShader 方法来使用 Shader。

Shader 类的使用需要先构建 Shader 对象,通过 Paint 的 setShader 方法设置渲染对象,然后在绘制时使用这个 Paint 对象即可。当然,有不同的渲染时需要构建不同的对象。

Android 提供的 shader 类主要用于渲染图像以及一些几何图形。Shader 有几个直接子类:

BitmapShader:主要用来渲染图像。

LinearGradient:用来进行线性渲染。

RadialGradient 用来进行环形渲染。

SweepGradient:扫描渐变,围绕一个中心点扫描渐变(雷达扫描),用来进行梯度渲染。

ComposeShader:组合渲染,可以和其他几个子类组合起来使用。

渲染基本步骤:

(1)首先创建好要设置的渲染对象 Shader;

(2)接着通过 Paint 对象的 setShader 方法设置渲染对象。

下面通过一个例子说明 Canvas,Pain 及 Shader 类的使用方法,例子通过一个自定义 view 类来实现图形的绘制。

首先定义 DrawView. java 类,自定义 View 组件,重写 View 组件的 onDraw(Canvas)方法;接下来在该 Canvas 上绘制大量的几何图形,包括点、直线、弧、圆、椭圆、文字、矩形、多边形、曲线和圆角矩形等各种形状。

```
public class DrawView extends View {
    public DrawView(Context context) {
      super(context);
    }
    @ Override
    protected void onDraw(Canvas canvas) {
    super. onDraw(canvas);
        //方法说明:drawRect 绘制矩形 drawCircle 绘制圆形 drawOval 绘制椭圆
    //drawPath 绘制任意多边形
//drawLine 绘制直线 drawPoint 绘制点
    //创建画笔
    Paint p = new Paint();
    p. setColor(Color. RED);//设置红色
    canvas. drawText("画圆:", 10, 20, p);//画文本
    canvas. drawCircle(60, 20, 10, p);//小圆
    p. setAntiAlias(true);//设置画笔的锯齿效果,true 是去除,大家一看效果就明白了
    canvas. drawCircle(120, 20, 20, p);//大圆
canvas. drawText("画线及弧线:", 10, 60, p);
    p. setColor(Color. GREEN);//设置绿色
    canvas. drawLine(60, 40, 100, 40, p);//画线
    canvas. drawLine(110, 40, 190, 80, p);//斜线
    //画笑脸弧线
    p. setStyle(Paint. Style. STROKE);//设置空心
    RectF oval1 = new RectF(150, 20, 180, 40);
    canvas. drawArc(oval1, 180, 180, false, p);//小弧形
    oval1. set(190, 20, 220, 40);
    canvas. drawArc(oval1, 180, 180, false, p);//小弧形
    oval1. set(160, 30, 210, 60);
```

```
canvas.drawArc(oval1, 0, 180, false, p);//小弧形
canvas.drawText("画矩形:", 10, 80, p);
p.setColor(Color.GRAY);//设置灰色
p.setStyle(Paint.Style.FILL);//设置填满
canvas.drawRect(60, 60, 80, 80, p);//正方形
canvas.drawRect(60, 90, 160, 100, p);//长方形
canvas.drawText("画扇形和椭圆:", 10, 120, p);
/*设置渐变色 这个正方形的颜色是改变的 */
Shader mShader = new LinearGradient(0, 0, 100, 100,
new int[] {Color.RED, Color.GREEN, Color.BLUE, Color.YELLOW,
  Color.LTGRAY}, null, Shader.TileMode.REPEAT); /* 一个材质,打造出一个线性梯度沿着一
条线*/
p.setShader(mShader);
//p.setColor(Color.BLUE);
RectF oval2 = new RectF(60, 100, 200, 240);//设置一个新的长方形,扫描测量
canvas.drawArc(oval2, 200, 130, true, p);
  /* 画弧,第一个参数是RectF:第二个参数是角度的开始,第三个参数是多少度,第四个参数是真
的时候画扇形,是假的时候画弧线*/
//画椭圆,把oval改一下
oval2.set(210, 100, 250, 130);
canvas.drawOval(oval2, p);
canvas.drawText("画三角形:", 10, 200, p);
//绘制这个三角形,可以绘制任意多边形
canvas.drawText("画三角形:", 10, 200, p);
//绘制这个三角形,可以绘制任意多边形
Path path = new Path();
path.moveTo(80, 200);//此点为多边形的起点
path.lineTo(120, 250);
path.lineTo(80, 250);
path.close(); //使这些点构成封闭的多边形
canvas.drawPath(path, p);
//可以绘制很多任意多边形,比如下面画六连形
p.reset();//重置
p.setColor(Color.LTGRAY);
p.setStyle(Paint.Style.STROKE);//设置空心
Path path1 = new Path();
path1.moveTo(180, 200);
path1.lineTo(200, 200);
path1.lineTo(210, 210);
path1.lineTo(200, 220);
path1.lineTo(180, 220);
path1.lineTo(170, 210);
path1.close();//封闭
```

```
        canvas.drawPath(path1, p);
        //画圆角矩形
        p.setStyle(Paint.Style.FILL);//充满
        p.setColor(Color.LTGRAY);
        p.setAntiAlias(true);//设置画笔的锯齿效果
        canvas.drawText("画圆角矩形:", 10, 260, p);
        RectF oval3 = new RectF(80, 260, 200, 300);//设置一个新的长方形
        canvas.drawRoundRect(oval3, 20, 15, p);//第二个参数是x半径,第三个参数是y半径
        //画贝塞尔曲线
        canvas.drawText("画贝塞尔曲线:", 10, 310, p);
        p.reset();
        p.setStyle(Paint.Style.STROKE);
        p.setColor(Color.GREEN);
        Path path2 = new Path();
        path2.moveTo(100, 320);//设置Path的起点
        path2.quadTo(150, 310, 170, 400); //设置贝塞尔曲线的控制点坐标和终点坐标
        canvas.drawPath(path2, p);//画出贝塞尔曲线
        //画点
        p.setStyle(Paint.Style.FILL);
        canvas.drawText("画点:", 10, 350, p);
        canvas.drawPoint(60, 350, p);//画一个点
        canvas.drawPoints(new float[] {60, 360, 65, 360, 70,
360}, p);//画多个点
        //画图片,就是贴图
          Bitmap bitmap = BitmapFactory.decodeResource
(getResources(),
        R.drawable.ic_launcher);
          canvas.drawBitmap(bitmap, 200, 270, p);
        }
    }
```

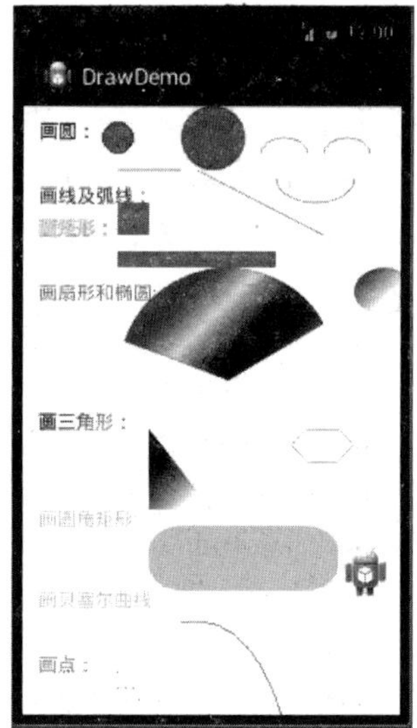

图 4.55　绘图实例

创建 Activity 类,调用绘图类 DrawView 进行显示(图 4.55)。

```
    public class MainActivity extends Activity {
        @Override
        public void onCreate(Bundle savedInstanceState) {
          super.onCreate(savedInstanceState);
          setContentView(R.layout.activity_main);
          init();
        }
        private void init() {
          LinearLayout layout = (LinearLayout)findViewById(R.id.root);
          final DrawView view = new DrawView(this);
          view.setMinimumHeight(500);
```

```
        view.setMinimumWidth(300);
        //通知view组件重绘
        view.invalidate();
        layout.addView(view);
    }
}
```

4.7.2 SurfaceView类

SurfaceView是View的子类,使用的方式与任何View所派生的类都是完全相同的,可以像其他View那样应用动画,更适合2D游戏的开发。SurfaceView封装的Surface支持使用前面所描述的所有标准Canvas方法进行绘图,同时也支持完全的OpenGL ES库。Surface的排版显示受到视图层级关系的影响,它的兄弟节点会在顶端显示。这意味着Surface的内容会被它的兄弟视图遮挡,这一特性可以用来放置遮盖物(overlays)(例如:文本和按钮等控件)。但是,当Surface上面有透明控件时,它的每次变化都会引起框架重新计算自身和顶层控件的透明效果,这会影响性能。SurfaceView可以通过SurfaceHolder接口访问,getHolder()方法可以得到这个接口。

当SurfaceView变得可见时,Surface被创建;当SurfaceView隐藏前,Surface被销毁,这样可以节省资源。通过重载SurfaceCreated(SurfaceHolder)和SurfaceDestroyed(SurfaceHolder)两种方法,用户可以处理Surface被创建和销毁的事件。SurfaceView的核心提供了两个线程:UI线程和渲染线程。应该注意的是:

(1)所有的SurfaceView和SurfaceHolder.Callback的方法都应该在UI线程里调用,一般来说就是应用程序的主线程。渲染线程所要访问的各种变量应该做同步处理。

(2)由于Surface可能被销毁,它在SurfaceHolder.Callback.surfaceCreated()和SurfaceHoledr.Callback.surfaceDestroyed()之间有效,所以要确保渲染线程访问的是合法有效的Surface。

下面通过一个例子说明SurfaceView的使用方法,该例实现了一个不断变换颜色的圆形,并且实现了SurfaceView的事件处理。我们可以通过模拟器的上下键来调节这个圆在屏幕中的位置。

首先创建myGameView.java类,其负责绘图:

```
public class myGameView extends SurfaceView implements SurfaceHolder.Callback,
Runnable {
    //控制循环
    boolean mbLoop = false;
    //定义SurfaceHolder对象
    SurfaceHolder mSurfaceHolder = null;
    int miCount = 0;
    int y = 50;
    public myGameView(Context context) {
        super(context);
        //实例化SurfaceHolder
```

```
mSurfaceHolder = this. getHolder( ) ;
//添加回调函数
//注意这里这句 mSurfaceHolder. addCallback( this)这句执行完了之后
//马上就会回调 surfaceCreated 方法了,然后开启线程,执行顺序要搞清楚
mSurfaceHolder. addCallback( this) ;
this. setFocusable( true) ;
mbLoop = true;
}
//在 surface 的大小发生改变时激发
public void surfaceChanged( SurfaceHolder holder, int format, int width,
int height) {
}
//surface 创建时激发此方法在主线程中执行
public void surfaceCreated( SurfaceHolder holder) {
//开启绘图线程
  new Thread( this) . start( ) ;
}
//在 surface 销毁时激发
public void surfaceDestroyed( SurfaceHolder holder) {
//停止循环
  mbLoop = false;
}
//绘图循环
public void run( ) {
  while( mbLoop) {
  try { Thread. sleep( 200) ;
    } catch( Exception e) {
  }
//至于这里为什么同步? 这就像一块画布不能让两个人同时往上边画画
    synchronized( mSurfaceHolder) {
  Draw( ) ;
}
}
}
//绘图方法,注意这里是另起一个线程来执行绘图方法,不是在 UI 线程
public void Draw( ) {
//锁定画布,得到 canvas 用 SurfaceHolder 对象的 lockCanvas 方法
  Canvas canvas = mSurfaceHolder. lockCanvas( ) ;
  if( mSurfaceHolder = = null || canvas = = null) {
    return;
  }
  if( miCount < 100) {
    miCount++;
```

```
        } else {
          miCount = 0;
        }
        //绘图
        Paint mPaint = new Paint();
        //给 Paint 对象加上抗锯齿标志
        mPaint.setAntiAlias(true);
        mPaint.setColor(Color.BLACK);
        //绘制矩形——清屏作用
        canvas.drawRect(0, 0, 320, 480, mPaint);
        switch(miCount % 4){
        case 0:
        mPaint.setColor(Color.BLUE);
        break;
        case 1:
          mPaint.setColor(Color.GREEN);
          break;
        case 2:
          mPaint.setColor(Color.RED);
        case 3:
          mPaint.setColor(Color.YELLOW);
        default:
          mPaint.setColor(Color.WHITE);
          break;
        }
        //绘制矩形
        canvas.drawCircle((320 - 25)/2, y, 50, mPaint);
        //绘制后解锁,绘制后必须解锁才能显示
        mSurfaceHolder.unlockCanvasAndPost(canvas);
      }
}
```

创建 Activity 类,调用绘图类相应事件并处理:

```
public class MainActivity extends Activity {
  myGameView mGameSurfaceView;
  @Override
  public void onCreate(Bundle savedInstanceState) {
    super.onCreate(savedInstanceState);
    //创建 GameSurfaceView 对象
    mGameSurfaceView = new myGameView(this);
    mGameSurfaceView.setFocusable(true);
    mGameSurfaceView.setFocusableInTouchMode(true);
    //设置显示 GameSurfaceView 视图
    setContentView(mGameSurfaceView);
  }
  //触笔事件。返回值为 true,父视图不做处理。以下返回值为 true 的都是不做处理的
```

```
public boolean onTouchEvent(MotionEvent event) {
  return true;
}
//按键按下事件
public boolean onKeyDown(int keyCode, KeyEvent event) {
  return true;
}
//按键弹起事件
public boolean onKeyUp(int keyCode, KeyEvent event) {
  switch(keyCode) {
  //上方向键
  case KeyEvent.KEYCODE_DPAD_UP:
    mGameSurfaceView.y -= 3;
    break;
  //下方向键
  case KeyEvent.KEYCODE_DPAD_DOWN:
    mGameSurfaceView.y += 3;
    break;
  }
    return false;
  }
  public boolean onKeyMultiple(int keyCode, int repeatCount, KeyEvent event) {
    return true;
}
}
```

运行效果如图 4.56 和图 4.57 所示。

图 4.56　圆滚动 1

图 4.57　圆滚动 2

4.8　Socket 编程

4.8.1　Socket 简介

Socket 通常也称作“套接字”,用于描述 IP 地址和端口,是一个通信链的句柄。应用程序通常通过“套接字”向网络发出请求或者应答网络请求。它是通信的基石,是支持 TCP/IP 协议的网络通信的基本操作单元。它是网络通信过程中端点的抽象表示,包含进行网络通信必需的 5 种信息:连接使用的协议、本地主机的 IP 地址、本地进程的协议端口、远地主机的 IP 地址和远地进程的协议端口。

Socket 有两种主要的操作方式:面向连接的和无连接的。

(1)无连接的操作使用数据报协议,一个数据报是一个独立的单元,它包含了这次投递的所有信息。可以把它想象成一个信封,它有目的地址和要发送的内容,这个模式下的 Socket 不需要连接一个目的 Socket,它只是简单地投出数据报。无连接的操作是快速的和高效的,但是数据安全性不佳。

(2)面向连接的操作使用 TCP 协议,一个这个模式下的 Socket 必须在发送数据之前与目的地的 Socket 取得一个连接。一旦建立了连接,Socket 就可以使用一个流接口来进行打开、读/写、关闭操作。所有发送的信息都会在另一端以同样的顺序被接收。面向连接的操作比无连接的操作效率更低,但是数据的安全性更高。

4.8.2　Socket 编程原理

1. Socket 构造

Java 在包 Java. net 中提供了两个类 Socket 和 ServerSocket,分别用来表示双向连接的客户端和服务端。这是两个封装得非常好的类,使用很方便。其构造方法如下:

```
Socket(InetAddress address,int port);
Socket(InetAddress address,int port,boolean stream);
Socket(String host,int prot);
Socket(String host,int prot, boolean stream);
Socket(SocketImpl impl);
Socket(String host,int port,InetAddress localAddr,int localPort);
Socket(InetAddress address,int port,InetAddress localAddr,int localPort);
ServerSocket(int port);
ServerSocket(int port,int backlog);
ServerSocket(int port,int backlog,InetAddress bindAddr);
```

其中,address,host,port 分别是双向连接中另一方的 IP 地址、主机名和端口号;stream 指明 Socket 是流 Socket 还是数据报 Socket;localPort 表示本地主机的端口号;localAddr 和 bindAddr 是本地机器的地址(ServerSocket 的主机地址);impl 是 Socket 的父类,既可以用来创建 ServerSocket,又可以用来创建 Socket,例如:

```
Socket client=new Socket("192.168.110",54321);
```

ServerSocket Server=new ServerSocket(54321);

注意,在选择端口时必须小心,每一个端口提供一种特定的服务,只有给出正确的端口,才能获得相应的服务。0~1023 的端口号为系统所保留,例如,http 服务的端口号为 80,telnet 服务的端口号为 21,ftp 服务的端口号为 23,所以我们在选择端口号时,最好选择一个大于 1023 的数,防止发生冲突。在创建 Socket 时,如果发生错误,将产生 IOException,在程序中必须对其进行处理。所以在创建 Socket 或 ServerSocket 时必须捕获或抛出异常。

2. 客户端 Socket

要想使用 Socket 与一个服务器通信,就必须先在客户端创建一个 Socket,并指出需要连接的服务器的 IP 地址和端口,这也是使用 Socket 通信的第一步,代码如下:

```
Try
{
//192.168.1.110 是 IP 地址,54321 是端口
Socket socket=new Socket("192.168.1.110",54321);
}
Catch(IOException e){}
```

3. ServerSocket

一个创建服务器端 ServerSocket 过程的代码如下:

```
ServerSocket Server=null;
Try{
Server=new ServerSocket(54321);
}catch(IOException e){}
Try{
Socket Socket= Server . accept();
}catch((IOException e){}
```

通过以上程序我们创建一个 ServerSocket 在端口 54321 监听客户请求,它是 Server 的典型工作模式,在这里 Server 只能接收一个请求,接收后 Server 就退出了。实际的应用中总是让 Server 不停地循环接收,一旦有客户请求,Server 总是会创建一个服务线程来服务新来的客户,而自己继续监听。程序中 accept()是一个阻塞函数,所谓阻塞性方法就是说该方法被调用后将等待客户的请求,直到有一个客户启动并请求连接到相同的端口,然后 accept()返回一个对应客户的 Socket。这时,客户方和服务方都建立了用于通信的 Socket,接下来就是由各个 Socket 分别打开各自的输入、输出流。

4. 输入(出)流

Socket 提供了方法 getInputStream()和 getOutStream()来得到对应的输入(出)流以进行读写操作,这两个方法分别返回 InputStream 和 OutputStream 类对象。为了便于读写数据,我们可以在返回的输入流/输出流对象上建立过滤流,如 DataInputStream, DataQutputStream 或 PrintStream 类对象;对于文本方式流对象,可以采用 InputStreamReader, OutputStreamWriter 和 PrintWirter 等处理,代码如下:

```
PrintStream os=new PrintStream(new BufferedOutputStream(socket. getOutputStream()));
DataInputStream is=new DataInputStream(socket. getInputStream());
PrintWriter out=new PrintWriter(socket. getOutStream(),true);
```

```
BufferedReader in = new
ButfferedReader( new InputSteramReader( Socket. getInputStream( ) ) ) ;
```

5. 关闭 Socket 和流

每一个 Socket 存在时都将占用一定的资源,在 Socket 对象使用完毕时,要使其关闭。关闭 Socket 可以调用 Socket 的 close( )方法,而且要注意关闭的顺序。在关闭 Socket 之前,应首先将与 Socket 相关的所有输入(出)流全部关闭,以释放所有的资源,然后再关闭 Socket。尽管 Java 有自动回收机制,网络资源最终是会被释放的,但是为了有效利用资源,建议读者按照合理的顺序主动释放资源,代码如下:

```
Os. close( ) ;Is. close( ) ;Socket. close( ) ;
```

4.8.3 Android Socket 编程

在 Android 中完全可以使用 Java 标准 API 来开发网络应用。下例将实现一个服务器和客户端通信,客户端发送数据并接收服务器发回的数据,编辑数据并点击“发送”按钮后,得到服务器回发的数据并进行显示,客户端界面如图 4.58 和图 4.59 所示。

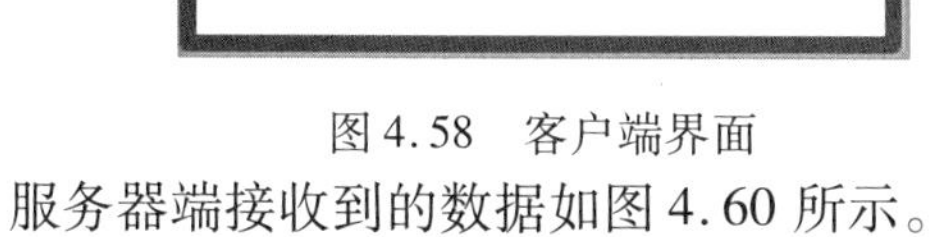

图 4.58 客户端界面　　　图 4.59 读取服务端数据并显示

服务器端接收到的数据如图 4.60 所示。

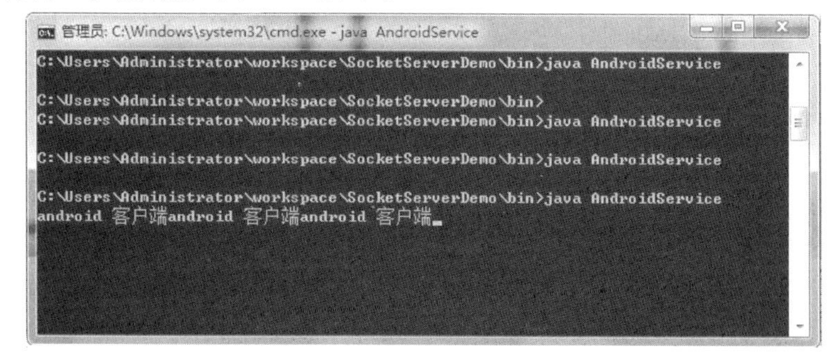

图 4.60 服务器端接收到的数据

1. 服务器实现

本例实现的服务器程序如下面 AndroidService. java 程序清单所示,注意该程序需要单独编译,并在命令模式下启动。

```
public class AndroidService {
public static void main(String[ ] args)throws IOException {
ServerSocket serivce = new ServerSocket(30000);
  while(true){//等待客户端连接
      Socket socket = serivce.accept();
      new Thread(new AndroidRunable(socket)).start();
    }
  }
}
class AndroidRunable implements Runnable {
  Socket socket = null;
  public AndroidRunable(Socket socket)
{this.socket = socket;}
  public void run(){
    //向 android 客户端输出 hello worild
    String line = null;
    InputStream input;
    OutputStream output;
    String str = "hello world!";
    try {//向客户端发送信息
      output = socket.getOutputStream();
      input = socket.getInputStream();
      BufferedReader bff = new BufferedReader(
      new InputStreamReader(input));
      output.write(str.getBytes("gbk"));
      output.flush();
      //半关闭 socket
      socket.shutdownOutput();
      //获取客户端的信息
      while((line = bff.readLine())! = null){
        System.out.print(line);
      }
      //关闭输入输出流
      output.close();
      bff.close();
      input.close();
      socket.close();
    } catch(IOException e){
      e.printStackTrace();
    }
  }
}
```

代码清单使用了 Java. net 和 Java. io。Java. net 包提供了我们需要的 Socket 工具。Java. io

包提供对流进行读写的工具。本例中设置了服务器的端口为 30000，开启了一个线程，通过 accept 方法使服务监听客户端的连接，并取得客户端的 Socket 对象 client，通过 BufferedReader 对象来接收客户端的输入流。如果要向客户端发送数据，可以使用 PrintWriter 来实现，但是需要通过 Socket 对象来取得其输出流，最后不要忘了关闭流和 Socket。上述代码中的 Main 函数用来开启服务器。

创建服务器的步骤总结如下。

(1)指定端口实例化一个 ServerSocket。

(2)调用 ServerSocket 的 accept()以在等待连接期间造成阻塞。

(3)获取位于该底层 Socket 的流以进行读写操作。

(4)将数据封装成流。

(5)对 Socket 进行读写。

(6)关闭打开的流，注意不要在关闭 Writer 之前关闭 Reader。

2. 客户端实现

客户端实现如下 MainActivity.java 程序清单：

```
public class MainActivity extends Activity {
  Socket socket = null;
  String buffer = "";
  TextView txt1;
  Button send;
  EditText ed1;
  String geted1;
  public Handler myHandler = new Handler() {
    public void handleMessage(Message msg) {
      if(msg.what == 0x11)
       {Bundle bundle = msg.getData();
       txt1.append("server:" + bundle.getString("msg") + "\\n");
       }
    }
  };
  protected void onCreate(Bundle savedInstanceState) {
    super.onCreate(savedInstanceState);
    setContentView(R.layout.activity_main);
    txt1 = (TextView)findViewById(R.id.txt1);
    send = (Button)findViewById(R.id.send);
    ed1 = (EditText)findViewById(R.id.ed1);
    send.setOnClickListener(new OnClickListener() {
      @Override
      public void onClick(View v) {
        geted1 = ed1.getText().toString();
        txt1.append("client:" + geted1 + "\\n");
        //启动线程，向服务器发送和接收信息
```

```
            new MyThread(geted1).start();
        }
    });
}
class MyThread extends Thread {
public String txt1;
public MyThread(String str){
    txt1 = str;
}
public void run(){
    //定义消息
    Message msg = new Message();
    msg.what = 0x11;
    Bundle bundle = new Bundle();
    bundle.clear();
    try {
        //连接服务器并设置连接超时为 5 秒
        socket = new Socket();
        socket.connect(new InetSocketAddress("192.168.1.101", 30000),
          5000);
        //获取输入流、输出流
        OutputStream ou = socket.getOutputStream();
        BufferedReader bff = new BufferedReader(new InputStreamReader(socket.getInputStream()));
        //读取发来服务器信息
        String line = null;
        buffer = "";
        while((line = bff.readLine())! = null){
          buffer = line + buffer;
        }
        //向服务器发送信息
        ou.write("android 客户端".getBytes("gbk"));
        ou.flush();
        bundle.putString("msg", buffer.toString());
        msg.setData(bundle);
        //发送消息,修改 UI 线程中的组件
        myHandler.sendMessage(msg);
        //关闭各种输入流、输出流
        bff.close();
        ou.close();
        socket.close();
    } catch(SocketTimeoutException aa){
        //连接超时,在 UI 界面显示消息
        bundle.putString("msg", "服务器连接失败！请检查网络是否打开");
```

```
            msg.setData(bundle);
            //发送消息,修改UI线程中的组件
            myHandler.sendMessage(msg);
        } catch(IOException e){
            e.printStackTrace();
        }
    }
  }
  public boolean onCreateOptionsMenu(Menu menu){
    //Inflate the menu; this adds items to the action bar if it is present.
    getMenuInflater().inflate(R.menu.main, menu);
    return true;
  }
}
```

代码清单中我们监听了一个按钮事件,在按钮事件中通过"socket=new Socket("192.168.1.101",30000);"来请求连接服务器。和服务器一样,通过PrintWriter和BufferedReader来接收和发送消息。在接收到消息后,更新显示到TextView中。

使用Socket来实现客户端的步骤总结如下:

(1)通过IP地址和端口实例化Socket,请求连接服务器。

(2)获取Socket上的流以进行读写。

(3)把流包装进BufferedReader/PrintWriter的实例。

(4)对Socket进行读写。

(5)关闭打开的流。

由于程序需要访问网络,需要在文件AndroidManifest.xml中注册权限:

```
<uses-permission android:name="android.permission.INTERNET"/>
<uses-permission android:name="android.permission.ACCESS_NETWORK_STATE"/>
```

4.9 百度地图编程

地图应用是手机移动开发非常重要的领域,本节以百度地图为例,借助百度地图SDK介绍基于Android的地图应用开发方法。

4.9.1 百度地图开发介绍

1. 百度地图Android SDK开发

百度地图Android SDK是一套基于Android 2.1及以上版本设备的应用程序接口,本节介绍百度地图开发接口的使用方法,用户可以通过该接口实现丰富的LBS功能。

2. 申请密钥

在使用百度地图SDK提供的各种LBS功能之前,需要获取百度地图移动版的开发密钥,该密钥与百度账户相关联。因此,用户必须先有百度帐户,才能获得开发密钥,且该密钥与创建的工程名称有关。

3. Android SDK 配置

(1)在工程里新建 libs 文件夹,将开发包里的 baidumapapi_vX_X_X. jar 拷贝到 libs 根目录下,将 libBaiduMapSDK_vX_X_X. so 拷贝到 libs\\armeabi 目录下(官网 demo 里已有这两个文件,如果要集成到自己的工程里,就需要自己添加),拷贝完成后的工程目录如图 4.61 所示。

图 4.61 目录

(2)依次选择:工程属性→Java Build Path→Libraries,然后选择 Add External JARs,选定 baidumapapi_vX_X_X. jar,确定后返回。通过以上操作后,就可以正常使用百度地图 SDK 提供的全部功能了。

4. 显示百度地图

百度地图 SDK 为开发者提供了便捷的显示百度地图数据的接口,通过以下几步操作,即可在应用中使用百度地图数据。

第一步:创建并配置工程。

第二步:在 AndroidManifest 中添加开发密钥、所需权限等信息。

(1)在 application 中添加开发密钥。

```
<application>
<meta-data
    android:name="com.baidu.lbsapi.API_KEY"
    android:value="申请获得的 key"/>
</application>
```

(2)添加所需权限。

```
<uses-permission android:name="android.permission.GET_ACCOUNTS"/>
<uses-permission android:name="android.permission.USE_CREDENTIALS"/>
<uses-permission android:name="android.permission.MANAGE_ACCOUNTS"/>
<uses-permission android:name="android.permission.AUTHENTICATE_ACCOUNTS"/>
<uses-permission android:name="android.permission.ACCESS_NETWORK_STATE"/>
<uses-permission android:name="android.permission.INTERNET"/>
<uses-permission android:name="com.android.launcher.permission.READ_SETTINGS"/>
<uses-permission android:name="android.permission.CHANGE_WIFI_STATE"/>
<uses-permission android:name="android.permission.ACCESS_WIFI_STATE"/>
<uses-permission android:name="android.permission.READ_PHONE_STATE"/>
<uses-permission android:name="android.permission.WRITE_EXTERNAL_STORAGE"/>
<uses-permission android:name="android.permission.BROADCAST_STICKY"/>
<uses-permission android:name="android.permission.WRITE_SETTINGS"/>
<uses-permission android:name="android.permission.READ_PHONE_STATE"/>
```

第三步:在布局 xml 文件中添加地图控件。

```
<com.baidu.mapapi.map.MapView
    android:id="@+id/bmapView"
    android:layout_width="fill_parent"
    android:layout_height="fill_parent"
```

```
    android:clickable="true"/>
```

第四步:在应用程序创建时初始化 SDK 引用的 Context 全局变量。

```
public class MainActivity extends Activity {
    @Override
    protected void onCreate(Bundle savedInstanceState) {
        super.onCreate(savedInstanceState);
        //在使用 SDK 各组件之前初始化 context 信息,传入 ApplicationContext
        //注意该方法要在 setContentView 方法之前实现
        SDKInitializer.initialize(getApplicationContext());
        setContentView(R.layout.activity_main);
    }
}
```

注意:在 SDK 各功能组件使用之前,都需要调用 SDKInitializer.initialize(getApplicationContext());,因此该方法放在 Application 的初始化方法中。

第五步:创建地图 Activity,管理地图生命周期。

```
public class MainActivity extends Activity {
    MapView mMapView = null;
    protected void onCreate(Bundle savedInstanceState) {
        super.onCreate(savedInstanceState);
        //在使用 SDK 各组件之前初始化 context 信息,传入 ApplicationContext
        //注意该方法要在 setContentView 方法之前实现
        SDKInitializer.initialize(getApplicationContext());
        setContentView(R.layout.activity_main);
        //获取地图控件引用
        mMapView = (MapView)findViewById(R.id.bmapView);
    }
    protected void onDestroy() {
    super.onDestroy();
/* 在 activity 执行 onDestroy 时执行 mMapView.onDestroy(),实现地图生命周期管理 */
  mMapView.onDestroy();
    }
    protected void onResume() {
        super.onResume();
        /* 在 activity 执行 onResume 时执行 mMapView.onResume(),实现地图生命周期管理 */
        mMapView.onResume();
        }
    protected void onPause() {
        super.onPause();
        /* 在 activity 执行 onPause 时执行 mMapView.onPause(),实现地图生命周期管理 */
        mMapView.onPause();
        }
    }
```

```
//设定中心点坐标
LatLng cenpt = new LatLng(46.58916,125.16246000000003);
//定义地图状态
MapStatus mMapStatus = new MapStatus.Builder().target(cenpt).zoom(18).build();
//定义 MapStatusUpdate 对象,以便描述地图状态将要发生的变化
MapStatusUpdate mMapStatusUpdate =
MapStatusUpdateFactory.newMapStatus(mMapStatus);
//改变地图状态
mBaiduMap.setMapStatus(mMapStatusUpdate);
```

4.9.2 基础地图 Android SDK 开发

开发者通过 SDK 提供的接口,可以访问百度提供的基础地图数据。目前百度地图 SDK 所提供的地图等级为 3 ~ 19 级,所包含的信息有建筑物、道路、河流、学校、公园等内容。所有叠加或覆盖到地图的内容,统称为地图覆盖物。如标注、矢量图形元素(包括折线、多边形和圆等)、定位图标等。覆盖物拥有自己的地理坐标,当拖动或缩放地图时,它们会相应移动。

1. 图层及覆盖物元素

百度地图 SDK 为广大开发者提供的基础地图和上面的各种覆盖物元素,具有一定的层级压盖关系,具体如下(从下至上的顺序):

(1)基础底图(包括底图、底图道路、卫星图等);

(2)地形图图层(GroundOverlay);

(3)热力图图层(HeatMap);

(4)实时路况图图层(BaiduMap.setTrafficEnabled(true););

(5)百度城市热力图(BaiduMap.setBaiduHeatMapEnabled(true););

(6)底图标注(指的是底图上面自带的那些 POI 元素);

(7)几何图形图层(点、折线、弧线、圆、多边形);

(8)标注图层(Marker),文字绘制图层(Text);

(9)指南针图层(当地图发生旋转和视角变化时,默认出现在左上角的指南针);

(10)定位图层(BaiduMap.setMyLocationEnabled(true););

(11)弹出窗图层(InfoWindow);

(12)自定义 View(MapView.addView(View));

2. 地图类型

百度地图 Android SDK 提供了两种类型的地图资源(普通矢量地图和卫星图),开发者可以利用 BaiduMap 中的 mapType()方法来设置地图类型。核心代码如下:

```
mMapView =(MapView)findViewById(R.id.bmapView);
BaiduMap mBaiduMap = mMapView.getMap();
//普通地图
mBaiduMap.setMapType(BaiduMap.MAP_TYPE_NORMAL);
//卫星地图
mBaiduMap.setMapType(BaiduMap.MAP_TYPE_SATELLITE);
//实时交通图
```

当前,全国范围内已支持多个城市进行实时路况查询,且会陆续在其他城市开通。在地图上打开实时路况的核心代码如下:

```
mMapView =(MapView)findViewById(R. id. bmapView);
mBaiduMap = mMapView. getMap();
//开启交通图
mBaiduMap. setTrafficEnabled(true);
//百度城市热力图
```

百度地图 SDK 继为开发者开放热力图本地绘制能力之后,进一步开放了百度自有数据的城市热力图层,帮助开发者构建形式更加多样的移动端应用。百度城市热力图的性质及使用与实时交通图类似,只需要简单的接口调用,即可在地图上展现样式丰富的百度城市热力图。

在地图上开启百度城市热力图的核心代码如下:

```
mMapView =(MapView)findViewById(R. id. bmapView);
mBaiduMap = mMapView. getMap();
//开启热力图
mBaiduMap. setBaiduHeatMapEnabled(true);
```

3. 标注覆盖物

开发者可根据自己实际的业务需求,利用标注覆盖物功能在地图指定的位置上添加标注信息。具体实现方法如下。

```
//定义 Maker 坐标点,图标设置为:
//经度:125. 14246000000003
//纬度:46. 58916
LatLng point = new LatLng(46. 58916, 125. 14246000000003);
//构建 Marker 图标
BitmapDescriptor bitmap = BitmapDescriptorFactory
. fromResource(R. drawable. icon_marka);
//构建 MarkerOption,用于在地图上添加 Marker
OverlayOptions option = new MarkerOptions(). position(point). icon(bitmap);
//在地图上添加 Marker 并显示
mBaiduMap. addOverlay(option);
```

4. 几何图形覆盖物

地图 SDK 提供多种结合图形覆盖物,利用这些图形,可构建更加丰富多彩的地图应用。目前提供的几何图形有:点(Dot)、折线(Polyline)、弧线(Arc)、圆(Circle)和多边形(Polygon)。

下面以多边形为例介绍如何使用几何图形覆盖物。

```
//定义多边形的 4 个顶点
  LatLng pt1 = new LatLng(46. 578923, 125. 157428);
  LatLng pt2 = new LatLng(46. 5788923, 125. 167428);
  LatLng pt3 = new LatLng(46. 599523, 125. 167428);
  LatLng pt4 = new LatLng(46. 599523, 125. 157428);
  List<LatLng> pts = new ArrayList<LatLng>();
  pts. add(pt1);
  pts. add(pt2);
```

```
  pts.add(pt3);
  pts.add(pt4);
//构建用户绘制多边形的 Option 对象
OverlayOptions polygonOption = new PolygonOptions().points(pts)
        .stroke(new Stroke(5, 0xAA00FF00)).fillColor(0xAAFFFF00);
//在地图上添加多边形 Option,用于显示
mBaiduMap.addOverlay(polygonOption);
```

5. 文字覆盖物

文字,在地图中也是一种覆盖物,开发者可利用相关的接口,快速实现在地图上书写文字的需求。实现方式如下:

```
//定义文字所显示的坐标点
LatLng llText = new LatLng(6.58916, 125.14246000000003);
//构建文字 Option 对象,用于在地图上添加文字
OverlayOptions textOption = new TextOptions().bgColor(0xAAFFFF00).fontSize(24)
.fontColor(0xFFFF00FF)
.text("百度地图 SDK")
.rotate(-30)
.position(llText);
//在地图上添加该文字对象并显示
mBaiduMap.addOverlay(textOption);
```

6. 地形图图层

地形图图层(GroundOverlay),又可称图片图层,即开发者可在地图的指定位置上添加图片。该图片可随地图的平移、缩放、旋转等操作做相应的变换。该图层是一种特殊的 Overlay,它位于底图和底图标注层之间(即该图层不会遮挡地图标注信息)。

在地图中添加使用地形图覆盖物的方式如下:

```
//定义 Ground 的显示地理范围
LatLng southwest = new LatLng(39.92235, 116.380338);
LatLng northeast = new LatLng(39.947246, 116.414977);
LatLngBounds bounds = new LatLngBounds.Builder().include(northeast).include(southwest)
.build();
//定义 Ground 显示的图片
BitmapDescriptor bdGround = BitmapDescriptorFactory
.fromResource(R.drawable.ground_overlay);
//定义 Ground 覆盖物选项
OverlayOptions ooGround = new GroundOverlayOptions()
.positionFromBounds(bounds)
.image(bdGround)
.transparency(0.8f);
//在地图中添加 Ground 覆盖物
mBaiduMap.addOverlay(ooGround);
```

7. 热力图功能

热力图是用不同颜色的区块叠加在地图上描述人群分布、密度和变化趋势的一个产品,百

度地图 SDK 将绘制热力图的功能向广大开发者开放，帮助开发者利用自有数据，构建属于自己的热力图，提供丰富的展示效果。

利用热力图功能构建自有数据热力图的方式如下。

第一步，设置颜色变化：

```
//设置渐变颜色值
int[] DEFAULT_GRADIENT_COL
ORS = {Color.rgb(102, 225,0), Color.rgb(255, 0, 0)};
//设置渐变颜色起始值
float[] DEFAULT_GRADIENT_START_POINTS = { 0.2f, 1f };
//构造颜色渐变对象
Gradient gradient = new Gradient(DEFAULT_GRADIENT_COLORS,
DEFAULT_GRADIENT_START_POINTS);
```

第二步，准备数据：

```
//以下数据为随机生成地理位置点，开发者根据自己的实际需要，传入自有位置数据即可
List<LatLng> randomList = new ArrayList<LatLng>();
Random r = new Random();
for(int i = 0; i < 500; i++) {
    //116.220000,39.780000 116.570000,40.150000
    int rlat = r.nextInt(370000);
    int rlng = r.nextInt(370000);
    int lat = 39780000 + rlat;
    int lng = 116220000 + rlng;
    LatLng ll = new LatLng(lat /1E6, lng /1E6);
    randomList.add(ll);
}
```

第三步，添加、显示热力图：

```
//在大量热力图数据情况下，build 过程相对较慢，建议放在新建线程实现
HeatMap heatmap = new HeatMap.Builder()
.data(randomList)
.gradient(gradient)
.build();
//在地图上添加热力图
mBaiduMap.addHeatMap(heatmap);
```

第四步，删除热力图：

```
heatmap.removeHeatMap();
```

8. 检索结果覆盖物

针对检索功能模块（POI 检索、线路规划等），地图 SDK 还对外提供相应的覆盖物来快速展示结果信息。这些方法都是开源的，开发者可根据自己的实际需求来做个性化的定制。利用检索结果覆盖物展示 POI 搜索结果的方式如下。

第一步，构造自定义 PoiOverlay 类：

```
private class MyPoiOverlay extends PoiOverlay {
    public MyPoiOverlay(BaiduMap baiduMap){
```

```
        super(baiduMap);
    }
    public boolean onPoiClick(int index){
        super.onPoiClick(index);
        return true;
    }
}
```

第二步,在 POI 检索回调接口中添加自定义的 PoiOverlay:

```
public void onGetPoiResult(PoiResult result){
    if(result == null || result.error == SearchResult.ERRORNO.RESULT_NOT_FOUND){
        return;
    }
    if(result.error == SearchResult.ERRORNO.NO_ERROR){
        mBaiduMap.clear();
        //创建 PoiOverlay
        PoiOverlay overlay = new MyPoiOverlay(mBaiduMap);
        //设置 overlay 可以处理标注点击事件
        mBaiduMap.setOnMarkerClickListener(overlay);
        //设置 PoiOverlay 数据
        overlay.setData(result);
        //添加 PoiOverlay 到地图中
        overlay.addToMap();
        overlay.zoomToSpan();
        return;
    }
}
```

9. 利用 TransitRouteOverlay 展示公交换乘结果

利用 TransitRouteOverlay 展示公交换乘结果,方式如下:

```
//在公交线路规划回调方法中添加 TransitRouteOverlay 用于展示换乘信息
public void onGetTransitRouteResult(TransitRouteResult result){
    if(result == null || result.error != SearchResult.ERRORNO.NO_ERROR){
        //未找到结果
        return;
    }
    if(result.error == SearchResult.ERRORNO.AMBIGUOUS_ROURE_ADDR){
        //起终点或途经点地址有岐义,通过以下接口获取建议查询信息
        //result.getSuggestAddrInfo()
        return;
    }
    if(result.error == SearchResult.ERRORNO.NO_ERROR){
        route = result.getRouteLines().get(0);
        //创建公交路线规划线路覆盖物
```

```
        TransitRouteOverlay overlay = new MyTransitRouteOverlay(mBaidumap);
        //设置公交路线规划数据
        overlay.setData(route);
        //将公交路线规划覆盖物添加到地图中
        overlay.addToMap();
        overlay.zoomToSpan();
    }
}
```

小　　结

本章主要介绍了 Android 移动开发的基础知识,重点叙述了 Android 基本控件编程与 Android 在文件存储、多媒体、数据库、图形图像、Socket、地图等领域的开发步骤与方法,并给出了一些有代表性的实例。

习　　题

1. 简述 Activity 生命周期的 4 种状态,以及状态之间的变换关系。
2. 简述 Activity 事件回调函数的作用和调用顺序。
3. 简述 R. java 和 AndroidManefiest. xml 文件的用途。
4. 简述 Intent 的定义和用途。
5. 请列举 Android 提供了哪几种数据存储方式。
6. 简述在嵌入式系统中使用 SQLite 数据库的优势。

第5章 鸿蒙编程

5.1 鸿蒙系统简介

随着万物互联时代的到来,产业对新一代操作系统以及围绕该系统的生态建设需求日益迫切。鸿蒙操作系统作为国产技术的代表脱颖而出。鸿蒙 2.0 系统自 2020 年 9 月正式在华为 HDC 大会发布以来,长期受到来自各产业界的高度关注,并且在 2021 年 10 月份的华为 HDC 大会上,发布了鸿蒙最新的 3.0 开发者预览版,持续保持着旺盛的成长活力。截至目前,鸿蒙操作系统已拥有 2 000 余家各产业的生态合作伙伴。依托自身的多内核、软总线、方舟编译器、分布式服务等多项技术创新,鸿蒙操作系统为基于国产技术面向未来的万物互联分布式操作系统的行业应用打下了坚实的系统底座基础。

鸿蒙生态发展是目前鸿蒙操作系统能够持续性成长的关键问题,如何能够更好地设计并开发出满足各行业、各领域的鸿蒙应用,从而更好地实现华为“1+8+N”的产业生态系统(图 5.1)是鸿蒙生态可持续发展的核心挑战。鸿蒙系统攻克了一系列核心“卡脖子”的技术难点,为各产业提供丰富的服务接口和技术支持。鸿蒙通过南向生态(智能硬件)和北向生态(应用软件)在应用服务领域全面布局,以及在 OS 系统服务框架设计、芯片适配和操作系统运维等多个层面不断发力,保障其全栈全周期的持续化服务能力。

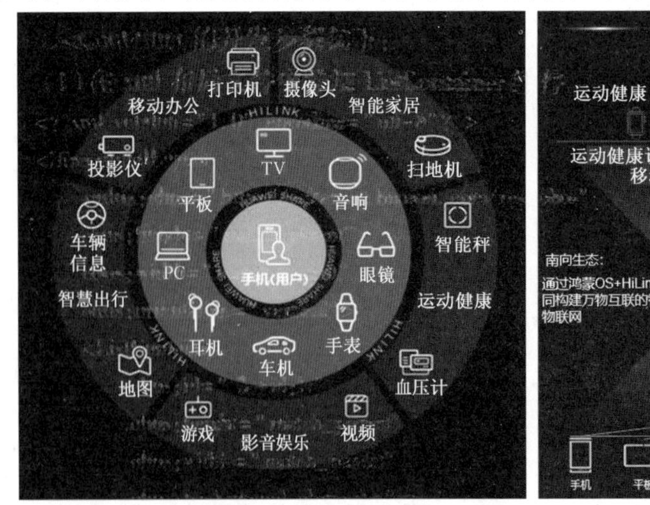

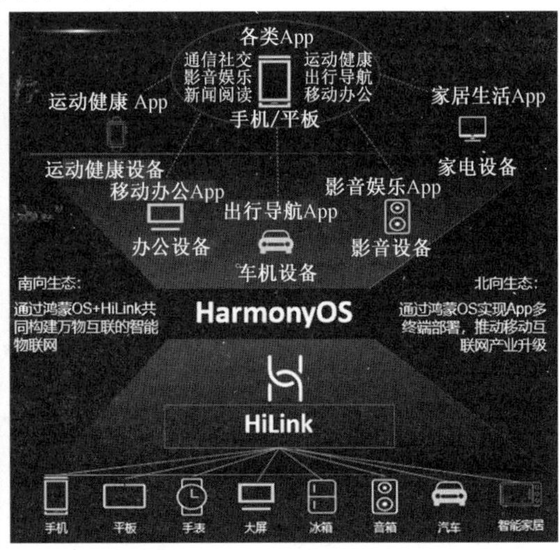

图 5.1　鸿蒙万物互联“1+8+N”产业生态及南北向生态应用布局

鸿蒙系统(HUAWEI HarmonyOS)在 2019 年 8 月 9 日的华为开发者大会正式发布。会上表示,希望在未来的发展中创造一个超级虚拟终端互联的世界,将人、设备、场景有机地联系在一起,将消费者在全场景生活中接触的多种智能终端实现极速发现、极速连接、硬件互助、资源共享,用合适的设备提供场景体验。

5.1.1　移动互联操作系统的发展历程

1. 移动通信技术发展历史

如图5.2所示,移动通信从1G到5G,走过的历史并不漫长。世界上第一代无线通信系统诞生于20世纪80年代,到今天也不过40多年的发展历史。1G即第一代无线通信系统技术,第一代无线通信系统和当时的有线通信系统一样,都是基于模拟信号的通信方式。有线电话诞生于美国的贝尔实验室,第一代无线通信系统作为有线电话补充者的角色,也诞生于美国。

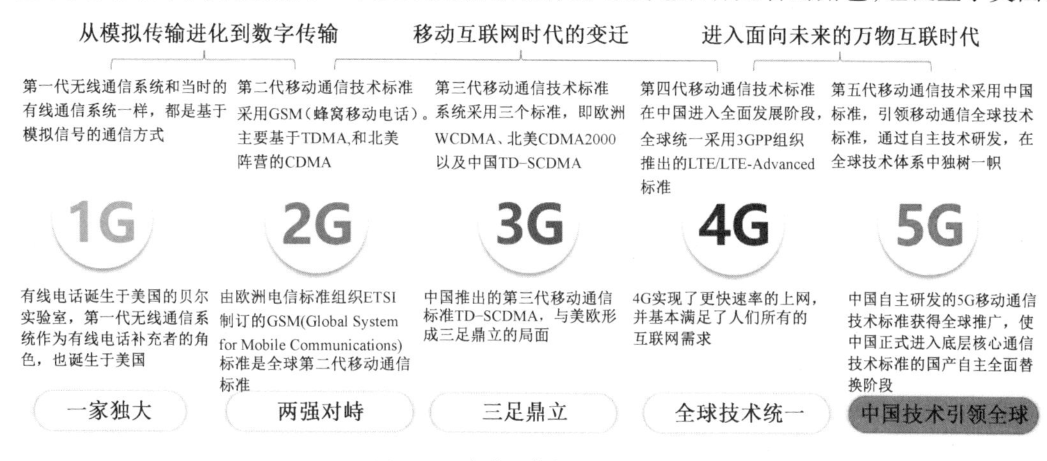

图5.2　移动通信技术发展历史

2G即第二代移动通信技术,采用GSM(蜂窝移动电话)标准,主要基于TDMA和北美阵营的CDMA,形成两强对峙。最后由欧洲电信标准组织ETSI制订的GSM(Global System for Mobile Communications)标准成为全球第二代移动通信标准,使通信技术从模拟传输进化到数字传输,从此进入了移动互联网时代。

3G为第三代移动通信技术,第三代移动通信技术标准系统采用3个标准,即欧洲WCDMA、北美CDMA2000以及我国TD-SCDMA。我国推出的第三代通信标准TD-SCDMA,与美国、欧洲形成三足鼎立的局面。

4G为第四代移动通信技术,第四代移动通信技术标准在中国进入全面发展阶段,全球统一采用3GPP组织推出的LTE/LTE-Advanced标准,实现了全球技术统一。4G技术实现了更快的上网速率,并基本满足了人们所有的互联网需求,从此进入面向未来的万物互联时代。

5G为第五代移动通信技术,第五代移动通信技术采用中国标准,引领移动通信全球技术标准,通过自主技术研发,在全球技术体系中独树一帜。我国自主研发的5G通信技术标准获得全球推广,使我国正式进入底层核心通信技术标准的国产自主全面替换阶段,我国移动通信技术开始引领全球。

2. 主流移动操作系统发展历程

随着全球移动通信技术标准的升级变迁,从塞班到黑莓、从IOS到Android,用于手机等智能终端的移动操作系统也在发生着天翻地覆的改变。移动互联操作系统从单一设备(手机)

支持到全场景多终端适配统一，国产技术的鸿蒙 HarmonyOS 独树一帜，全面引领面向未来的全球移动互联操作系统技术发展（表 5.1）。

表 5.1 移动主流操作系统及系统定位

序号	时代主流（代表性）移动操作系统	厂商	国家和地区	系统定位	诞生年份
1	SymbianOS（塞班系统）	Nokia 诺基亚	芬兰	2G 时代的霸主系统	1998 年
2	BlackBerryOS（黑莓系统）	BlackBerry 黑莓	加拿大	通信安全性高的系统	2000 年
3	Windows Mobile（微软移动）	HTC 宏达电	中国台湾地区	智能系统的先河	2003 年
4	IOS（苹果手机系统）	Apple 苹果	美国	4G 移动互联操作系统	2007 年
5	Android（安卓系统）	Google 谷歌	美国	开源灵活操作系统	2008 年
6	HarmonyOS（鸿蒙系统）	Huawei 华为	中国	面向未来的跨终端系统	2019 年

5.1.2 国产自主技术鸿蒙系统的技术框架特色与优势

1. 系统定位

HarmonyOS 是一款面向万物互联时代的、全新的分布式操作系统。在传统的单设备系统能力基础上，HarmonyOS 提出了基于同一套系统能力、适配多种终端形态的分布式理念，能够支持手机、平板、智能穿戴、智慧屏、车机等多种终端设备，提供全场景（移动办公、运动健康、社交通信、媒体娱乐等）业务能力。

2. HarmonyOS 3 大特征

HarmonyOS 具有 3 大特征，分别为：

（1）搭载该操作系统的设备在系统层面融为一体，进而形成超级终端，让设备的硬件能力可以弹性扩展，实现设备之间硬件互助，资源共享。

（2）面向开发者，实现一次开发，多端部署。

（3）一套操作系统可以满足不同能力的设备需求，实现统一 OS，弹性部署。

3. 创新的原子化服务

原子化服务是 HarmonyOS 提供的一种面向未来的服务提供方式，是有独立入口的（用户可通过点击方式直接触发）、免安装的（无须显式安装，由系统程序框架后台安装后即可使用）、可为用户提供一个或多个便捷服务的用户应用程序形态。例如，某传统方式需要安装的购物应用 A，在按照原子化服务理念调整设计后，成为由“商品浏览”“购物车”“支付”等多个便捷服务组成的、可以免安装的购物原子化服务。

服务卡片（以下简称卡片）是鸿蒙系统原子化服务的典型基础应用之一。如图 5.3 所示，卡片常用于嵌入其他应用（当前只支持系统应用）中作为其界面的一部分显示，并支持拉起页面、发送消息等基础的交互功能。卡片使用方负责显示卡片。

4. 系统技术架构

HarmonyOS 整体遵从分层设计，从下向上依次为：内核层、系统服务层、框架层和应用层。系统功能按照“系统 > 子系统 > 功能/模块”逐级展开，在多设备部署场景下，支持根据实际需求裁剪某些非必要的子系统或功能/模块的操作。HarmonyOS 技术架构如图 5.4 所示。

（1）内核层包含内核子系统和驱动子系统。

图 5.3　鸿蒙移动应用服务卡片体验效果图

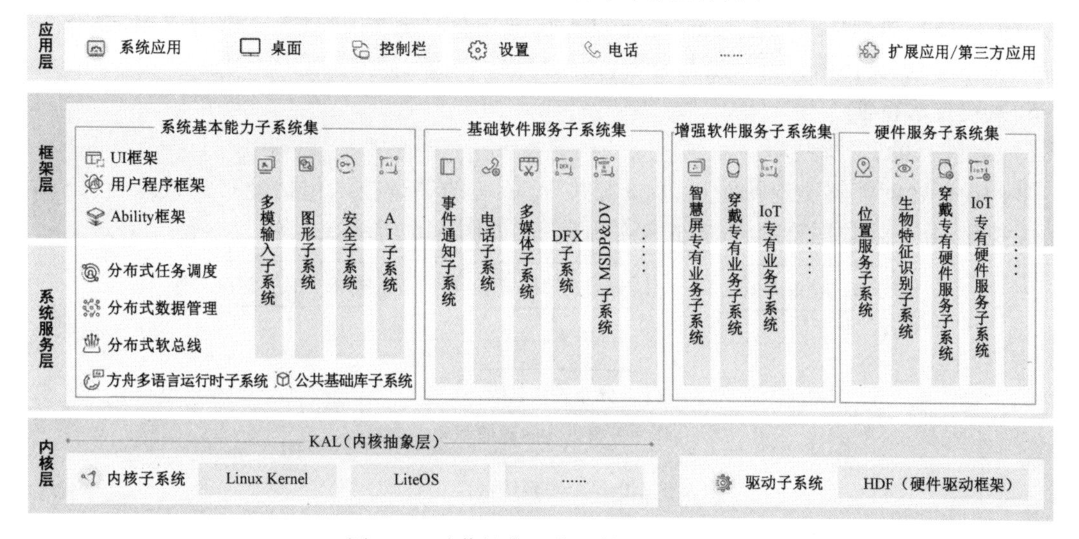

图 5.4　鸿蒙操作系统整体技术架构图

①内核子系统。HarmonyOS 采用多内核设计，支持针对不同资源受限设备选用适合的 OS 内核。内核抽象层（Kernel Abstract Layer，KAL）通过屏蔽多内核差异，对上层提供基础的内核能力，包括进程/线程管理、内存管理、文件系统、网络管理和外设管理等。

②驱动子系统。硬件驱动框架（HDF）是 HarmonyOS 硬件生态开发的基础，提供统一外设访问能力和驱动开发、管理框架。

（2）系统服务层是 HarmonyOS 的核心能力集合，通过框架层对应用程序提供服务。该层包含以下几个部分：

①系统基本能力子系统集：为分布式应用在 HarmonyOS 多设备上的运行、调度、迁移等操作提供了基础能力，由分布式软总线、分布式数据管理、分布式任务调度、方舟多语言运行时、公共基础库、多模输入、图形、安全、AI 等子系统组成。其中，方舟运行时提供了 C/C++/JS 多语言运行时和基础的系统类库，也为使用方舟编译器静态化的 Java 程序（即应用程序或框架层中使用 Java 语言开发的部分）提供运行时。

②基础软件服务子系统集：为 HarmonyOS 提供公共的、通用的软件服务，由事件通知、电话、多媒体、DFX（Design For X）、MSDP&DV 等子系统组成。

③增强软件服务子系统集：为 HarmonyOS 提供针对不同设备的、差异化的能力增强型软

件服务，由智慧屏专有业务、穿戴专有业务、IoT 专有业务等子系统组成。

④硬件服务子系统集：为 HarmonyOS 提供硬件服务，由位置服务、生物特征识别、穿戴专有硬件服务、IoT 专有硬件服务等子系统组成。

(3)框架层为 HarmonyOS 应用开发提供了 Java/C/C++/JS 等多语言的用户程序框架和 Ability 框架，两种 UI 框架（包括适用于 Java 语言的 Java UI 框架、适用于 JS 语言的 JS UI 框架），以及各种软硬件服务对外开放的多语言框架 API。根据系统的组件化裁剪程度，HarmonyOS 设备支持的 API 也会有所不同。

(4)应用层包括系统应用和第三方应用（扩展应用）。HarmonyOS 的应用由一个或多个 FA（Feature Ability）或 PA（Particle Ability）组成。其中，FA 有 UI 界面，提供与用户交互的能力；而 PA 无 UI 界面，提供后台运行任务的能力以及统一的数据访问抽象。FA 在进行用户交互时所需的后台数据访问也需要由对应的 PA 提供支撑。基于 FA/PA 开发的应用，能够实现特定的业务功能，支持跨设备调度与分发，为用户提供一致、高效的应用体验。

5. 系统技术特性

(1)硬件互助，资源共享。

多种设备之间能够实现硬件互助、资源共享，依赖的关键技术包括分布式软总线、分布式设备虚拟化、分布式数据管理、分布式任务调度等，如图 5.5 所示。

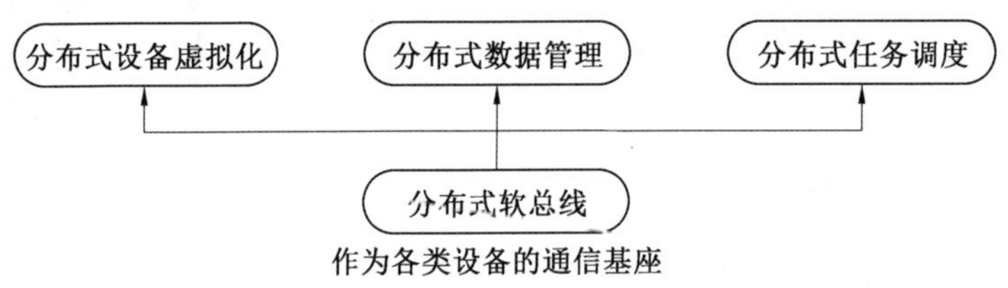

图 5.5 鸿蒙操作系统的关键技术

分布式软总线是手机、平板、智能穿戴、智慧屏、车机等分布式设备的通信基座，为设备之间的互联互通提供了统一的分布式通信能力，为设备之间的无感发现和零等待传输创造了条件。开发者只需聚焦于业务逻辑的实现，无须关注组网方式与底层协议。鸿蒙系统软总线技术架构图如图 5.6 所示。

分布式设备虚拟化平台可以实现不同设备的资源融合、设备管理、数据处理，多种设备共同形成一个超级虚拟终端。针对不同类型的任务，为用户匹配并选择能力合适的执行硬件，让业务连续地在不同设备间流转，充分发挥不同设备的能力优势，如显示能力、摄像能力、音频能力、交互能力以及传感器能力等。鸿蒙系统分布式虚拟化功能结构图如图 5.7 所示。

分布式数据管理基于分布式软总线的能力，实现应用程序数据和用户数据的分布式管理。用户数据不再与单一物理设备绑定，业务逻辑与数据存储分离，跨设备的数据处理如同本地数据处理一样方便快捷，让开发者能够轻松实现全场景、多设备下的数据存储、共享和访问，为打造一致、流畅的用户体验创造了基础条件。鸿蒙系统分布式数据存储技术架构图如图 5.8 所示。

分布式任务调度基于分布式软总线、分布式数据管理、分布式 Profile 等技术特性，构建统一的分布式服务管理（发现、同步、注册、调用）机制，支持对跨设备的应用进行远程启动、远程调用、远程连接以及迁移等操作，能够根据不同设备的能力、位置、业务运行状态、资源使用情况，以及用户的习惯和意图，选择合适的设备运行分布式任务。鸿蒙系统分布式任务调度架构

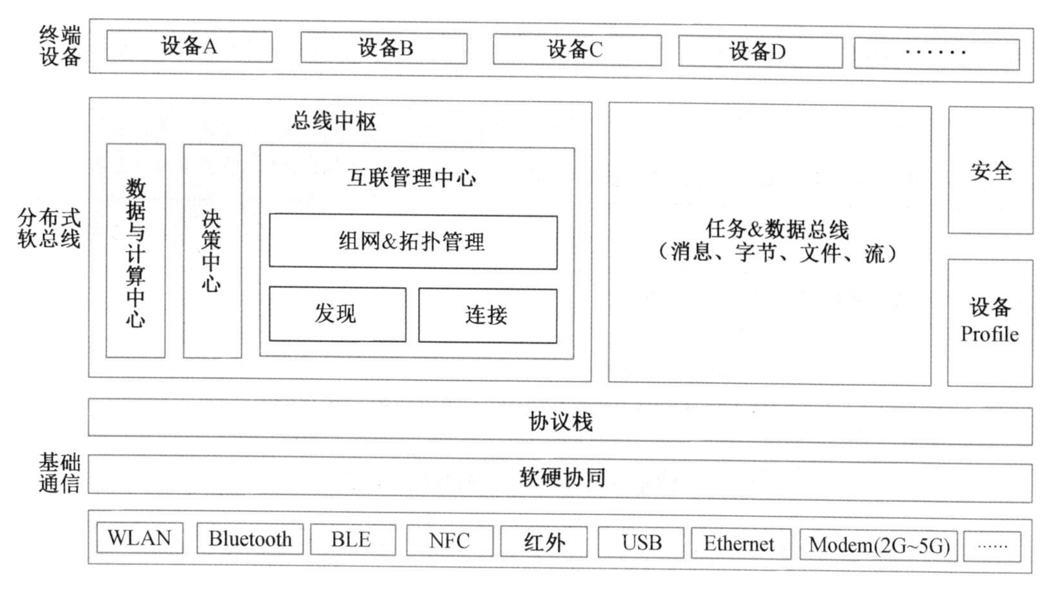

图5.6　鸿蒙系统软总线技术架构图

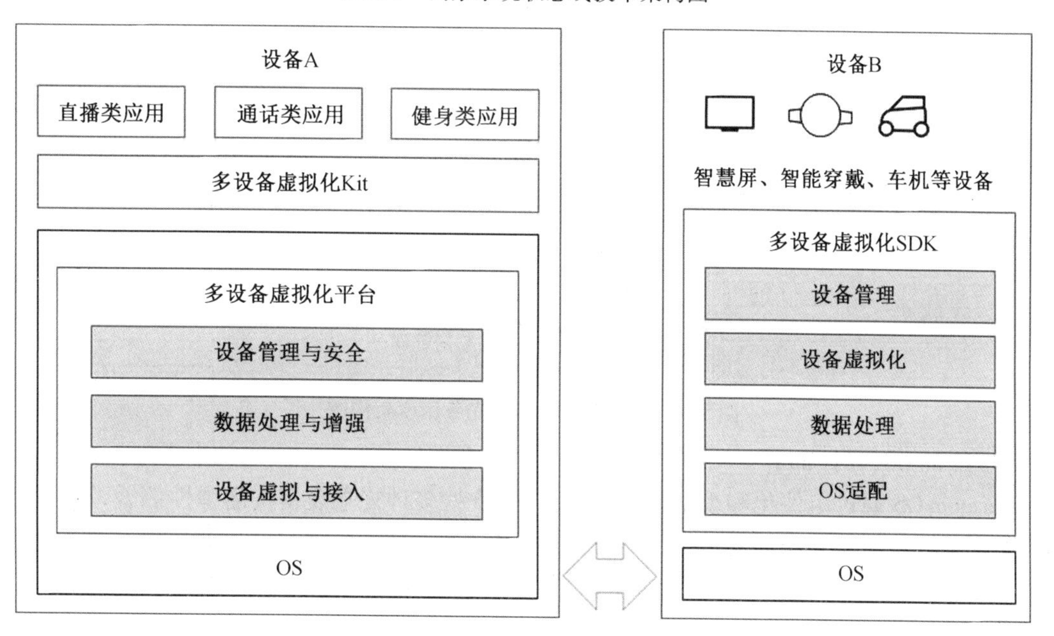

图5.7　鸿蒙系统分布式虚拟化功能结构图

图如图5.9所示。

(2)一次开发,多端部署。

如图5.10所示,HarmonyOS提供了用户程序框架、Ability框架以及UI框架,支持应用开发过程中多终端的业务逻辑和界面逻辑进行复用,能够实现应用的一次开发、多端部署,提升了跨设备应用的开发效率。

UI框架支持Java和JS两种开发语言,并提供了丰富的多态控件,可以在手机、平板、智能穿戴、智慧屏、车机上显示不同的UI效果。采用业界主流设计方式,提供多种响应式布局方案,支持栅格化布局,满足不同屏幕的界面适配能力。

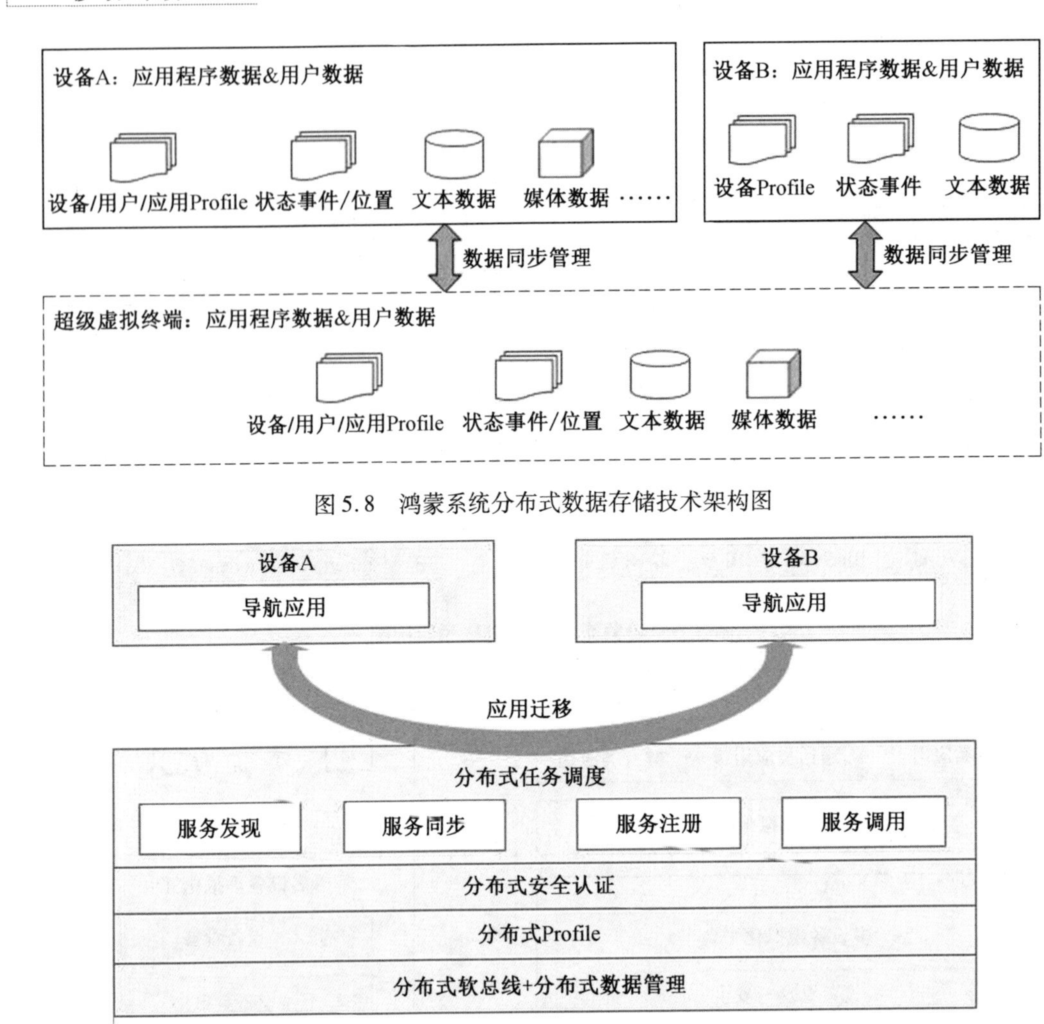

图 5.8 鸿蒙系统分布式数据存储技术架构图

图 5.9 鸿蒙系统分布式任务调度架构图

(3)统一 OS,弹性部署。

HarmonyOS 通过组件化和小型化等设计方法,支持多种终端设备按需弹性部署,能够适配不同类别的硬件资源和功能需求,支撑通过编译链关系去自动生成组件化的依赖关系,形成组件树依赖图,支撑产品系统的便捷开发,降低硬件设备的开发门槛。鸿蒙弹性部署特性示意图如图 5.11 所示。

5.1.3 鸿蒙与其他智能终端操作系统的区别

1. 面向多场景的“众内核”特色

HarmonyOS 不同于以往的操作系统,其创新性体现在“众内核”设计特色,从而实现了多设备统一 OS 的目标,也让鸿蒙系统可以适配各种硬件设备。截至目前,鸿蒙已推出 L0、L1、L2 三级系统,L3、L4、L5 在未来 5 年内逐步推出。鸿蒙中众内核多场景系统内核支撑示意图如图 5.12 所示。

2. 宏内核与微内核

内核是操作系统内最基础的构件,因此内核的设计对于操作系统的外部特性也有着至关

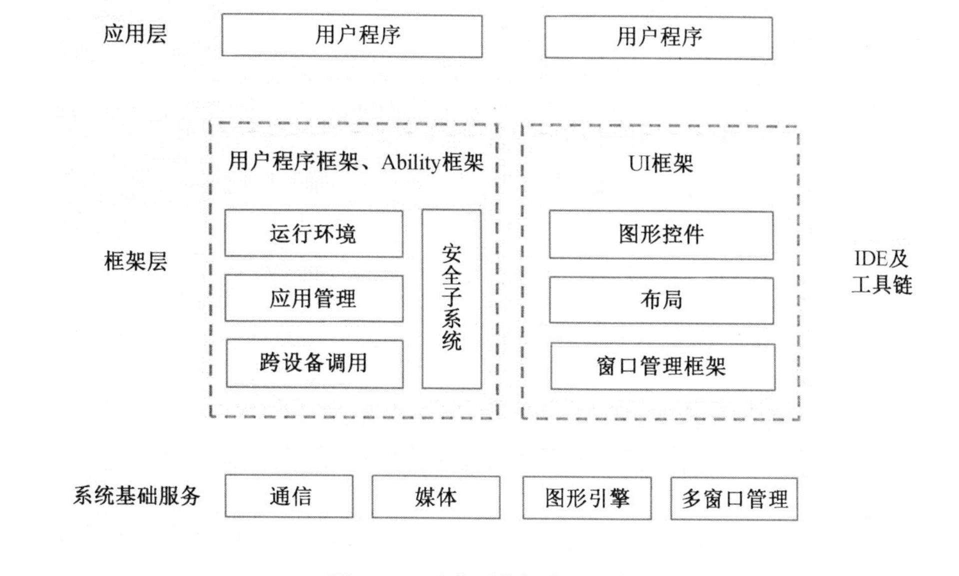

图5.10　鸿蒙系统架构层示意图

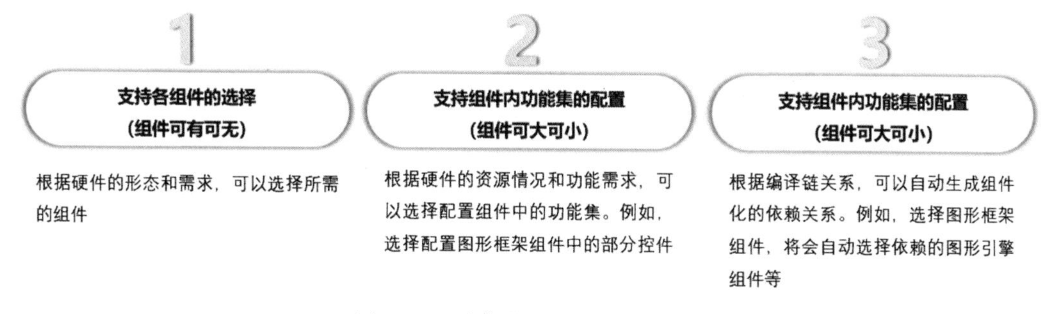

图5.11　鸿蒙弹性部署特性示意图

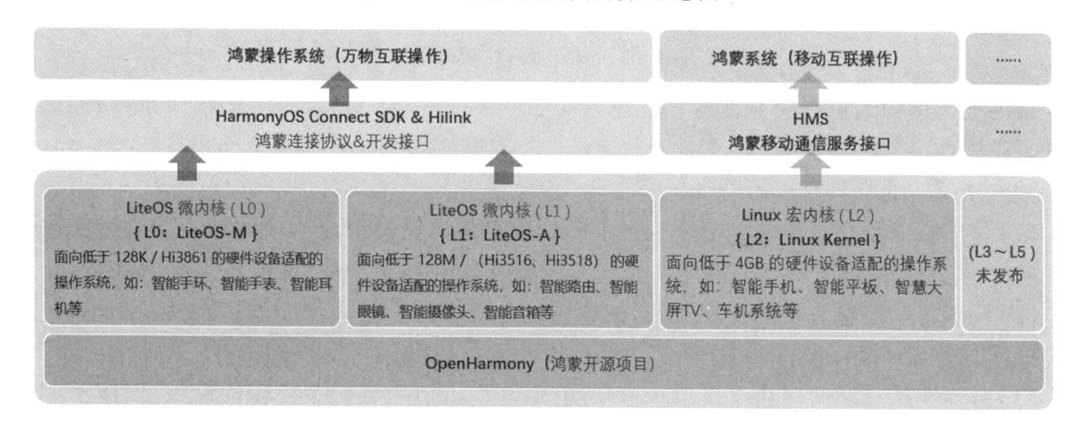

图5.12　鸿蒙中众内核多场景系统内核支撑示意图

重要的影响。常见的系统内核结构可以分为宏内核、微内核、混合内核、外内核等。

宏内核与微内核的区别：

①宏内核：存在历史最长，在应用领域占据主导地位。

②微内核：较新的内核结构，但是它具备众多宏内核不具有的优良特性，吸引了很多研究

者参与研究。

宏内核与微内核的优缺点对比见表5.2。

表5.2 宏内核与微内核的优缺点对比表

内核	优点	缺点
宏内核	易于设计和实现、硬件性能高	维护成本高、容错机制差
微内核	提高了系统的可扩展性 增强了系统的可靠性 增强了可移植性 提供了对分布式系统的支持 任务线程 融入面向对象技术	通信失效率高 IPC有额外开销 Cache命中率低 内存复制

3. 微内核架构

如图5.13所示，微内核架构包含两类组件，分别为核心系统和插件模块。

(1)核心系统负责通用功能，不因为业务的变化而变化。

(2)插件模块负责实现具体的业务，可以根据业务的变化而改动和扩展。

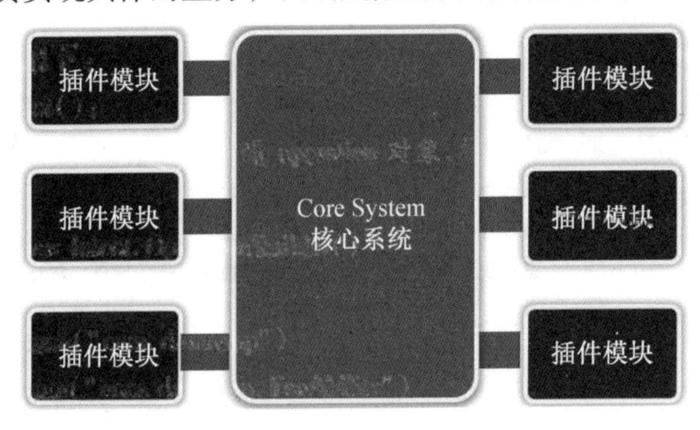

图5.13 鸿蒙微内核架构图

微内核架构模式可以将其他应用程序的功能作为插件添加到核心应用程序，从而提供应用的可扩展性、功能分离和独立性。

微内核架构通常具有以下特征：

(1)整体敏捷度高。整体敏捷度是对不断变化的环境做出快速反应的能力。通过松散耦合的插件模块，可以很大程度上隔离并快速实现更改。

(2)易部署。根据模块的实现方式，在运行时可以将插件模块动态添加到核心系统，从而最大程度减少部署期间的停机时间。

(3)可测性高。插件模块可以单独进行测试，并且可以由核心系统轻松模拟，以演示或原始化特定功能，而对核心系统的更改很少或没有更改。

(4)功能表现优秀。虽然微内核架构模式无法自然地适用于高性能应用程序，但大多数使用微内核架构模式构建的应用程序都表现良好，因为可以自定义和简化应用程序，仅包含所需的功能即可。

(5)可扩展性强。根据插件模块的实现方式，可以在插件级别提供功能可扩展性。

(6)不易开发。微内核架构需要周全的设计和协议管理，实施相当复杂。

4. 方舟编译器

方舟编译器是华为自主研发的编译器平台,它将从前边解释边执行的低效运行方式,转变为将 Java、C、C++等代码一次编译成机器码的高效运行方式,同时也实现了多语言的统一。

方舟编译器将 Java 的所有语句全部翻译成机器码,最后打包成 APK 安装文件。方舟编译器最大的优势在于它绕过了虚拟机。简单来说,方舟编译器可以将高级语言(Java)直接变成机器码,无须再通过 Android 系统中内置的编译器。方舟编译器的静态编译方式可将语言里的动态特性直接翻译成机器码,手机安装应用程序后可全速运行程序,彻底放弃使用虚拟机,极大提升了系统运行效率。官方数据表明,方舟编译器能提升 24% 的操作系统流畅度、44% 的系统响应能力和 60% 的第三方应用操作流畅度。

5. 鸿蒙系统与安卓系统的区别

鸿蒙系统与安卓系统的区别如下:

(1)内核框架不一样。安卓系统基于单核,鸿蒙系统采用众核。

(2)鸿蒙系统与安卓系统的使用范围不同。安卓系统适用于独立设备,鸿蒙系统是物联网操作系统,真正对标的是谷歌的 Fuchsia 系统。

5.1.4　鸿蒙软件开发、测试环境

鸿蒙北向软件应用开发使用的 IDE 为 HUAWEI DevEco Studio。HUAWEI DevEco Studio(以下简称 DevEco Studio)是基于 IntelliJ IDEA Community 开源版本打造,面向华为终端全场景多设备的一站式集成开发环境(IDE),为开发者提供工程模板创建、开发、编译、调试、发布等 E2E 的 HarmonyOS 应用开发服务。通过使用 DevEco Studio,开发者可以更高效地开发具备 HarmonyOS 分布式能力的应用,进而提升创新效率。鸿蒙开发工具 DevEco Studio 功能示意图如图 5.14 所示。

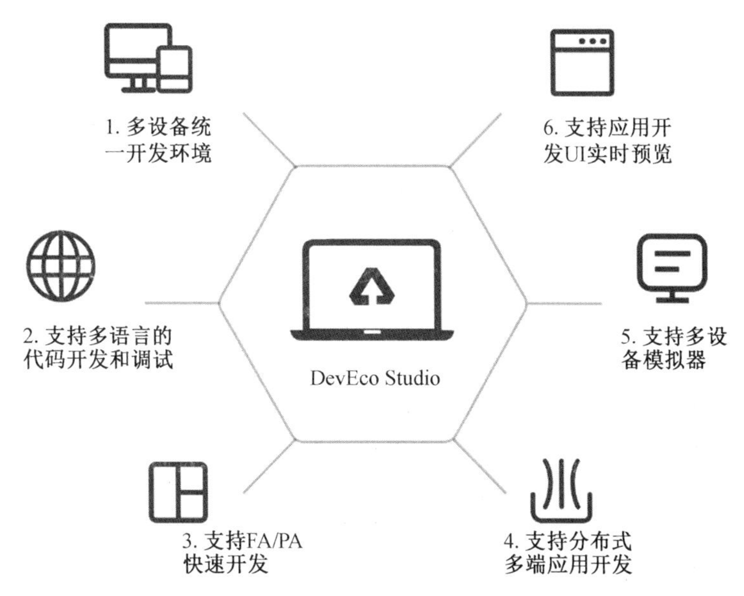

图 5.14　鸿蒙开发工具 DevEco Studio 功能示意图

作为一款开发工具,除了具有基本的代码开发、编译构建及调测等功能外,DevEco Studio 还具有如下特点:

(1)多设备统一开发环境：支持多种 HarmonyOS 设备的应用开发，包括手机(Phone)、平板(Tablet)、车机(Car)、智慧屏(TV)、智能穿戴(Wearable)、轻量级智能穿戴(LiteWearable)和智慧视觉(Smart Vision)设备。

(2)支持多语言的代码开发和调试：包括 Java、XML(Extensible Markup Language)、C/C++、JS(JavaScript)、CSS(Cascading Style Sheets)和 HML(HarmonyOS Markup Language)。

(3)支持 FA(Feature Ability)和 PA(Particle Ability)快速开发：通过工程向导快速创建 FA/PA 工程模板，一键式打包成 HAP(HarmonyOS Ability Package)。

(4)支持分布式多端应用开发：一个工程和一份代码可跨设备运行，支持不同设备界面的实时预览和差异化开发，实现代码的最大化重用。

(5)支持多设备模拟器：提供多设备的模拟器资源，包括手机、平板、车机、智慧屏、智能穿戴设备的模拟器，方便开发者高效调试。

(6)支持多设备预览器：提供 JS 和 Java 预览器功能，可以实时查看应用的布局效果，支持实时预览和动态预览；同时还支持多设备同时预览，查看同一个布局文件在不同设备上的呈现效果。

提示：DevEco Studio 目前支持 Windows 和 macOS 系统，在使用之前需要下载安装 DevEco Studio。进入官网后点击“立即下载”会跳转到下载页面，如果是 Beta 版，则需要登录帐号。

5.1.5 鸿蒙软件工程文件夹结构

鸿蒙移动应用 App 程序拥有完整的工程文件夹结构。使用 DevEco Studio 工具创建好工程后，会自动生成工程目录，其中包括主程序 Java 源文件工程文件夹、资源文件夹、工程构建文件夹、测试文件夹以及应用构建文件夹等。这些文件夹在应用开发过程中起到关键作用，同时也为程序开发带来更为合理的文件资源归类及管理。鸿蒙移动应用 App 工程文件夹统筹纳管在开发过程中的相关文件，系统地为开发者提供良好工程开发环境。工程文件夹的目录结构如图 5.15 所示。

以下对工程文件夹结构及关键文件进行说明：

(1).gradle：Gradle 配置文件，由系统自动生成，一般情况下不需要进行修改。

(2)entry：默认启动模块(主模块)，开发者用于编写源码文件以及开发资源文件的目录。

(3)entry>libs：用于存放 entry 模块的依赖文件。

(4)entry>src>main>Java：用于存放 Java 源码。

(5)entry>src>main>resources：用于存放应用所用到的资源文件，如图形、多媒体、字符串、布局文件等。

(6)entry>src>main>config.json：应用配置文件。

(7)entry>src>ohos Test：HarmonyOS 应用测试框架，运行在设备模拟器或者真机设备上。

(8)entry>src>test：编写代码单元测试代码的目录，运行在本地 Java 虚拟机(JVM)上。

(9)entry>.gitignore：标识 git 版本管理需要忽略的文件。

(10)entry>build.gradle：entry 模块的编译配置文件。

5.1.6 鸿蒙 JS-FA/Java 模板快速开发

鸿蒙移动软件应用开发在前端 UI 开发阶段可以使用 Java 语言或 JS 语言两种方式进行，

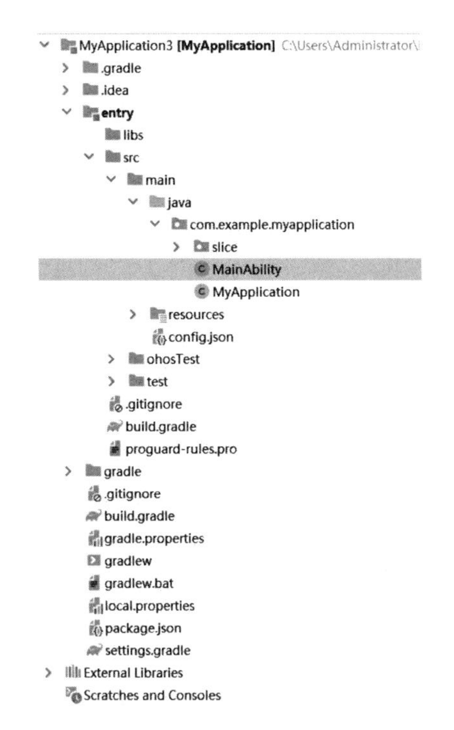

图 5.15　鸿蒙移动应用 App 工程文件夹结构示意图

依据不同开发者的技术基础，实际开发过程中可根据自身的编程语言能力进行不同模式的选择。

说明：Java 语言和 JavaScript 语言均可在鸿蒙移动应用 App UI 界面交互开发时使用，但在 App 应用实际逻辑开发过程中主要使用 Java 语言。

1. 使用 Java UI 模板快速开发

鸿蒙 UI 目前提供 JS-FA、Java 及 C++模拟，开发者可以选择模板达到快速开发的目的。Java UI 模板快速开发步骤为：

步骤 1：创建新工程。

步骤 2：选择 Java 语言模板，如图 5.16 所示。

步骤 3：配置工程，如图 5.17 所示。

步骤 4：最终点击“Finish”按钮完成 App 工程创建并运行工程。

2. 使用 JS UI 模板快速开发

JS UI 模板快速开发步骤为：

步骤 1：创建新工程。

步骤 2：选择 JS 语言模板，如图 5.18 所示。

步骤 3：配置工程，如图 5.19 所示。

步骤 4：最终点击“Finish”按钮完成 App 工程创建并运行工程。

Create HarmonyOS Project
Choose your ability template
Empty Ability(JS)
Empty Ability(Java)
Native C++
[Lite]Empty Ability(JS)
About Ability(JS)
Full Screen Ability(JS)
Grid Ability(JS)
List Tab Ability(JS)
Settings Ability(JS)
Splash Screen Ability(JS)
Empty Ability(Java)
This Feature Ability template was developed in Java for phones, TVs, tablets, wearable devices and cars to display the basic Hello World functions.
Help
Cancel
Previous
Next

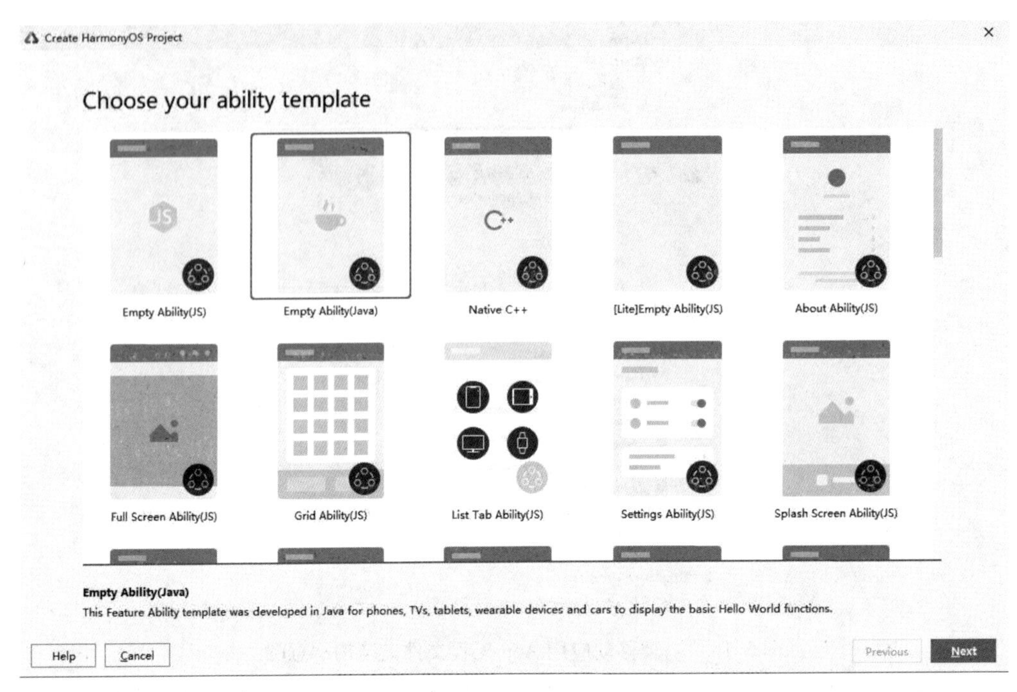

图 5.16　鸿蒙移动应用 App 模板创建(Java 模式)示意图

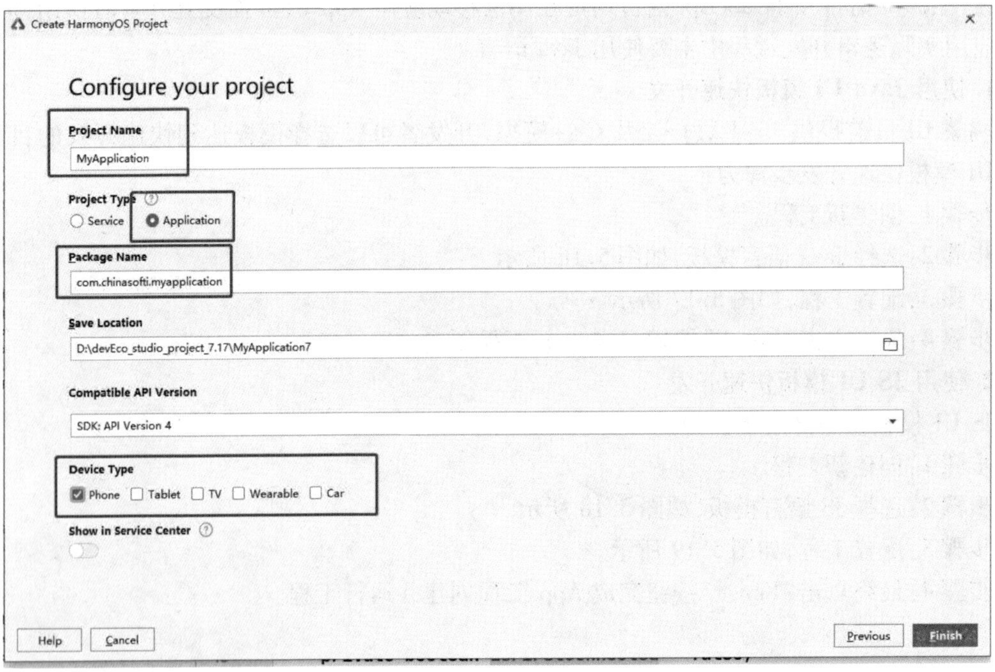

Create HarmonyOS Project
Configure your project
Project Name
MyApplication
Project Type
Service
Application
Package Name
com.chinasofti.myapplication
Save Location
D:\devEco_studio_project_7.17\MyApplication7
Compatible API Version
SDK: API Version 4
Device Type
Phone
Tablet
TV
Wearable
Car
Show in Service Center
Help
Cancel
Previous
Finish

图 5.17　鸿蒙移动应用 App 工程配置(Java 模式)示意图

Create HarmonyOS Project
Choose your ability template
Empty Ability(JS)
Empty Ability(Java)
Native C++
[Lite]Empty Ability(JS)
About Ability(JS)
Full Screen Ability(JS)
Grid Ability(JS)
List Tab Ability(JS)
Settings Ability(JS)
Splash Screen Ability(JS)
Empty Ability(JS)
This Feature Ability template was developed in JS for phones, TVs, tablets and wearable devices to display the basic Hello World functions.
Help
Cancel
Previous
Next

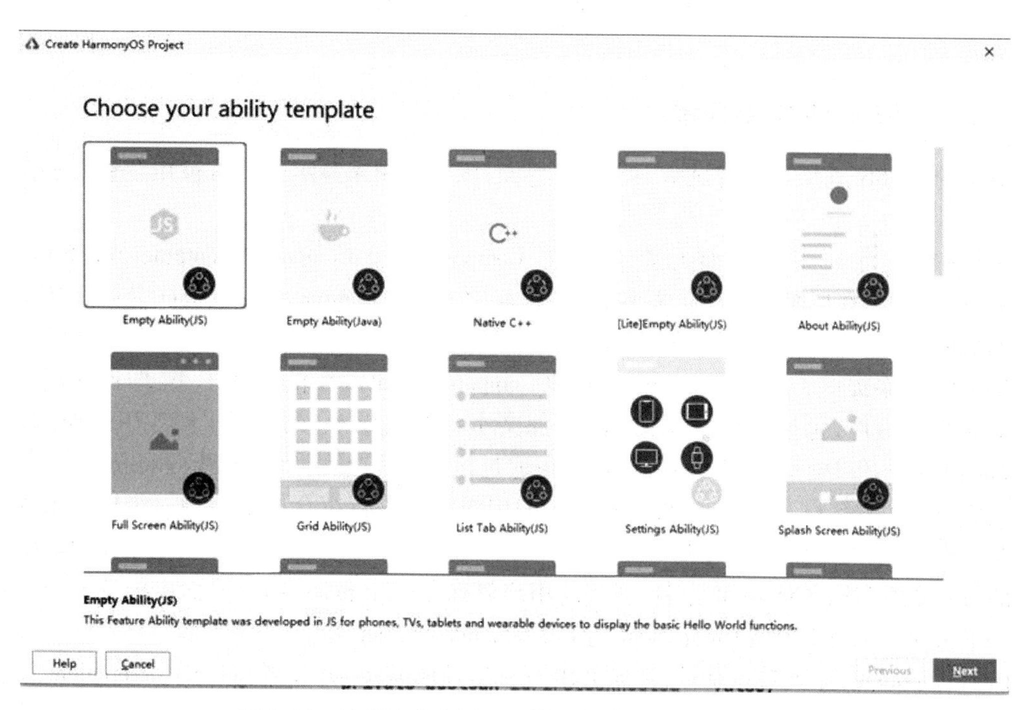

图 5.18　鸿蒙移动应用 App 模板创建(JS 模式)示意图

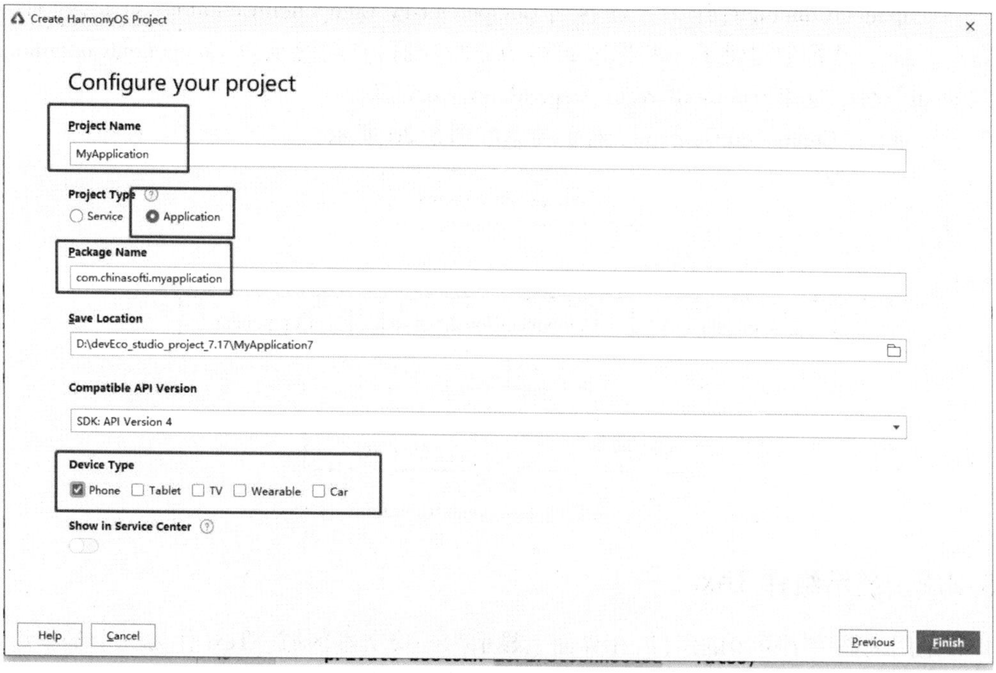

Create HarmonyOS Project
Configure your project
Project Name
MyApplication
Project Type
Service
Application
Package Name
com.chinasofti.myapplication
Save Location
D:\devEco_studio_project_7.17\MyApplication7
Compatible API Version
SDK: API Version 4
Device Type
Phone
Tablet
TV
Wearable
Car
Show in Service Center
Help
Cancel
Previous
Finish

图 5.19　鸿蒙移动应用 App 工程配置(JS 模式)示意图

5.2 鸿蒙 UI 编程

5.2.1 鸿蒙 UI 框架介绍

应用的 Ability 在屏幕上将显示一个用户界面，该界面用来显示所有可被用户查看和交互的内容。

应用中，所有的用户界面元素都是由 Component 和 ComponentContainer 对象构成。Component 是绘制在屏幕上的一个对象，用户能与之交互。ComponentContainer 是一个用于容纳其他 Component 和 ComponentContainer 对象的容器。

Java UI 框架提供了一部分 Component 和 ComponentContainer 的具体子类，即创建用户界面（UI）的各类组件，包括一些常用的组件（如文本、按钮、图片、列表等）和常用的布局（如 DirectionalLayout 和 DependentLayout）。用户可通过组件进行交互操作，并获得响应。

用户界面元素统称为组件，组件根据一定的层级结构进行组合形成布局。组件在未被添加到布局中时，既无法显示也无法交互，因此一个用户界面至少包含一个布局。在 UI 框架中，具体的布局类通常以 XXLayout 命名，完整的用户界面是一个布局，用户界面中的一部分也可以是一个布局。布局中容纳 Component 与 ComponentContainer 对象。

（1）Component：提供内容显示，是界面中所有组件的基类，开发者可以给 Component 设置事件处理回调来创建一个可交互的组件。Java UI 框架提供了一些常用的界面元素，也可称之为组件，组件一般直接继承 Component 或它的子类，如 Text、Image 等。

（2）ComponentContainer：作为容器容纳 Component 或 ComponentContainer 对象，并对它们进行布局。Java UI 框架提供了一些标准布局功能的容器，它们继承自 ComponentContainer，一般以“Layout”结尾，如 DirectionalLayout、DependentLayout 等。

Component 与 ComponentContainer 对象关系如图 5.20 所示。

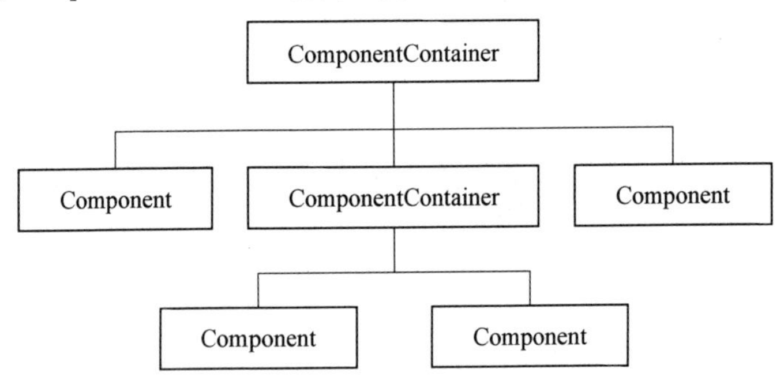

图 5.20 Component 与 ComponentContainer 对象关系

5.2.2 显示组件 Text

Text 是用来显示字符串的组件，在界面上显示为一块文本区域。Text 作为一个基本组件，有很多扩展，常见的有按钮组件 Button，文本编辑组件 TextField。

Text 的共有 XML 属性继承自 Component。Component 是所有组件的基类，Component 支持的 XML 属性，其他组件都支持。

Component 支持的 XML 属性主要有：

id：控件 identity，用以识别不同控件对象，每个控件唯一。

width：宽度，必填项。

height：高度，必填项。

clickable：是否可点击。

enabled：是否启用。

visibility：可见性。

background_element：背景图层。

padding：内间距。

margin：外边距。

Text 的自有 XML 属性见表 5.3。

表 5.3　Text 的自有 XML 属性

属性名称	中文描述	取值	取值说明	使用案例
text	显示文本	string 类型	可以直接设置文本字符串，也可以引用 string 资源（推荐使用）	ohos：text ="熄屏时间" ohos：text =" $ string：test_str"
text_size	文本大小	float 类型	表示字体大小的 float 类型 可以是浮点数值，其默认单位为 px；也可以是带 px/vp/fp 单位的浮点数值；也可以引用 float 资源	ohos：text_size ="30" ohos：text_size ="16fp" ohos：text_size =" $ float：size_value"
text_color	文本颜色	color 类型	可以直接设置色值，也可以引用 color 资源	ohos：text_color =" #A8FFFFFF" ohos：text_color =" $ color：black"
text_alignment	文本对齐方式	Left、right、top、bottom、center、vertical_center、horizontal_center	左、右、上、下、居中、垂直居中、水平居中。可以设置取值项如表中所列，也可以使用"|"进行多项组合	ohos：text_alignment =" top" ohos：text_alignment ="top|left"

创建 Text 的方法是在 layout 目录下的 xml 文件中声明 Text 组件标签，如下：

```
<Text
    ohos:id=" $ +id:text"
    ohos:width="match_content"
    ohos:height="match_content"
    ohos:text="Text"/>
```

5.2.3 交互组件 Button

Button 是一种常见的组件，点击该组件可以触发对应的操作，通常由文本或图标组成，也可以由图标和文本共同组成。

Button 的开发步骤如下：

(1)通过 id 找到布局中的 Button 组件。

(2)调用 Button 中的 setClickedListener 方法设置监听。

```
Button button = (Button)findComponentById(ResourceTable.Id_button);
//为按钮设置点击事件回调
button.setClickedListener(listener->{
    //此处添加点击按钮后的事件处理逻辑
});
```

5.2.4 交互组件 ListContainer

ListContainer 是用来呈现连续、多行数据的组件，包含一系列相同类型的列表项，如图5.21所示。

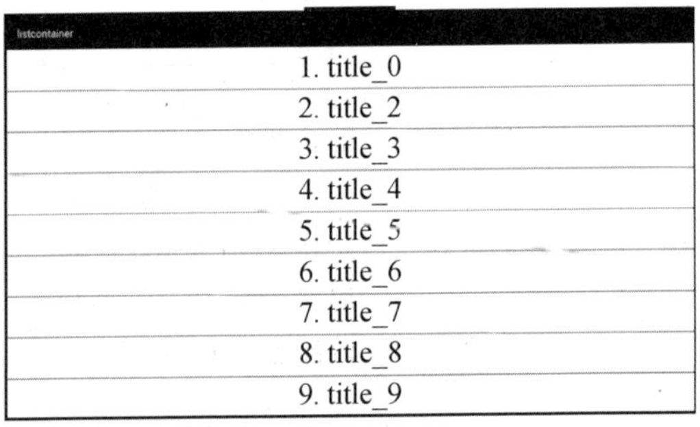

listcontainer

1. title_0
2. title_2
3. title_3
4. title_4
5. title_5
6. title_6
7. title_7
8. title_8
9. title_9

图 5.21 ListContainer 示例

ListContainer 的开发步骤如下：

(1)在 xml 布局文件中添加 ListContainer 组件。

```
<?xml version="1.0" encoding="utf-8"?>
<DirectionalLayout
    xmlns:ohos="http://schemas.huawei.com/res/ohos"
    ohos:height="match_parent"
    ohos:width="match_parent"
    ohos:orientation="vertical">
    <ListContainer
        ohos:id="$+id:lc"
        ohos:height="match_parent"
        ohos:width="match_parent"
        ohos:background_element="gray"
        ohos:padding="10vp" />
</DirectionalLayout>
```

(2)创建 item 布局文件 ability_main_item.xml。

```
<? xml version="1.0" encoding="utf-8"? >
<DirectionalLayout
    xmlns:ohos="http://schemas.huawei.com/res/ohos"
    ohos:height="match_content"
    ohos:width="match_parent"
    ohos:orientation="vertical">
    <Text
        ohos:id="$+id:t_content"
        ohos:height="match_content"
        ohos:width="match_parent"
        ohos:background_element="white"
        ohos:text="title"
        ohos:text_size="20fp"
        ohos:padding="5vp"
        ohos:text_alignment="center"
        ohos:bottom_margin="1vp"/>
</DirectionalLayout>
```

(3)创建 RecycleItemProvider 子类,实现数据与 UI 适配。

```
package com.chinasofti.listcontainerdemo.provider;

import ohos.aafwk.ability.AbilitySlice;
import ohos.agp.components.*;
//import ohos.global.systemres.ResourceTable;  //这个是导入类,是系统的,不是本项目
import  com.chinasofti.listcontainerdemo.ResourceTable;
import java.util.List;

public class MyProvider extends BaseItemProvider {
    AbilitySlice abilitySlice;
    List<String> list;
    //创建一个有两个参数的构造方法
    public MyProvider(AbilitySlice abilitySlice, List<String> list){
        this.abilitySlice = abilitySlice;
        this.list = list;
    }
    @Override
    public int getCount(){
        return list==null? 0:list.size();
    }
    @Override
    public Object getItem(int i){
        return list==null? null:list.get(i);
    }
    @Override
```

```
        public long getItemId(int i) {
            return i;
        }
        @Override
        public Component getComponent(int i, Component component, ComponentContainer componentContainer)
{
            component = LayoutScatter.getInstance(abilitySlice).parse(ResourceTable.Layout_ability_main_
item, null, false);
            Text t_content =(Text)component.findComponentById(ResourceTable.Id_t_content);
            t_content.setText(list.get(i));
            return component;
        }
    }
```

(4)在 slice 中完成数据及其他功能。

```
/*
    1、创建数据
    2、通过 id 获取 ListContainer 对象
    3、实例化 MyProvider
    4、给 ListContainer 对象设置 Provider 属性
*/

public class MainAbilitySlice extends AbilitySlice {
    ListContainer lc;
    List<String> list = new ArrayList<>();

    @Override
    public void onStart(Intent intent) {
        super.onStart(intent);
        super.setUIContent(ResourceTable.Layout_ability_main);

        //通过 id 获取 ListContainer 对象
        lc =(ListContainer)findComponentById(ResourceTable.Id_lc);
        //创建数据
        for(int i = 0; i < 40; i++)
            list.add(i + "、title" + i);
        //3、实例化 MyProvider
        MyProvider myProvider = new MyProvider(MainAbilitySlice.this, list);
        //4、给 ListContainer 对象设置 Provider 属性
        lc.setItemProvider(myProvider);
    }
}
```

5.2.5 布局组件 DirectionalLayout

DirectionalLayout 是 Java UI 中的一种重要布局组件,用于将一组组件(Component)按照水

平或者垂直方向排布，能够方便地对齐布局内的组件。该布局组件和其他布局组件的组合，可以实现更加丰富的布局方式。DirectionalLayout 布局如图 5.22 所示。

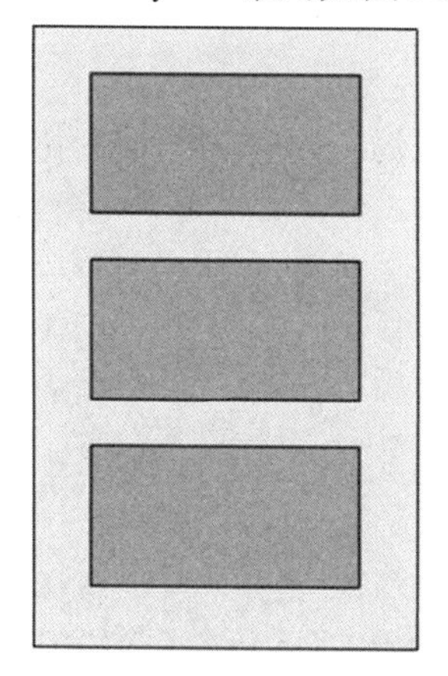

图 5.22　DirectionalLayout 布局

排列方向（Orientation）分为水平（Horizontal）或者垂直（Vertical）方向，可使用 Orientation 设置布局内组件的排列方式，默认为垂直排列。

```
<DirectionalLayout
    xmlns:ohos="http://schemas.huawei.com/res/ohos"
    ohos:width="match_parent"
    ohos:height="match_content"
    ohos:orientation="vertical">
     …….
</DirectionalLayout>
```

5.2.6　布局组件 DependentLayout

DependentLayout 是 Java UI 系统里的一种常见布局组件，比 DirectionalLayout 拥有更多的排布方式，每个组件可以指定相对于其他同级元素的位置，或者指定相对于父组件的位置。

DependentLayout 的排列方式如下：

相对于其他同级组件的位置进行布局，如图 5.23 所示。

图 5.23　DependentLayout 同级组件布局

```
<DependentLayout
    xmlns:ohos="http://schemas.huawei.com/res/ohos"
    ohos:width="match_content"
    ohos:height="match_content"">
    <Text
        ohos:id="$+id:text1"
        …"/>
    <Text
```

```
        ……
        ohos:text="end_of text1"
        ohos:end_of="$id:text1"/>
</DependentLayout>
```

(2)相对于父组件的位置进行布局,位置布局可以组合,形成处于左上角、左下角、右上角、右下角的布局,如图5.24所示。

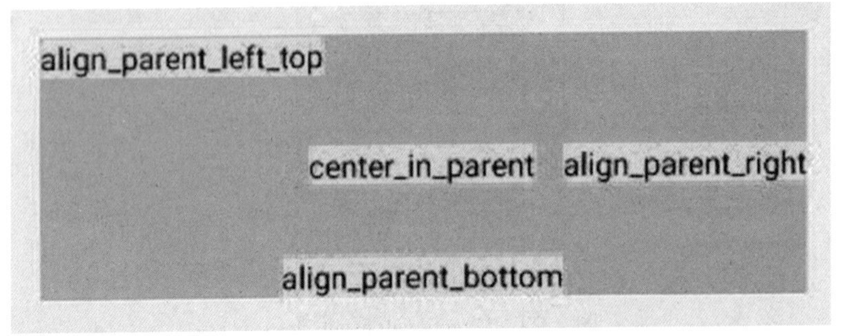

图5.24 DependentLayout相对于父组件布局

```
<DependentLayout
    ……   >
    <Text
        ……
        ohos:align_parent_right="true"
        ohos:center_in_parent="true"/>
    <Text
        ohos:align_parent_bottom="true"
        ohos:center_in_parent="true"/>
    <Text
        ……
        ohos:center_in_parent="true"/>
    <Text
        ohos:align_parent_left="true"
        ohos:align_parent_top="true"/>
</DependentLayout>
```

5.3 Ability编程

5.3.1 Ability概述

Ability是应用所具备能力的抽象,一个应用可以具备多种能力(即可以包含多个Ability),HarmonyOS支持应用以Ability为单位进行部署。

Ability分为两类:

(1)FA(Feature Ability):FA支持Page Ability,Page模板是FA唯一支持的模板,用于提供与用户交互的能力。一个Page实例可以包含一组相关页面,每个页面用一个AbilitySlice实例表示。

(2)PA(Particle Ability):PA 支持 Service Ability 和 Data Ability。Service 模板用于提供后台运行任务的能力,Data 模板用于对外部提供统一的数据访问抽象。

Ability 配置:在配置文件(config.json)中注册 Ability 时,可通过配置 Ability 元素中的“type”属性来指定 Ability 模板类型,“type”的取值可以为“page”“service”或“data”。

5.3.2 Page 模板 Page Ability

1. Page 与 AbilitySlice

Page 模板(以下简称“Page”)是 FA 唯一支持的模板,用于提供与用户交互的能力。一个 Page 可以由一个或多个 AbilitySlice 构成,AbilitySlice 是指应用的单个页面及其控制逻辑的总和。

当一个 Page 由多个 AbilitySlice 共同构成时,这些 AbilitySlice 页面提供的业务能力应具有高度相关性。例如,新闻浏览功能可以通过一个 Page 来实现,其中包含了两个 AbilitySlice:一个 AbilitySlice 用于展示新闻列表,另一个 AbilitySlice 用于展示新闻详情。Page 和 AbilitySlice 的关系如图 5.25 所示。

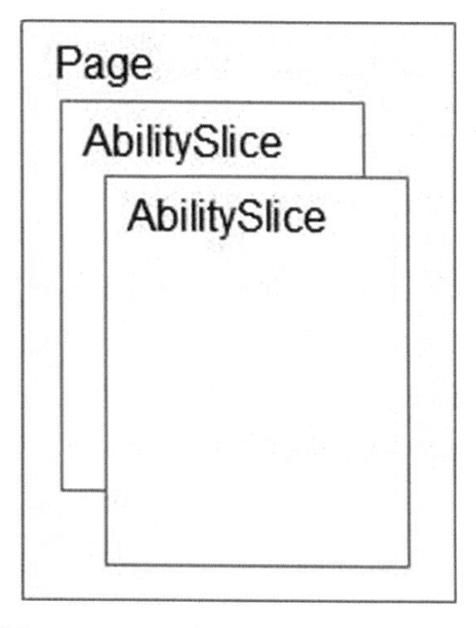

图 5.25 Page 与 AbilitySlice 的关系

相比于桌面场景,移动场景下应用之间的交互更为频繁。通常,单个应用专注于某个方面的能力开发,当它需要其他能力辅助时,会调用其他应用提供的能力。例如,外卖应用提供了联系商家的业务功能入口,当用户在使用该功能时,会跳转到通话应用的拨号页面。与此类似,HarmonyOS 支持不同 Page 之间的跳转,并可以指定跳转到目标 Page 中某个具体的 AbilitySlice。

2. Page Ability 生命周期

系统管理或用户操作等行为均会引起 Page 实例在其生命周期的不同状态之间进行转换。Ability 类提供的回调机制能够让 Page 及时感知外界变化,从而正确地应对状态变化(比如释放资源),这有助于提升应用的性能和稳健性。Page Ability 生命周期的不同状态转换及其对应的回调如图 5.26 所示。

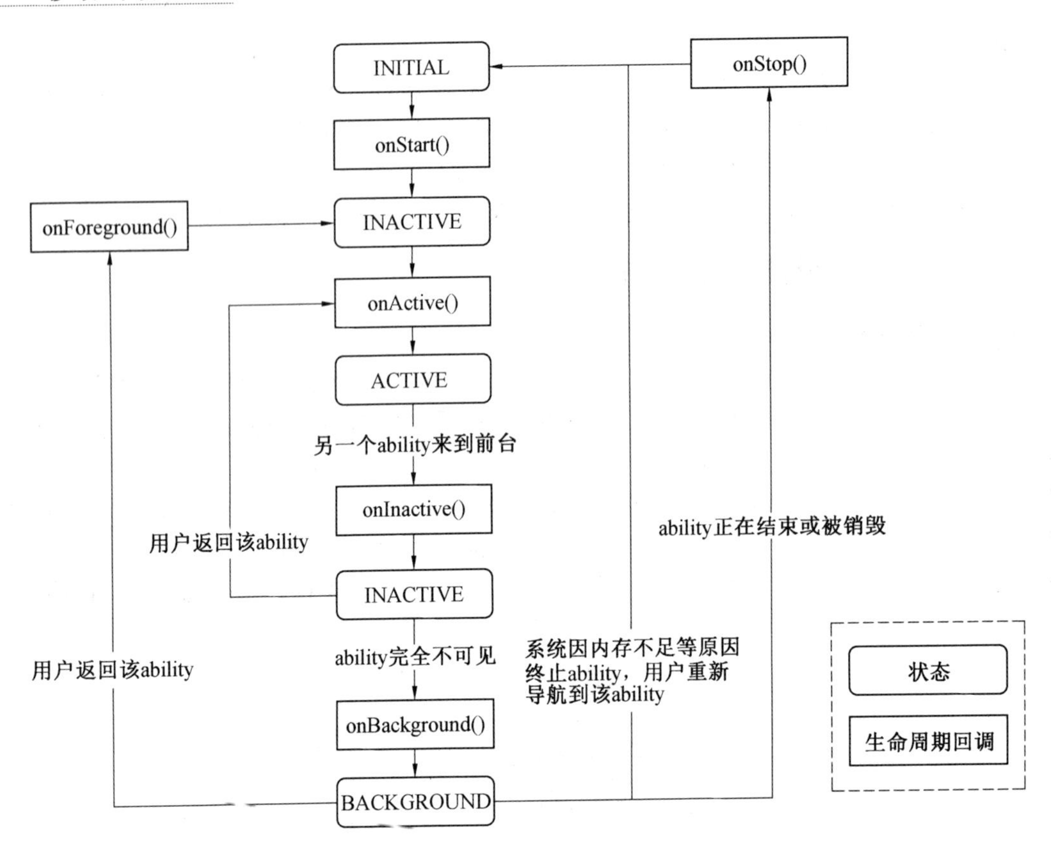

图 5.26 Page Ability 生命周期与回调方法

回调方法的使用如下例所示。

```
public class MainAbility extends Ability {
    static final HiLogLabel LABEL = new HiLogLabel(HiLog. LOG_APP, 0x00201, "MY_TAG");
    @ Override
    public void onStart(Intent intent) {
        super. onStart(intent);
        super. setMainRoute(MainAbilitySlice. class. getName());
        HiLog. info(LABEL,"onStart");
    }
    @ Override
    public void onActive() {
        super. onActive();
        HiLog. info(LABEL,"onActive");
    }
    @ Override
    protected void onStop() {
        super. onStop();
        HiLog. info(LABEL,"onStop");
    }
}
```

5.3.3 Service 模板 Service Ability

基于 Service 模板的 Ability（以下简称“Service”）主要用于后台运行任务（如进行音乐播放、文件下载等），但不提供用户交互界面。Service 可由其他应用或 Ability 启动，即使用户切换到其他应用，Service 仍将在后台继续运行。

Service 是单实例的。在一个设备上，相同的 Service 只会存在一个实例。如果多个 Ability 共用这个实例，只有当与 Service 绑定的所有 Ability 都退出后，Service 才能够退出。由于 Service 是在主线程里执行的，因此，如果在 Service 里面的操作时间过长，开发者必须在 Service 里创建新的线程来处理，防止造成主线程阻塞，应用程序无响应。

Service Ability 具有以下特征：

①基于 Service 模板的 Ability。

②用于后台运行任务（如执行音乐播放、文件下载等），不提供用户交互界面。

③可由其他应用或 Ability 启动。

④即使用户切换到其他应用，Service 仍将在后台继续运行。

⑤单实例，在一个设备上，相同的 Service 只会存在一个实例。

⑥如果多个 Ability 共用这个实例，只有当与 Service 绑定的所有 Ability 都退出后，Service 才能够退出。

5.3.4 Data 模板 DataAbility

使用 Data 模板的 Ability（以下简称“Data”）有助于应用管理其自身和其他应用存储数据的访问，并提供与其他应用共享数据的方法。Data 既可用于同设备不同应用之间的数据共享，也支持跨设备不同应用之间的数据共享。

数据的存放形式多样，可以是数据库，也可以是磁盘上的文件。Data 对外提供对数据的增、删、改、查，以及打开文件等接口的功能，这些接口的具体实现由开发者提供。

DataAbility 具有以下特征：

①使用 Data 模板的 Ability。

②提供与其他应用共享数据的方法。

③可用于同设备不同应用之间的数据共享。

④支持跨设备不同应用之间的数据共享。

⑤数据的存放形式多样，可以是数据库，也可以是磁盘上的文件。

⑥Data 对外提供对数据的增、删、改、查，以及打开文件等接口的功能。

5.3.5 信息的载体 Intent

Intent 是对象之间传递信息的载体。例如，当一个 Ability 需要启动另一个 Ability 时，或者一个 AbilitySlice 需要导航到另一个 AbilitySlice 时，可以通过 Intent 指定启动的目标，同时携带相关数据。Intent 的构成元素包括 Operation 与 Parameters，具体描述见表 5.4。

表 5.4　Intent 构成元素

属性	子属性	描述
Operation	Action	表示动作，通常使用系统预置 Action，应用也可以自定义 Action。例如 IntentConstants. ACTION_HOME 表示返回桌面动作
	Entity	表示类别，通常使用系统预置 Entity，应用也可以自定义 Entity。例如 Intent. ENTITY_HOME 表示在桌面显示图标
	Uri	表示 Uri 描述。如果在 Intent 中指定了 Uri，则 Intent 将匹配指定的 Uri 信息，包括 scheme，schemeSpecificPart，authority 和 path 信息
	Flags	表示处理 Intent 的方式。例如 Intent. FLAG_ABILITY_CONTINUATION 标记在本地的一个 Ability 是否可以迁移到远端设备继续运行
	BundleName	表示包描述。如果在 Intent 中同时指定了 BundleName 和 AbilityName，则 Intent 可以直接匹配到指定的 Ability
	AbilityName	表示待启动的 Ability 名称。如果在 Intent 中同时指定了 BundleName 和 AbilityName，则 Intent 可以直接匹配到指定的 Ability
	DeviceId	表示运行指定 Ability 的设备 ID
Parameters	—	Parameters 是一种支持自定义的数据结构，开发者可以通过 Parameters 传递某些请求所需的额外信息

Intent 的应用示例如下：

```
Intent intent = new Intent();
//通过 Intent 中的 OperationBuilder 类构造 operation 对象，指定设备标识（空串表示当前设备）、应用包名、Ability 名称
Operation operation = new Intent.OperationBuilder()
        .withDeviceId("")
        .withBundleName("com.demoapp")
        .withAbilityName("com.demoapp.FooAbility")
        .build();
intent.setOperation(operation); //把 operation 设置到 intent 中
intent.setParam("key","value");//传递数据
startAbility(intent);
```

5.4　流转编程

5.4.1　流转介绍

随着全场景多设备生活方式的不断深入，用户拥有的设备越来越多，每个设备都能在适合的场景下提供良好的体验，例如，手表可以提供及时的信息查看能力，电视可以带来沉浸的观影体验。但是，每个设备也有使用场景的局限，例如，在电视上输入文本相对手机来说是非常糟糕的体验。当多个设备通过分布式操作系统能够相互感知、进而整合成一个超级终端时，设备与设备之间就可以取长补短、相互帮助，为用户提供更加自然流畅的分布式体验。

按照体验，流转可分为跨端迁移和多端协同。流转架构如图 5.27 所示。

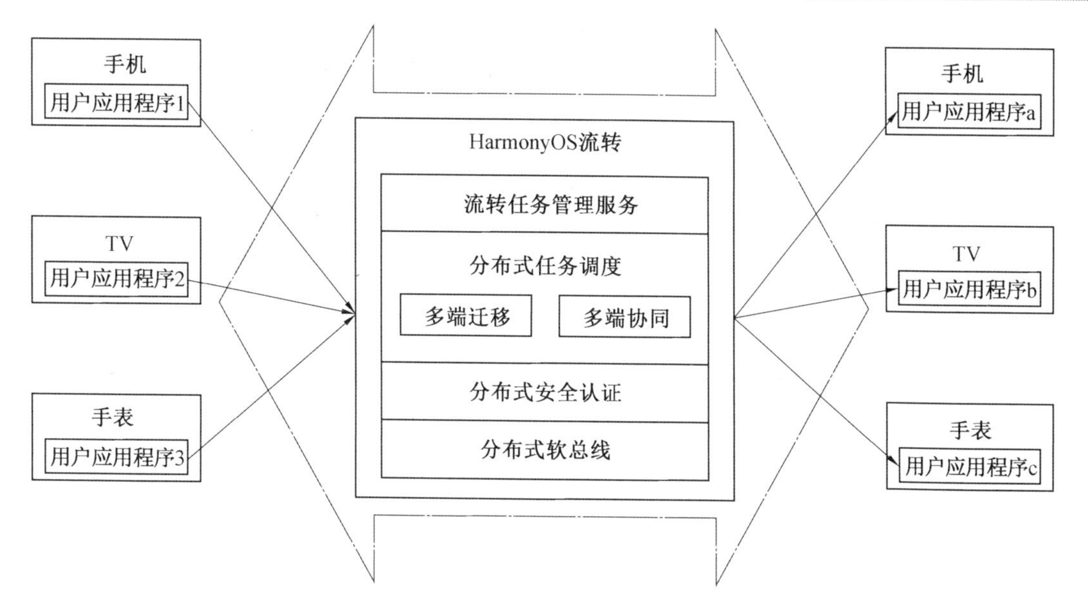

图 5.27　流转架构

5.4.2　流转分布式任务调度

流转分布式任务调度最常用的就是拉起远程 FA,开发步骤如下:

(1)创建新工程。

(2)添加 Button,添加点击事件配置工程。

```
btn = (Button) findComponentById(ResourceTable.Id_btn);
btn.setClickedListener(lis->{


});
```

(3)获取设备列表并获取第一个设备设备 ID。

```
//获取设备列表
List<DeviceInfo> deviceList = DeviceManager.getDeviceList(DeviceInfo.FLAG_GET_ONLINE_DEVICE);
DeviceInfo deviceInfo = deviceList.get(0);//获取第一个设备
```

(4)Operation 对象中设置设备 ID 并添加多设备 FLAG。

```
Operation operation = new Intent.OperationBuilder()
        .withDeviceId(deviceInfo.getDeviceId())//设置设备 ID
          .withBundleName(getBundleName())
          .withAbilityName("com.chinasofti.distruibute8.MainAbility")
          .withFlags(Intent.FLAG_ABILITYSLICE_MULTI_DEVICE)//设置 flag 为多设备
          .build();
intent.setParam("times",++times);
intent.setOperation(operation);
startAbility(intent);
```

(5)添加权限。

```
"reqPermissions": [
```

```
    {       "name": "ohos.permission.DISTRIBUTED_DEVICE_STATE_CHANGE"       },
    {       "name": "ohos.permission.GET_DISTRIBUTED_DEVICE_INFO"       },
    {       "name": "ohos.permission.GET_BUNDLE_INFO"       },
    {       "name": "ohos.permission.DISTRIBUTED_DATASYNC"       }
  ]
```

(6)在 Ability 中动态申请多设备协同权限。

```
public class MainAbility extends Ability {
    @Override
    public void onStart(Intent intent) {
        requestPermissionsFromUser(new String[]{"ohos.permission.DISTRIBUTED_DATASYNC"},0);
        super.onStart(intent);
        super.setMainRoute(MainAbilitySlice.class.getName());
    }
}
```

具体应用案例参见 6.3 节的计票器案例。

5.5 数据存储编程

5.5.1 关系型数据库介绍

关系型数据库(Relational Database,RDB)是一种基于关系模型来管理数据的数据库。HarmonyOS 关系型数据库基于 SQLite 组件提供了一套完整的对本地数据库进行管理的机制,对外提供了一系列的增、删、改、查等接口,如图 5.28 所示。

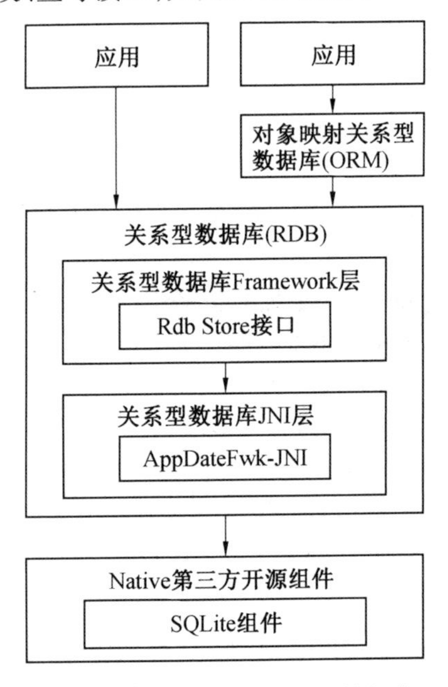

图 5.28 HarmonyOS 关系型数据库

HarmonyOS 关系型数据库对外提供通用的操作接口,底层使用 SQLite 作为持久化存储引擎,支持 SQLite 具有的所有数据库特性。

5.5.2　轻量级偏好数据库介绍

轻量级偏好数据存储适用于对 Key-Value 结构的数据进行存取和持久化操作。应用运行时全量数据将会被加载在内存中,使得访问速度更快,存取效率更高。如果对数据持久化,数据最终会落盘到文本文件中,建议在开发过程中减少落盘频率,即减少对持久化文件的读写次数,轻量级偏好数据库如图 5.29 所示。

借助 DatabaseHelper API,应用可以将指定文件的内容加载到 Preferences 实例,每个文件最多有一个 Preferences 实例,系统会通过静态容器将该实例存储在内存中,直到应用主动从内存中移除该实例或者删除该文件。

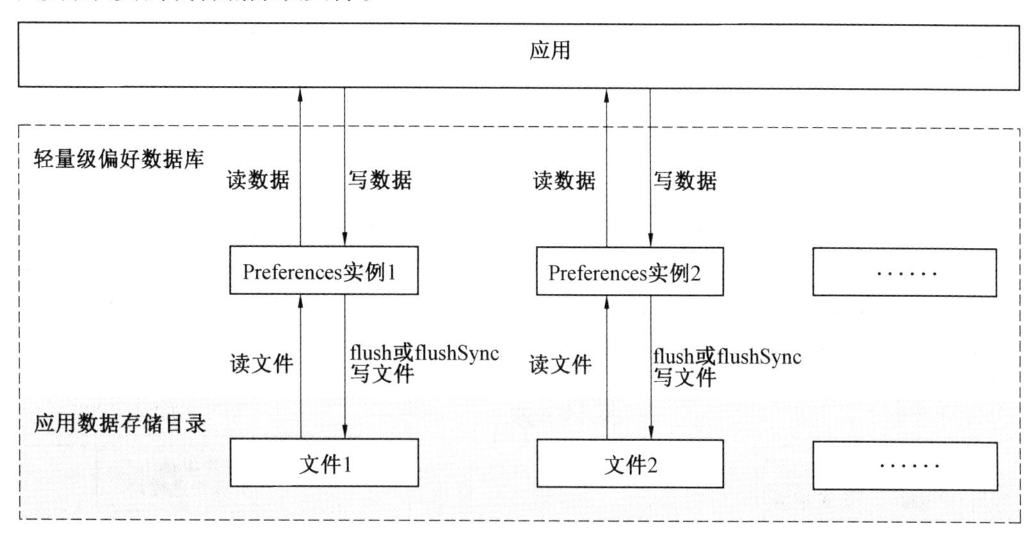

图 5.29　轻量级偏好数据库

5.5.3　轻量级偏好数据库编程

轻量级偏好数据库开发步骤可分为以下 3 步:

(1)获取 Preferences 实例,读取指定文件,将数据加载到 Preferences 实例,用于数据操作。

```
Context context = getContext(); //数据文件存储路径:/data/data/{PackageName}/{AbilityName}/preferences。
DatabaseHelper databaseHelper = new DatabaseHelper(context); //context 入参类型为 ohos.app.Context。
String fileName = "test_pref"; //fileName 表示文件名,其取值不能为空,也不能包含路径,默认存储目录可以通过 context.getPreferencesDir()获取。
Preferences preferences = databaseHelper.getPreferences(fileName);
```

(2)将数据写入指定文件。借助 Preferences API 将数据写入 Preferences 实例,通过 flush 或者 flushSync 将 Preferences 实例持久化。

```
preferences.putInt("intKey", 3);
preferences.putString("StringKey", "String value");
preferences.flush();
```

(3)从指定文件读取数据。首先获取指定文件对应的 Preferences 实例,然后借助

Preferences API 读取数据。

```
int value = preferences.getInt("intKey", 0);
String  stringValue = preferences.getString("StringKey", null);
```

5.6 服务卡片编程

5.6.1 服务卡片概述

服务卡片(以下简称"卡片")是 FA 的一种界面展示形式,将 FA 的重要信息或操作前置到卡片,以达到服务直达、减少体验层级的目的。卡片常用于嵌入到其他应用(当前只支持系统应用)中作为其界面的一部分显示,并支持拉起页面、发送消息等基础的交互功能。卡片使用方负责显示卡片。

服务卡片涉及的基本概念有:

(1)卡片提供方:提供卡片显示内容的 HarmonyOS 应用或原子化服务,控制卡片的显示内容、控件布局以及控件点击事件。

(2)卡片使用方:显示卡片内容的宿主应用,控制卡片在宿主中展示的位置。

(3)卡片管理服务:用于管理系统中所添加卡片的常驻代理服务,包括卡片对象的管理与使用,以及卡片周期性刷新等。

服务卡片运行机制如图 5.30 所示。

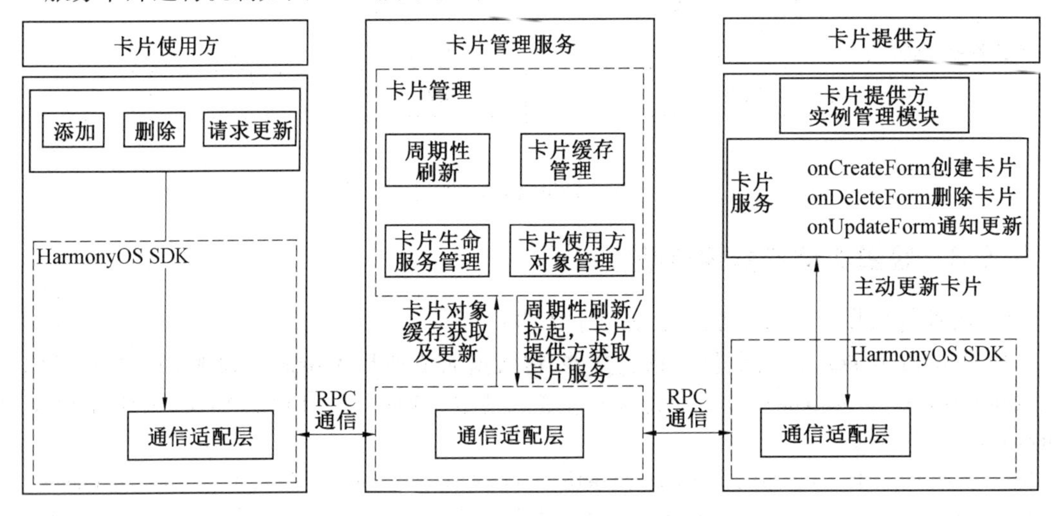

图 5.30 服务卡片运行机制

5.6.2 服务卡片开发

1. 场景介绍

开发者仅需作为卡片提供方进行服务卡片内容的开发,卡片使用方和卡片代理服务由系统自动处理。卡片提供方回调方法接口如图 5.31 所示。

卡片提供方控制卡片实际显示的内容、控件布局以及控件点击事件。卡片提供方接口见表 5.5,开发者可以通过这些接口来提供卡片服务。

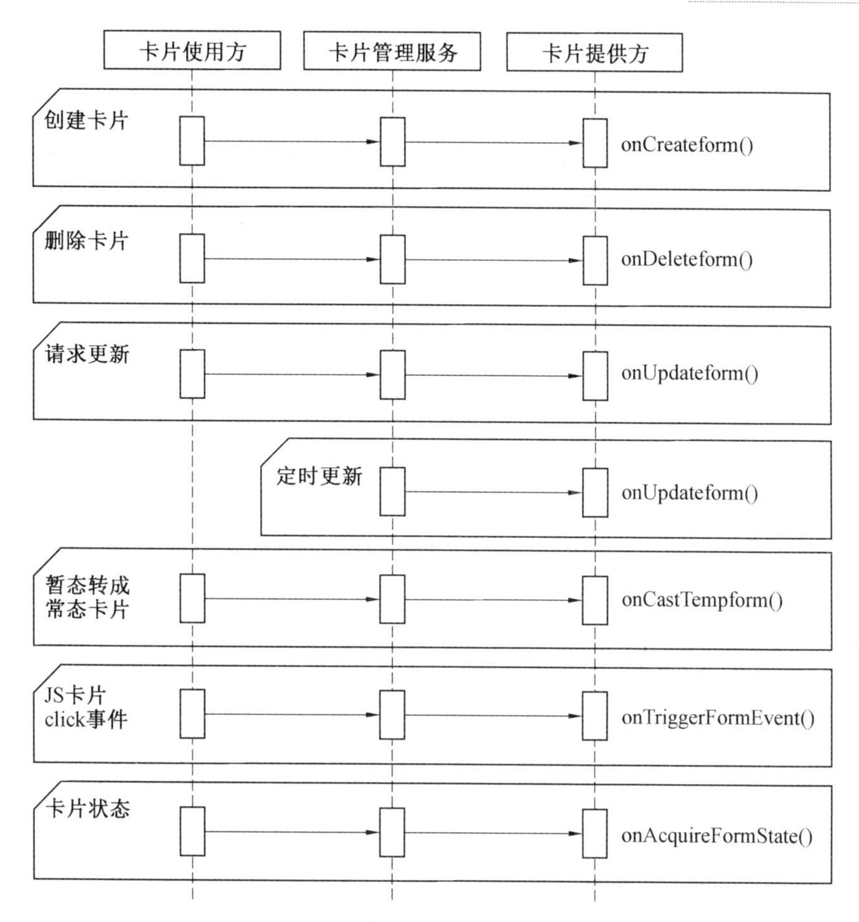

图5.31 卡片提供方回调方法接口

表5.5 卡片提供方接口

类名	接口名	描述
Ability	ProviderFormInfo onCreateForm(Intent intent)	卡片提供方接收创建卡片通知接口
	void onUpdateForm(long formId)	卡片提供方接收更新卡片通知接口
	void onDeleteForm(long formId)	卡片提供方接收删除卡片通知接口
	void onTriggerFormEvent(long formId, String message)	卡片提供方处理卡片事件接口(JS卡片使用)
	boolean updateForm(long formId, ComponentProvider component)	卡片提供方主动更新卡片(Java卡片使用)
	boolean updateForm(long formId, FormBindingData formBindingData)	卡片提供方主动更新卡片(JS卡片使用),仅更新formBindingData中携带的信息,卡片中其余信息保持不变
	void onEventNotify(Map < Long, Integer > formEvents)	卡片提供方接收到事件通知,其中Ability.FORM_VISIBLE表示卡片可见通知,Ability.FORM_INVISIBLE表示卡片不可见通知

2. Java 卡片开发指导

Java 卡片开发步骤如下:

(1)使用 DevEco Studio 创建卡片工程。

卡片应用是一款特殊的元能力服务,在其配置文件 config. json 中声明后,系统能够识别该应用为一款卡片应用,并与系统进行绑定。config. json 文件中,"abilities"配置 forms 模块细节如下:

```
"forms": [
  {
    "name": "Form_Java",
    "description": "form_description",
    "type": "Java",
    "colorMode": "auto",
    "isDefault": true,
    "updateEnabled": true,
    "scheduledUpdateTime": "10:30",
    "updateDuration": 1,
    "defaultDimension": "2*2",
    "formVisibleNotify": true,
    "supportDimensions": [
      "1*2",
      "2*2",
      "2*4",
      "4*4"
    ],
    "landscapeLayouts": [
      "$layout:form_ability_layout_1_2",
      "$layout:form_ability_layout_2_2",
      "$layout:form_ability_layout_2_4",
      "$layout:form_ability_layout_4_4"
    ],
    "portraitLayouts": [
      "$layout:form_ability_layout_1_2",
      "$layout:form_ability_layout_2_2",
      "$layout:form_ability_layout_2_4",
      "$layout:form_ability_layout_4_4"
    ],
    "formConfigAbility": "ability://SecondFormAbility",
    "metaData": {
      "customizeData": [
        {
          "name": "originWidgetName",
          "value": "com.huawei.weather.testWidget"
```

```
                }
            ]
        }
    }
]
```

(2)创建一个 FormAbility,覆写卡片相关回调函数。

①onCreateForm(Intent intent)

②onUpdateForm(long formId)

③onDeleteForm(long formId)

④onCastTempForm(long formId)

⑤onEventNotify(Map<Long, Integer> formEvents)

⑥onAcquireFormState(Intent intent)

在 onCreateForm(Intent intent)中,当卡片使用方请求获取卡片时,卡片提供方会被拉起并调用 onCreateForm(Intent intent)回调,intent 中会带有卡片 ID、卡片名称、临时卡片标记和卡片外观规格信息,分别通过 AbilitySlice. PARAM_FORM_IDENTITY_KEY、AbilitySlice. PARAM_FORM_NAME_KEY、AbilitySlice. PARAM_FORM_TEMORARY_KEY 和 AbilitySlice. PARAM_FORM_DIMENSION_KEY 按需获取。

卡片提供方可以通过 AbilitySlice. PARAM_FORM_CUSTOMIZE_KEY 获取卡片使用方设置的自定义数据。

```
public class FormAbility extends Ability {
    ......
    @ Override
    public void onStart(Intent intent) {
        super. onStart(intent);
        ......
    }
    @ Override
    protected ProviderFormInfo onCreateForm(Intent intent) {
        long formId = intent. getLongParam(AbilitySlice. PARAM_FORM_IDENTITY_KEY, 0);
        String formName = intent. getStringParam(AbilitySlice. PARAM_FORM_NAME_KEY);
        int specificationId = intent. getIntParam(AbilitySlice. PARAM_FORM_DIMENSION_KEY, 0);
        boolean tempFlag = intent. getBooleanParam(AbilitySlice. PARAM_FORM_TEMPORARY_KEY,
false);

        //获取自定义数据
        IntentParams intentParams = intent. getParam(AbilitySlice. PARAM_FORM_CUSTOMIZE_KEY);

        HiLog. info(LABEL_LOG, "onCreateForm: " + formId + " " + formName + " " + specificationId);
        //开发者需要根据卡片的名称以及外观规格获取对应的 xml 布局并构造卡片对象,此处
ResourceTable. Layout_form_ability_layout_2_2 仅为示例
        ProviderFormInfo formInfo = new ProviderFormInfo(ResourceTable. Layout_form_ability_layout_2_2,
```

```
this);
            //获取卡片信息
            String formData = getInitFormData(formName, specificationId);
            ComponentProvider componentProvider = formInfo.getComponentProvider();
            componentProvider.setText(ResourceTable.Id_title, "formData-" + formData);
            formInfo.mergeActions(componentProvider);
            ......
            HiLog.info(LABEL_LOG, "onCreateForm finish.......");
            return formInfo;
        }

        @Override
        protected void onDeleteForm(long formId) {
            super.onDeleteForm(formId);
            //删除卡片实例数据,需要由开发者实现
            deleteFormInfo(formId);
            ......
        }

        @Override
        //若卡片支持定时更新/定点更新/卡片使用方主动请求更新功能,则提供方需要覆写该方法以支持
数据更新
        protected void onUpdateForm(long formId) {
            super.onUpdateForm(formId);
            //更新卡片信息,由开发者实现
            ......
        }

        @Override
        protected void onCastTempForm(long formId) {
            //使用方将临时卡片转换为常态卡片触发,提供方需要做相应的处理,将数据持久化。
            //该回调属于预留接口,当前无场景,可以先不实现。
            super.onCastTempForm(formId);
            ......
        }

        @Override
        protected void onEventNotify(Map<Long, Integer> formEvents) {
            //使用方发起可见或者不可见通知触发,提供方需要做相应的处理,比如卡片可见时刷新卡片,
仅系统应用能收到该回调。
            super.onEventNotify(formEvents);
            ......
        }
```

```
@ Override
protected FormState onAcquireFormState( Intent intent) {
ElementName elementName = intent. getElement( ) ;
if( elementName = = null) {
    HiLog. info ( LABEL _ LOG, " onAcquireFormState bundleName and abilityName are not set in intent" ) ;
    return FormState. UNKNOWN;
}

String bundleName = elementName. getBundleName( ) ;
String abilityName = elementName. getAbilityName( ) ;
    String moduleName = intent. getStringParam( AbilitySlice. PARAM_MODULE_NAME_KEY) ;
    String formName = intent. getStringParam( AbilitySlice. PARAM_FORM_NAME_KEY) ;
    int specificationId = intent. getIntParam( AbilitySlice. PARAM_FORM_DIMENSION_KEY, 0) ;
if( "form_name2" . equals( formName) ) {
    return FormState. DEFAULT;
}
return FormState. READY;
}
}
```

(3)卡片信息持久化。

因大部分卡片提供方都不是常驻服务,只有在需要使用时才会被拉起并获取卡片信息。且卡片管理服务支持对卡片进行多实例管理,卡片 ID 对应实例 ID,因此若卡片提供方支持对卡片数据进行配置,则需要提供方对卡片的业务数据按照卡片 ID 进行持久化管理,以便在后续获取、更新以及拉起时能获取到正确的卡片业务数据。此外,需要适配 onDeleteForm(int formId)卡片删除通知接口,在其中实现卡片实例数据的删除。和 JS 卡片相同,需要注意卡片使用方在请求卡片时,传递给提供方应用的 Intent 数据中存在临时标记字段,表示此次请求的卡片是否为临时卡片,由于临时卡片的数据具有非持久化的特殊性,某些场景比如卡片服务框架死亡重启,此时临时卡片数据在卡片管理服务中已经删除,且对应的卡片 ID 不会通知到提供方,所以卡片提供方需要自己负责清理长时间未删除的临时卡片数据。同时对应的卡片使用方可能会将之前请求的临时卡片转换为常态卡片。如果转换成功,卡片提供方也需要对对应的临时卡片 ID 进行处理,把卡片提供方记录的临时卡片数据转换为常态卡片数据,防止提供方在清理长时间未删除的临时卡片时,把已经转换为常态卡片的临时卡片信息删除,导致卡片信息丢失。

```
@ Override
protected ProviderFormInfo onCreateForm( Intent intent) {
    long formId = intent. getLongParam( AbilitySlice. PARAM_FORM_ID_KEY, -1L) ;
    String formName = intent. getStringParam( AbilitySlice. PARAM_FORM_NAME_KEY) ;
    int specificationId = intent. getIntParam( AbilitySlice. PARAM_FORM_DIMENSION_KEY, 0) ;
    boolean tempFlag = params. getBooleanParam( AbilitySlice. PARAM_FORM_TEMPORARY_KEY, false) ;
```

```
        HiLog.info(LABEL_LOG, "onCreateForm: " + formId + " " + formName + " " + specificationId);

        .......
        //将创建的卡片信息持久化,以便在下次获取/更新该卡片实例时进行使用,该方法需要由开发者实
现
        storeFormInfo(formId, formName, specificationId, formData);
        ......
        HiLog.info(LABEL_LOG, "onCreateForm finish.......");
        return formInfo;
    }
    @Override
    protected void onDeleteForm(long formId) {
        super.onDeleteForm(formId);
        //由开发人员自行实现,删除卡片实例数据
        deleteFormInfo(formId);
        ......
    }
    @Override
    protected void onCastTempForm(long formId) {
        //使用方将临时卡片转换为常态卡片触发,提供方需要做相应的处理
        super.onCastTempForm(formId);
        ......
    }
```

(4)卡片数据更新。

当需要卡片提供方更新数据时(如触发了定时更新、定点更新或者卡片使用方主动请求更新),卡片提供方获取最新数据,并调用 updateForm 接口更新卡片。示例如下:

```
    @Override
    protected void onUpdateForm(long formId) {
        super.onUpdateForm(formId);
        ComponentProvider componentProvider = new ComponentProvider(ResourceTable.Layout_form_ability_
layout_2_2, this);
        //获取卡片实例需要更新的卡片数据,需要由开发者实现
        String formData = getUpdateFormData(formId);
        componentProvider.setText(ResourceTable.Id_title, "update formData-" + formData);
        updateForm(formId, componentProvider);
        ......
    }
```

(5)Java 卡片控制事件。

Java 卡片当前通过 IntentAgent 能力支持对卡片控制设置事件,例如可以使用 START_ABILITY、START_SERVICE 这两类能力,在点击整张卡片时,跳转到提供卡片的 Ability。(注:Intent 中支持自定义参数的传递,支持的类型有 int/long/String/List)

```
    @Override
```

```
protected ProviderFormInfo onCreateForm(Intent intent) {
    ......
    ProviderFormInfo formInfo = new ProviderFormInfo(ResourceTable.Layout_form_ability_layout_2_2,
this);
    ComponentProvider componentProvider = new ComponentProvider();
    //针对 title 控件设置事件
    componentProvider.setIntentAgent(ResourceTable.Id_title, startAbilityIntentAgent());
    formInfo.mergeActions(componentProvider);
    ......
    return formInfo;
}

//设置触发的事件为系统预置的 HarmonyOS betaApp 应用
private IntentAgent startAbilityIntentAgent() {
    Intent intent = new Intent();
    Operation operation = new Intent.OperationBuilder()
            .withDeviceId("")
            .withBundleName("com.huawei.ohos.betaapp.link")
            .withAbilityName("com.huawei.ohos.betaapp.link.MainAbility")
            .build();
    intent.setOperation(operation);
    List<Intent> intentList = new ArrayList<>();
    intentList.add(intent);
    List<Flags> flags = new ArrayList<>();
    flags.add(Flags.UPDATE_PRESENT_FLAG);
    IntentAgentInfo paramsInfo = new IntentAgentInfo(200, IntentAgentConstant.OperationType.START_
ABILITY, flags, intentList, null);
    IntentAgent intentAgent = IntentAgentHelper.getIntentAgent(this, paramsInfo);
    return intentAgent;
}
```

(6)开发 Java 卡片布局。

在使用 DevEco Studio 创建模块时会生成对应的 Java UI xml 布局文件,需要注意设置 ohos:remote="true"。

以下是天气卡片 xml 布局示例,供参考:

```
<?xml version="1.0" encoding="utf-8"?>
<DependentLayout xmlns:ohos="http://schemas.huawei.com/res/ohos"
                 ohos:width="match_parent"
                 ohos:height="match_parent"
                 ohos:id="$+id:background"
                 ohos:orientation="vertical"
                 ohos:background_element="$media:weather"
                 ohos:remote="true">
```

```
<Text
        ohos:id=" $ +id:title"
        ohos:text=" 天气 1"
        ohos:text_size=" 39px"
        ohos:text_color=" #b0c4de"
        ohos:top_margin=" 42px"
        ohos:left_margin=" 20px"
        ohos:width=" match_content"
        ohos:height=" match_content"/>
<Text
        ohos:id=" $ +id:temperature"
        ohos:text=" 35°"
        ohos:text_size=" 100px"
        ohos:text_color=" #b0c4de"
        ohos:top_margin=" 25px"
        ohos:left_margin=" 20px"
        ohos:below=" $ id:title"
        ohos:width=" match_content"
        ohos:height=" match_content"/>
<Text
        ohos:id-" $ +id:location"
        ohos:text=" 上海"
        ohos:text_size=" 39px"
        ohos:text_color=" #b0c4de"
        ohos:top_margin=" 24px"
        ohos:left_margin=" 20px"
        ohos:below=" $ id:temperature"
        ohos:width=" match_content"
        ohos:height=" match_content"/>
<Text
        ohos:id=" $ +id:textView4"
        ohos:text="9 月 4 日星期五"
        ohos:text_size=" 39px"
        ohos:text_color=" #b0c4de"
        ohos:top_margin=" 10px"
        ohos:left_margin=" 20px"
        ohos:below=" $ id:location"
        ohos:width=" match_content"
        ohos:height=" match_content"/>

<Text
        ohos:id=" $ +id:textView5"
        ohos:text=" 多云"
```

```
            ohos:text_size="39px"
            ohos:text_color="#b0c4de"
            ohos:top_margin="10px"
            ohos:left_margin="150px"
            ohos:below="$id:location"
            ohos:end_of="$id:textView4"
            ohos:align_parent_end="true"
            ohos:width="match_content"
            ohos:height="match_content"/>

    <Image
            ohos:id="$+id:imageView"
            ohos:width="160px"
            ohos:height="150px"
            ohos:top_margin="20px"
            ohos:left_margin="150px"
            ohos:below="$id:title"
            ohos:end_of="$id:temperature"
            ohos:image_src="$media:clouds"/>
</DependentLayout>
```

小　　结

通过本章的学习,可系统性地了解鸿蒙系统的技术架构,掌握鸿蒙各项系统服务及特色功能的原理及实现方法,强化鸿蒙 UI 交互界面的设计、编程应用能力。本章针对 Ability 核心组件的工作原理及应用开发技术,结合案例操作,特别强调了分布式、数据存储及服务卡片等特色技术的相关原理及其案例实战应用技巧。

习　　题

1. 简述移动互联操作系统的发展历程。
2. 简述鸿蒙操作系统的技术框架。
3. 请列举 Java UI 框架的常用组件和布局。
4. 简述 Ability 分类以及对应特点。
5. 简述 Page Ability 生命周期及对应回调方法。
6. 简述数据存储分类及特点。
7. 简述服务卡片运行机制。

鸿蒙开发实例

6.1 开发前准备

6.1.1 华为开发者帐号注册

首先,需要在华为开发者联盟注册帐号。

HarmonyOS 开发者官网首页如图 6.1 所示,进入官网后,点击右上角的“注册”按钮跳转到注册页面,进入注册界面后按照注册要求完成相关信息的填写。

图 6.1 HarmonyOS 开发者官网首页

HarmonyOS 开发者注册界面如图 6.2 所示,开发者可以通过电子邮箱或手机号码注册华为开发者联盟帐号,填写完毕后,点击“注册”按钮完成注册。此时,已经拥有了注册的鸿蒙开发者身份。

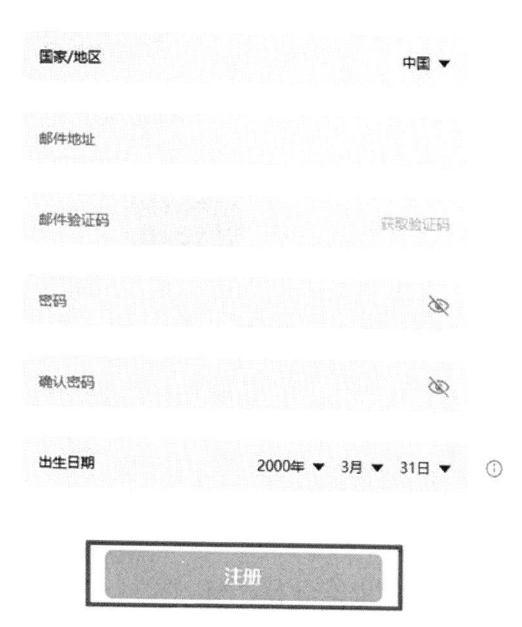

图6.2　HarmonyOS开发者注册界面

6.1.2　华为开发者帐号实名认证

注册开发者帐号后，暂时是没有使用鸿蒙模拟器的权限的，如果想使用鸿蒙模拟器就必须进行帐号的实名认证。对于开发者帐号的实名认证支持个人和企业，认证的方式包含人工和非人工，见表6.1。

表6.1　HarmonyOS实名认证角色说明表

帐号类型	服务类型	所需资料
个人	人工审核	①身份证原件的正反面扫描件或照片 ②手持身份证正面的照片
	个人银行卡认证	个人银行卡号
企业	人工审核	①营业执照原件的扫描件或照片 ②法定代表人手持身份证正反面的照片
	打款认证	企业对公账号

对于个人开发者，推荐使用个人银行卡认证，当时即可以通过。人工认证相对耗时。

6.1.3　开发环境搭建

DevEco Studio目前支持Windows和macOS系统，在使用之前需要下载安装DevEco Studio。进入官网(图6.3)后点击“立即下载”会跳转到图6.4所示的下载页面，如果是Beta版则需要登录帐号，点击对应版本后面的下载按钮进行下载。

简体中文 登录 注册

HarmonyOS Developer 设计 开发 分发 文档 支持 管理中心

HUAWEI DevEco Studio

面向华为终端全场景多设备的一站式分布式应用开发平台，支持分布式多端开发、分布式多端调测、多端模拟仿真和全方位的质量与安全保障。

图 6.3　DevEco Studio 开发工具下载界面 1

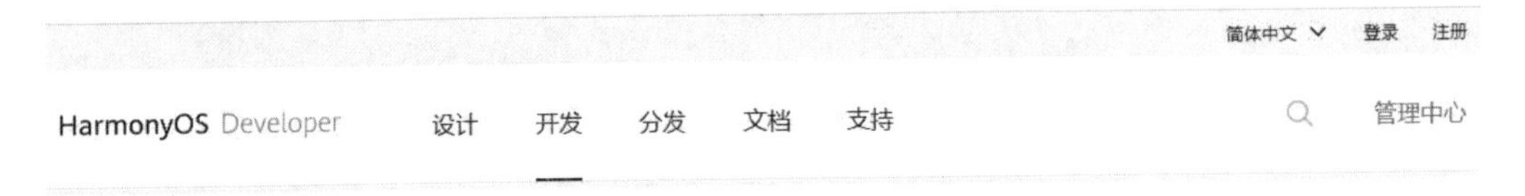

DevEco Studio 2.0 Beta1

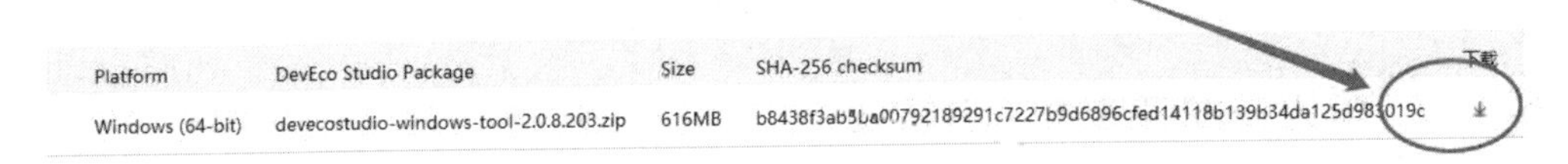

图 6.4　DevEco Studio 开发工具下载界面 2

开发工具软件下载后是一个 zip 压缩文件，解压缩后会得到一个可执行安装包文件。双击进行安装，在安装的过程中只需关注桌面快捷键创建的选择，其他选择默认即可，安装界面如图 6.5 所示。

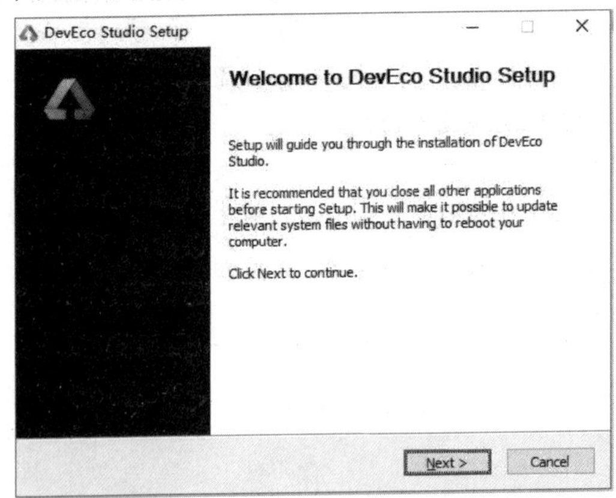

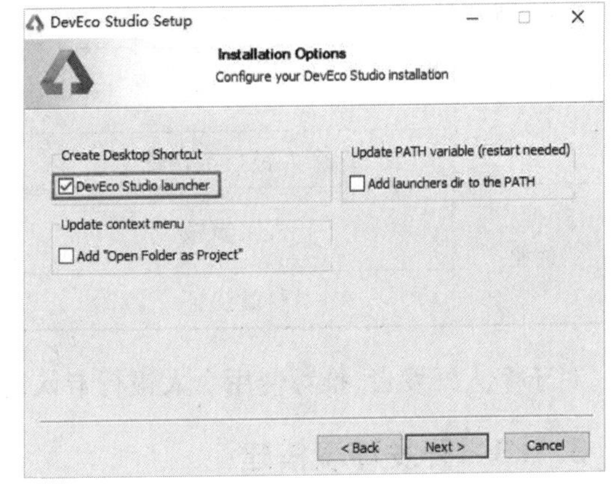

图 6.5　DevEco Studio 开发工具安装界面

6.1.4　测试环境搭建

1. 项目工程创建

DevEco Studio 创建鸿蒙系统应用工程包含以下步骤：

（1）打开 DevEco Studio，在欢迎页面点击 Create HarmonyOS Project，创建一个新工程，如图 6.6 所示。

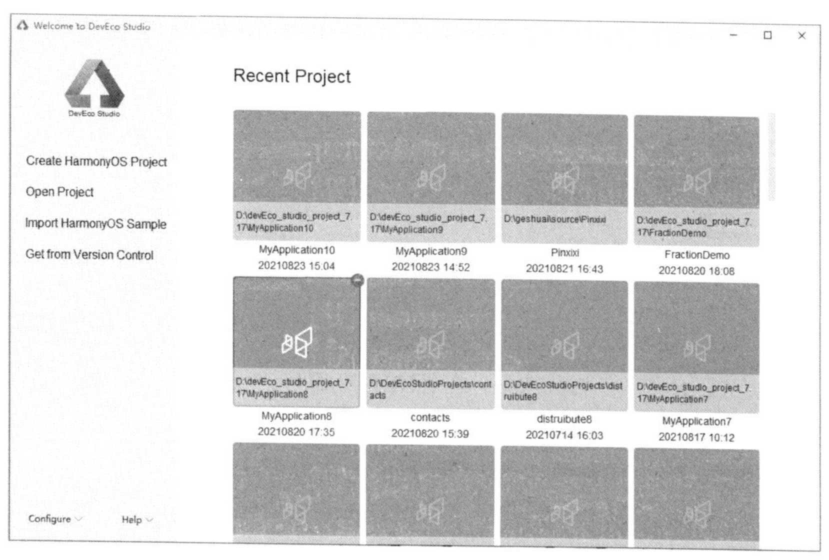

图 6.6　新工程创建界面

（2）选择模板如图 6.7 所示，以 Wearable 为例，选择 Empty Ability(JS)。

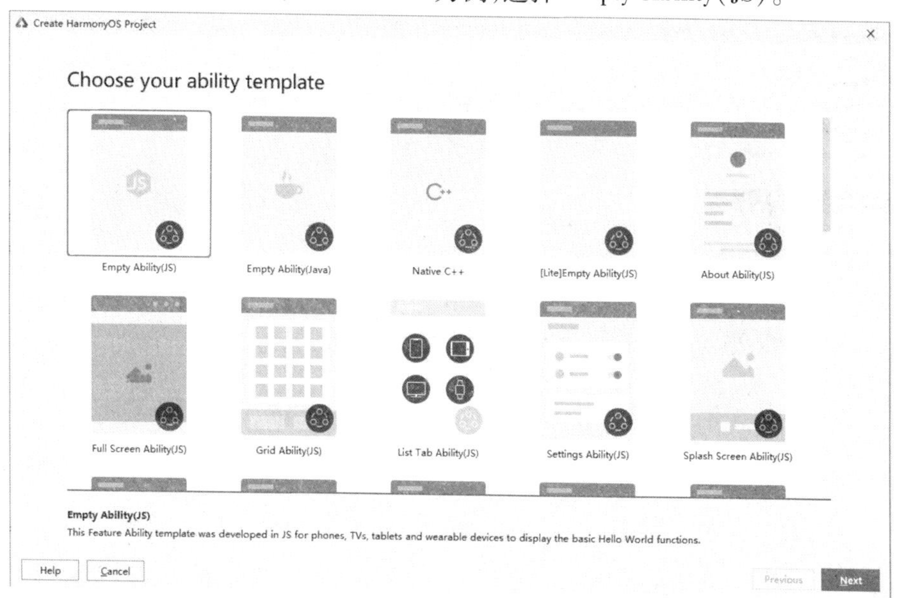

图 6.7　模板选择界面

（3）配置项目相关信息如图 6.8 所示。

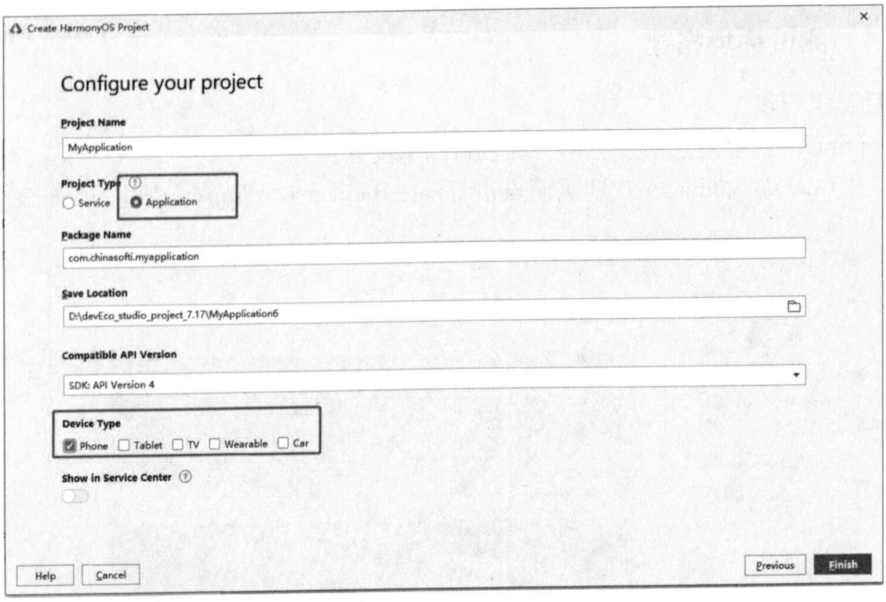

图 6.8　项目配置界面

2. 项目工程预览

DevEco Studio 提供工程 UI 预览功能，工程预览包含以下步骤：

(1)开启预览功能如图 6.9 所示。

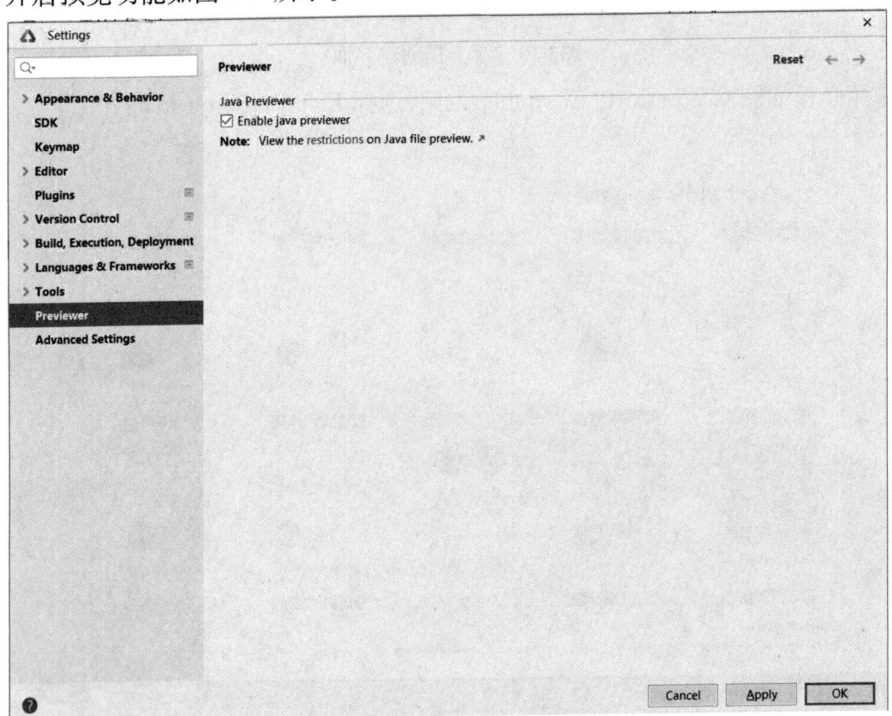

图 6.9　开启工程预览功能界面

(2)选择布局文件或 Ability 文件，如图 6.10 所示。

(3)点击右侧 Previewer，如图 6.10 所示。

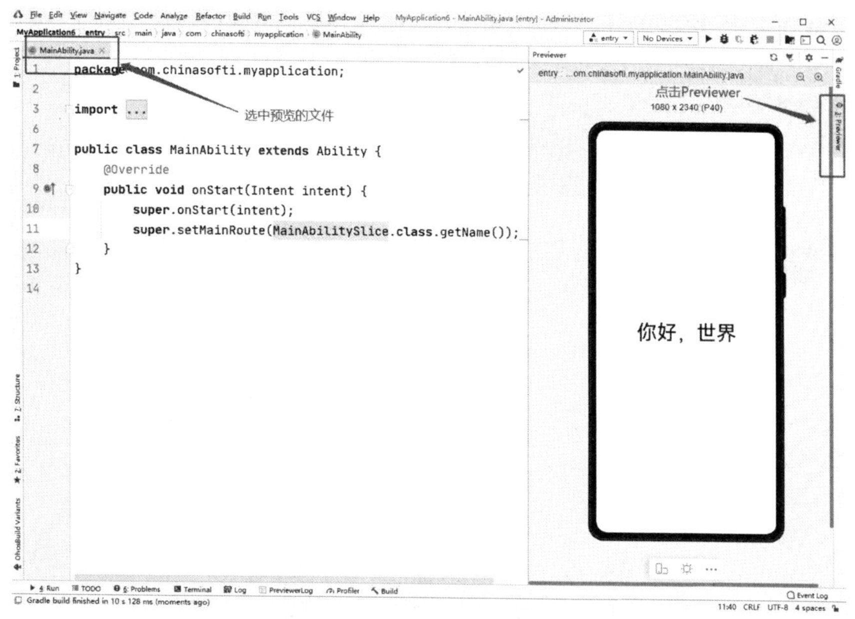

图 6.10 工程预览展示界面

3. 项目工程运行

DevEco Studio 提供模拟器,项目工程可以运行在模拟器上,工程预览包含以下步骤:

(1)在 DevEco Studio 菜单栏,点击 Tools→Device Manager。

(2)在 Remote Emulator 页签中点击 Login,在浏览器中弹出华为开发者联盟帐号登录界面,输入已实名认证的华为开发者联盟帐号的用户名和密码进行登录。

(3)登录后,点击界面的“允许”按钮进行授权,如图 6.11 所示。

图 6.11 项目授权界面

(4)在设备列表中,选择 Phone 设备 P40,并点击按钮运行模拟器,如图 6.12 所示。

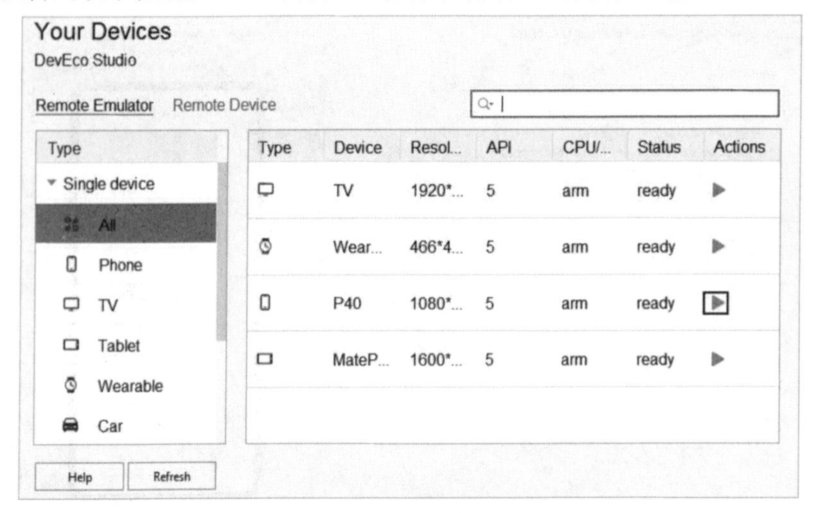

图 6.12　工程 HVD 虚拟设备选择界面

(5)点击 DevEco Studio 工具栏中的按钮运行工程或使用默认快捷键"Shift+F10"(Mac 为"Control+R")运行工程,工具栏界面如图 6.13 所示。

图 6.13　HVD 虚拟设备启动工具栏

(6)DevEco Studio 会启动应用的编译构建,完成后应用即可运行在模拟器上,启动界面如图 6.14 所示。

图 6.14　HVD 虚拟设备启动展示界面

6.2 名单应用程序开发

名单应用程序开发项目实现多个字符串显示功能,效果如图6.15所示。

listcontainer

1. title_0
2. title_1
3. title_2
4. title_3
5. title_4
6. title_5
7. title_6
8. title_7
9. title_8

图6.15 名单应用程序运行效果

6.2.1 创建项目

创建Java工程,选择Empty Ability(Java)模板,如图6.16所示。

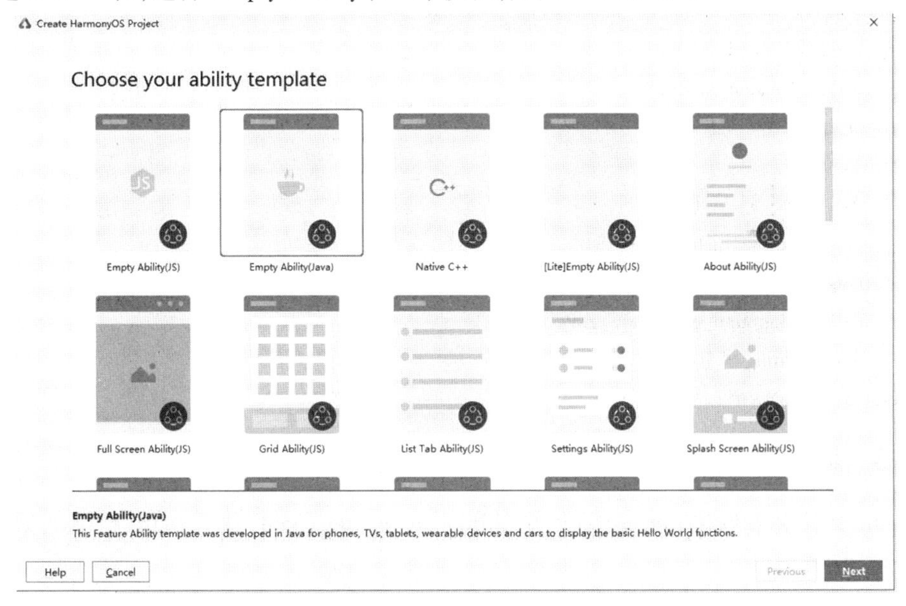

图6.16 选择Ability模板

配置工程参数,如图6.17所示。

6.2.2 主布局文件

打开主布局文件ability_main.xml,ability_main.xml位于entry→src→main→resource→base→layout文件夹下。在布局文件中添加ListContainer组件,并设置id、heigth、width、background_element等属性,代码如下:

```
<? xml version="1.0" encoding="utf-8"? >
<DirectionalLayout
```

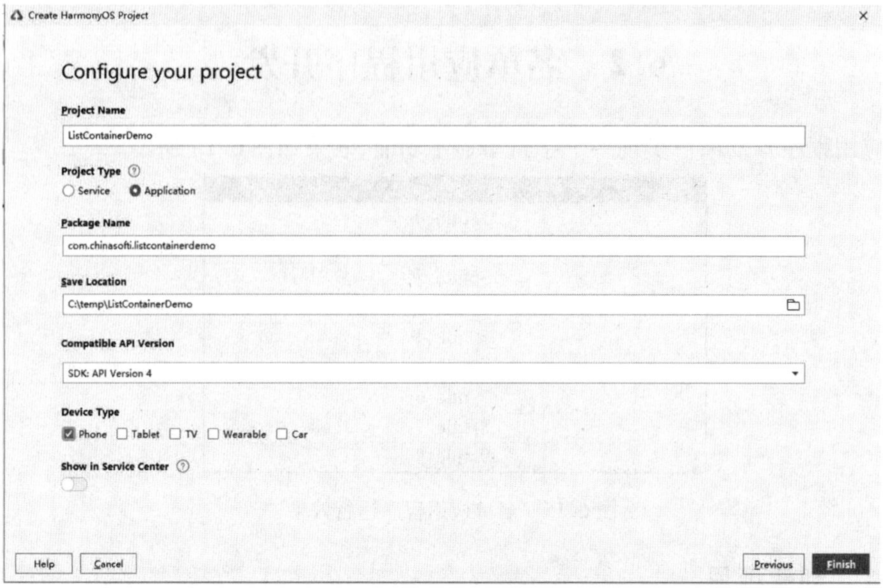

图 6.17　配置工程参数

```
    xmlns:ohos="http://schemas.huawei.com/res/ohos"
    ohos:height="match_parent"
    ohos:width="match_parent"
    ohos:orientation="vertical">
    <ListContainer
        ohos:id="$+id:lc"
        ohos:height="match_parent"
        ohos:width="match_parent"
        ohos:background_element="gray"
        ohos:padding="10vp" />
</DirectionalLayout>
```

6.2.3　item 布局文件

在 layout 文件夹下创建 item 布局文件 ability_main_item.xml,并添加组件 Text,效果如图 6.18 所示。

代码如下:

```
<?xml version="1.0" encoding="utf-8"?>
<DirectionalLayout
    xmlns:ohos="http://schemas.huawei.com/res/ohos"
    ohos:height="match_content"
    ohos:width="match_parent"
    ohos:orientation="vertical">
    <Text
        ohos:id="$+id:t_content"
        ohos:height="match_content"
```

```
        ohos:width="match_parent"
        ohos:background_element="white"
        ohos:text="title"
        ohos:text_size="20fp"
        ohos:padding="5vp"
        ohos:text_alignment="center"
        ohos:bottom_margin="1vp"/>
</DirectionalLayout>
```

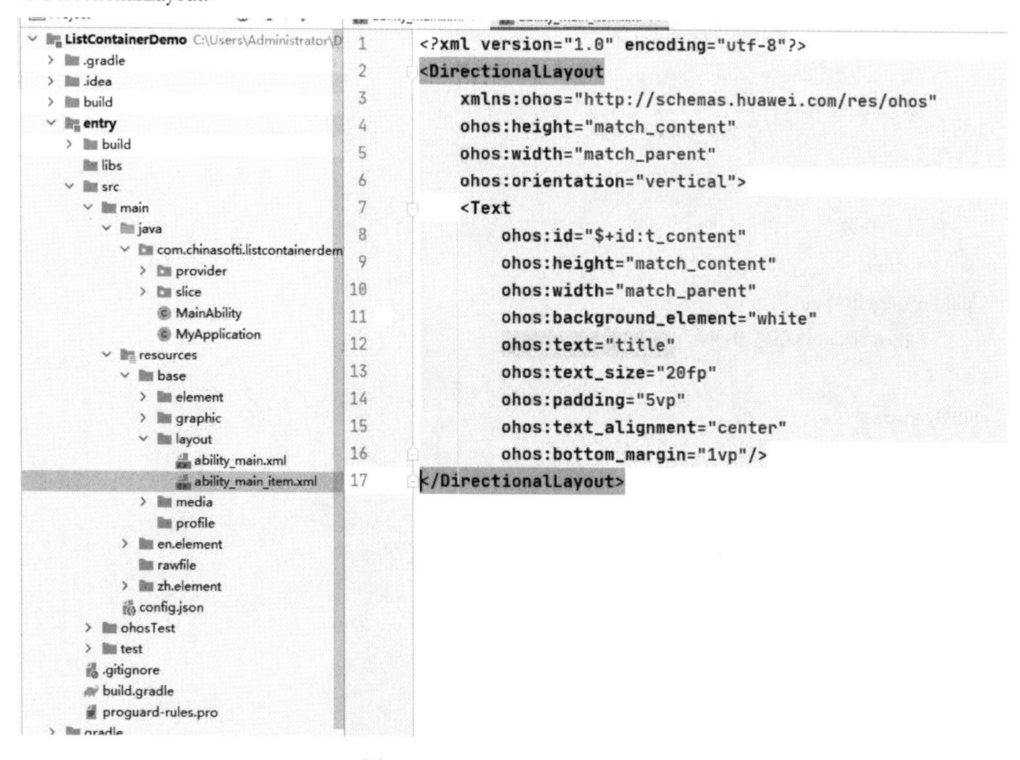

图 6.18　ability_main_item.xml

6.2.4　item 适配器 Provider

在 java→com. chinasofti. listcontainerdemo 包下创建包 provider，然后在 provider 包下创建 ListContainer 的 Provider 类 MyProvider，MyProvider 类继承 BaseItemProvider 类，并实现抽象类，效果如图 6.19 所示。

源码如下：

```
package com.chinasofti.listcontainerdemo.provider;


import ohos.aafwk.ability.AbilitySlice;
import ohos.agp.components.*;
//import ohos.global.systemres.ResourceTable;  //这个是导入类，是系统的，不是我本项目
import com.chinasofti.listcontainerdemo.ResourceTable;
import java.util.List;
```

```
public class MyProvider extends BaseItemProvider {
    //上下文
    AbilitySlice abilitySlice;

    //显示的数据
    List<String> list;

    //创建一个有两个参数的构造方法
    public MyProvider( AbilitySlice abilitySlice, List<String> list) {
        this. abilitySlice = abilitySlice;
        this. list = list;
    }

    //获取数据总数
    @ Override
    public int getCount( ) {
        return list= =null? 0:list. size( ) ;
    }
    @ Override
    public Object getItem( int i) {
        return list= =null? null:list. get(i) ;
    }
    @ Override
    public long getItemId( int i) {
        return i;
    }

    / * *
     * 数据与显示的 item 布局对应关联
     * @ param i                当前要展示的索引, 第几条数据,从 0 开始
     * @ param component        表示可以重复使用布局
     * @ param componentContainer
     * @ return                 返回当前适配后 UI 布局
     */
    @ Override
    public Component getComponent( int i, Component component, ComponentContainer componentContainer)
{

        //1、解析 item 的 Layout 布局为 component 对象
        component = LayoutScatter. getInstance ( abilitySlice ). parse ( ResourceTable. Layout_ability_main_
item, null, false) ;
        //2、从布局中获取 UI 组件
        Text t_content = ( Text) component. findComponentById( ResourceTable. Id_t_content) ;
```

```
        //3、设置数据
        t_content.setText(list.get(i));
        //4、返回 UI 布局对象
        return component;
    }
}
```

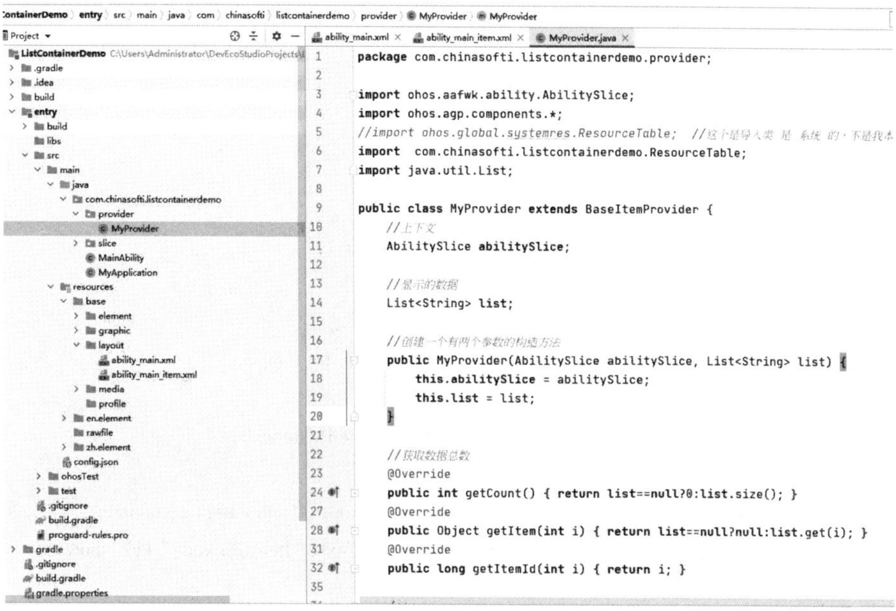

图 6.19　MyProvider 类

6.2.5　MainAbilitySlice 类

在 MainAbilitySlice 类中通过 id 获取 ListContainer 对象，创建数据集合、Myprovider 对象，并给 ListContainer 设置 Provider 属性。

源码如下：

```
package com.chinasofti.listcontainerdemo.slice;

import com.chinasofti.listcontainerdemo.ResourceTable;
import com.chinasofti.listcontainerdemo.provider.MyProvider;
import ohos.aafwk.ability.AbilitySlice;
import ohos.aafwk.content.Intent;
import ohos.agp.components.Component;
import ohos.agp.components.ListContainer;
import ohos.agp.window.dialog.ToastDialog;

import java.util.ArrayList;
import java.util.List;

/*
```

```
        1、创建数据
        2、通过 id 获取 ListContainer 对象
        3、实例化 MyProvider
        4、给 ListContainer 对象设置 Provider 属性
    */

    public class MainAbilitySlice extends AbilitySlice {
        ListContainer lc;
        List<String> list=new ArrayList<>();
        @Override
        public void onStart(Intent intent) {
            super.onStart(intent);
            super.setUIContent(ResourceTable.Layout_ability_main);

            //通过 id 获取 ListContainer 对象
            lc =(ListContainer)findComponentById(ResourceTable.Id_lc);

            lc.setItemClickedListener(new ListContainer.ItemClickedListener() {
                @Override
                public void onItemClicked(ListContainer listContainer, Component component, int i, long l) {
                    new ToastDialog(MainAbilitySlice.this).setText("ItemClicked:"+i).show();
                }
            });
            lc.setItemLongClickedListener(new ListContainer.ItemLongClickedListener() {
                @Override
                 public boolean onItemLongClicked(ListContainer listContainer, Component component, int i,
long l) {
                    new ToastDialog(MainAbilitySlice.this).setText("onItemLongClicked:"+i).show();
                    return true;
                }
            });
            //耗时比较长时,需要在子线程中操作,更新 UI 再切换到 UI 线程
            update();
        }

        private void update() {
            //创建子线程
            new Thread(new Runnable() {
                @Override
                public void run() {

                    //在子线程中
                    //1、创建数据
```

```
                for(int i = 0;i<40;i++)
                    list.add(i+"、title"+i);

                //2、切换到 UI 线程,进行 UI 操作
                getUITaskDispatcher().asyncDispatch(new Runnable(){
                    @Override
                    public void run(){
                        //在 UI 线程
                        //3、实例化 MyProvider
                        MyProvider myProvider = new MyProvider(MainAbilitySlice.this,list);
                        //4、给 ListContainer 对象设置 Provider 属性
                        lc.setItemProvider(myProvider);
                    }
                });
            }
        }).start();
    }
}
```

6.3　分布式计票器应用开发

本项目利用鸿蒙分布式任务调度及迁移功能实现多设备投票计数功能。每个设备点击投票按钮后所有设备上的数值都会自动加1,运行效果如图6.20所示。

图6.20　分布式计票器运行效果

6.3.1 创建工程

创建 Java 工程,选择 Empty Ability(Java)模板,界面如图 6.21 所示。

Create HarmonyOS Project
Choose your ability template
Empty Ability(JS)
Empty Ability(Java)
Native C++
[Lite]Empty Ability(JS)
About Ability(JS)
Full Screen Ability(JS)
Grid Ability(JS)
List Tab Ability(JS)
Settings Ability(JS)
Splash Screen Ability(JS)
Empty Ability(Java)
This Feature Ability template was developed in Java for phones, TVs, tablets, wearable devices and cars to display the basic Hello World functions.
Help
Cancel
Previous
Next

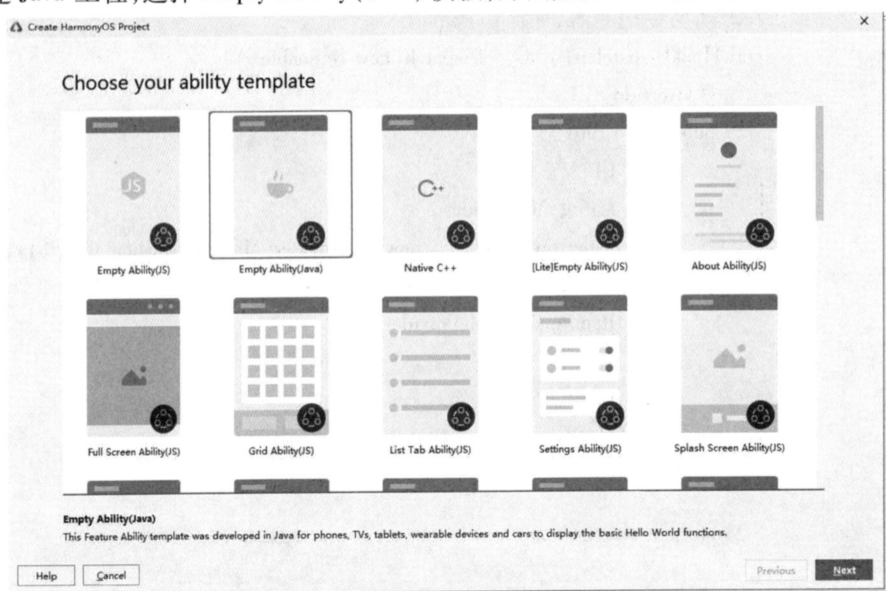

图 6.21 选择工程模板

配置工程参数,如图 6.22 所示。

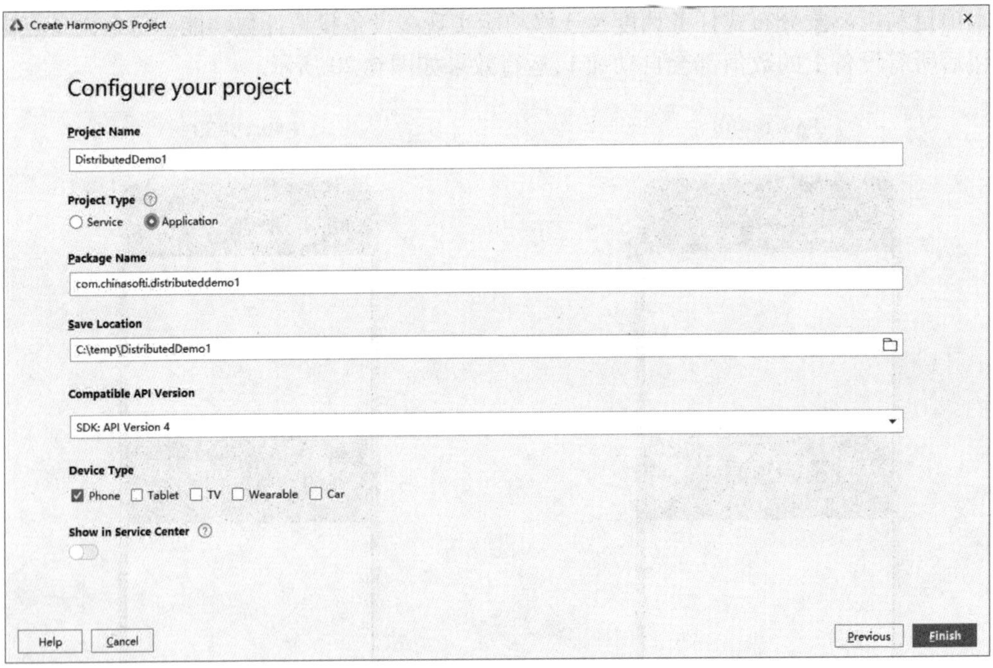

Create HarmonyOS Project
Configure your project
Project Name
DistributedDemo1
Project Type
Service
Application
Package Name
com.chinasofti.distributeddemo1
Save Location
C:\temp\DistributedDemo1
Compatible API Version
SDK: API Version 4
Device Type
Phone
Tablet
TV
Wearable
Car
Show in Service Center
Help
Cancel
Previous
Finish

图 6.22 工程参数配置

6.3.2 权限声明

在 config.json 中声明权限,如图 6.23 所示。

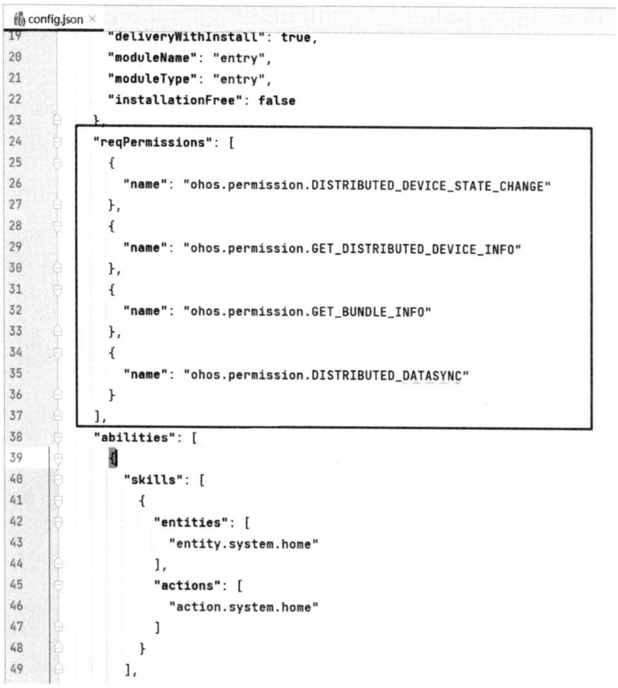

```
19          "deliveryWithInstall": true,
20          "moduleName": "entry",
21          "moduleType": "entry",
22          "installationFree": false
23        },
24        "reqPermissions": [
25          {
26            "name": "ohos.permission.DISTRIBUTED_DEVICE_STATE_CHANGE"
27          },
28          {
29            "name": "ohos.permission.GET_DISTRIBUTED_DEVICE_INFO"
30          },
31          {
32            "name": "ohos.permission.GET_BUNDLE_INFO"
33          },
34          {
35            "name": "ohos.permission.DISTRIBUTED_DATASYNC"
36          }
37        ],
38        "abilities": [
39          {
40            "skills": [
41              {
42                "entities": [
43                  "entity.system.home"
44                ],
45                "actions": [
46                  "action.system.home"
47                ]
48              }
49            ],
```

图 6.23 声明权限

源码如下:

```
{
  "app": {
    "bundleName": "com.chinasofti.distributeddemo1",
    "vendor": "chinasofti",
    "version": {
      "code": 1000000,
      "name": "1.0.0"
    }
  },
  "deviceConfig": {},
  "module": {
    "package": "com.chinasofti.distributeddemo1",
    "name": ".MyApplication",
    "mainAbility": "com.chinasofti.distributeddemo1.MainAbility",
    "deviceType": [
      "phone"
    ],
    "distro": {
```

```
      "deliveryWithInstall": true,
      "moduleName": "entry",
      "moduleType": "entry",
      "installationFree": false
    },
   "reqPermissions": [
      {
        "name": "ohos.permission.DISTRIBUTED_DEVICE_STATE_CHANGE"
      },
      {
        "name": "ohos.permission.GET_DISTRIBUTED_DEVICE_INFO"
      },
      {
        "name": "ohos.permission.GET_BUNDLE_INFO"
      },
      {
        "name": "ohos.permission.DISTRIBUTED_DATASYNC"
      }
    ],

    "abilities": [
      {
        "skills": [
          {
            "entities": [
              "entity.system.home"
            ],
            "actions": [
              "action.system.home"
            ]
          }
        ],
        "orientation": "unspecified",
        "name": "com.chinasofti.distributeddemo1.MainAbility",
        "icon": "$media:icon",
        "description": "$string:mainability_description",
        "label": "$string:entry_MainAbility",
        "type": "page",
        "launchType": "standard"
      }
    ]
  }
}
```

6.3.3 用户敏感权限申请

在 MainAbility 中申请用户敏感权限“ohos. permission. DISTRIBUTED_DATASYNC”。MainAbility. java 文件源码如下:

```
package com. chinasofti. distributeddemo1;

import com. chinasofti. distributeddemo1. slice. MainAbilitySlice;
import ohos. aafwk. ability. Ability;
import ohos. aafwk. content. Intent;

public class MainAbility extends Ability {
    @ Override
    public void onStart( Intent intent) {
        //请求用户授权敏感权限
        requestPermissionsFromUser( new String[ ] { "ohos. permission. DISTRIBUTED_DATASYNC" } ,0) ;

        super. onStart( intent) ;
        super. setMainRoute( MainAbilitySlice. class. getName( ) ) ;
    }
}
```

6.3.4 主布局文件

在主布局文件 ability_main. xml 中,添加 Button 组件,并设置 ID 等属性。

源码如下:

```
<? xml version = "1.0" encoding = "utf-8"? >
<DirectionalLayout
    xmlns:ohos = "http://schemas. huawei. com/res/ohos"
    ohos:height = "match_parent"
    ohos:width = "match_parent"
    ohos:alignment = "center"
    ohos:orientation = "vertical" >

    <Button
        ohos:id = " $ +id:btn_start"
        ohos:height = "match_content"
        ohos:width = "match_content"
        ohos:background_element = " $ graphic:background_ability_main"
        ohos:layout_alignment = "horizontal_center"
        ohos:text = "已投人数(点击继续投票):"
        ohos:multiple_lines = "true"
        ohos:text_color = "white"
        ohos:padding = "20vp"
```

```
            ohos:text_size="30vp"
            />

</DirectionalLayout>
```

6.3.5 设置 Button 的背景样式

修改 graphic 中的 background_ability_main. xml 文件,修改颜色为蓝色,并添加圆角属性,如图 6.24 所示。

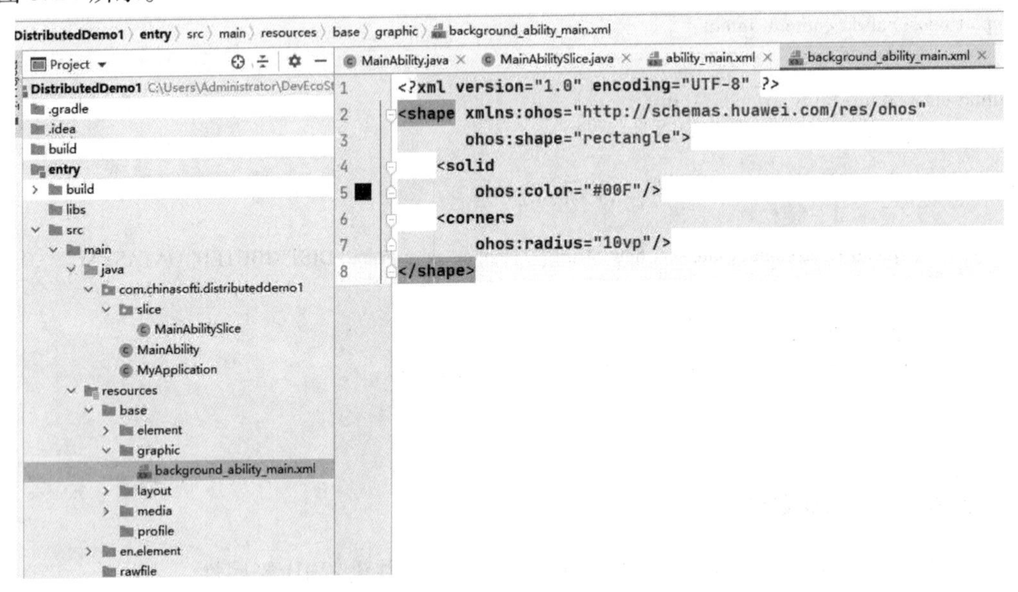

图 6.24　Button 背景样式

```
<? xml version="1.0" encoding="UTF-8" ? >
<shape xmlns:ohos="http://schemas.huawei.com/res/ohos"
       ohos:shape="rectangle">
    <solid
        ohos:color="#00F"/>
  <corners
        ohos:radius="10vp"/>
</shape>
```

6.3.6 MainAbilitySlice 类

在 MainAbilitySlice 类中实现组件的获取、在线设备获取、远程 FA 拉起及票数累加的功能。

```
import java.io.Serializable;
import java.util.List;

/**
 * 1、在 config.json 中声明所有的权限
```

```
 * 2、请求用户授权敏感权限
 * 3、获取在线的分布式设备列表
 * 4、获取目标设备 ID,设置 operation FLAG 为多设备
 */

public class MainAbilitySlice extends AbilitySlice implements Serializable {
    int time = 0;
    Button btn_start;

    @Override
    public void onStart(Intent intent) {
        super.onStart(intent);
        super.setUIContent(ResourceTable.Layout_ability_main);

        time = intent.getIntParam("index", 0);//获取值

        btn_start = (Button)findComponentById(ResourceTable.Id_btn_start);

        btn_start.setText(btn_start.getText()+ time); //设置 Button 内容
        btn_start.setClickedListener(component -> {
            //3、获取在线的分布式设备列表
            List<DeviceInfo> deviceList = DeviceManager.getDeviceList(DeviceInfo.FLAG_GET_ONLINE_
DEVICE);
            DeviceInfo deviceInfo = deviceList.get(0);//获取第一个设备

            //跨设备跳转
            //4、获取目标设备 ID,设置 operation FLAG 为多设备
            Operation operation = new Intent.OperationBuilder()
                    .withDeviceId(deviceInfo.getDeviceId())  //获取设备
                    .withBundleName(getBundleName())
                    .withAbilityName(MainAbility.class)
                    .withFlags(Intent.FLAG_ABILITYSLICE_MULTI_DEVICE)//设置 flag 为多设备
                    .build();
            intent.setOperation(operation);
            //设置传递数据,注意:内容不能太大
            intent.setParam("index", ++time);
            btn_start.setText("已投人数(点击继续投票):" + time);//更新本地数据
            startAbility(intent);
        });
    }
}
```

小　　结

本章结合两个实战案例进行讲解，通过名单应用程序以及分布式计票器两个典型案例系统性地介绍了鸿蒙移动应用 App 的标准流程，强调关键点、技术难点的应用动手能力以及关键点和技术难点的实现步骤方法，其目的是让学习者更好地掌握鸿蒙软件的应用开发技巧。

习　　题

1. 阅读鸿蒙官方文档，使用 Pick 及其他组件实现调色板应用（图 6.25）。满足以下要求：

（1）提供 R、G、B 3 种颜色选择器。

（2）点击“确定”显示当前颜色效果及对应的十六进制 RGB 值。

2. 创建分布式通讯录（图 6.26），满足以下要求：

（1）实现联系人的增、删、改、查功能。

（2）可查看联系人详情。

（3）在联系人详情页面可实现数据的迁移功能。

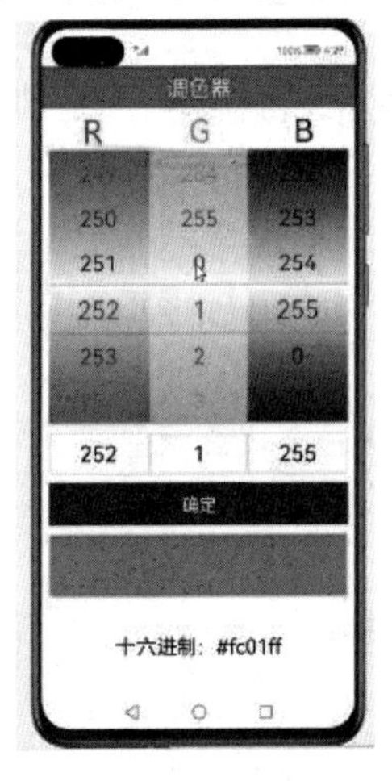

图 6.25　调色板案例

图 6.26　分布式通讯录

参 考 文 献

[1] 江艳霜. 未来10年计算机网络技术与移动技术的发展[J]. 合作经济与科技,2005(6):61-63.

[2] 赵素蕊,张志强. 移动数据库技术浅议[J]. 商场现代化,2006(462):19.

[3] 王涛,张永生,张艳. 移动空间信息服务系统的研究与实现[J]. 测绘工程,2005,14(2):9-12.

[4] 龙银香. 移动计算环境下的数据挖掘研究[J]. 微计算机信息, 2005(21):35-38.

[5] 鹿浩. 移动计算技术及应用[J]. 湖北邮电技术,2001(2):11-15.

[6] DHAWAN C. Mobile computing[M]. 北京:世界图书出版社,1999.

[7] 沈庆国. 移动计算机通信网络[M]. 北京:人民邮电出版社,1999.

[8] 韩林,韩敏霞,陈山枝. 移动计算环境下移动增值业务发展探讨[J]. 当代通信,2005(13):13-14.

[9] 徐卫东,高原. 第四代移动通信系统研究[J]. 现代电子技术. 2006(20): 19-24.

[10] 周奇. 4G系统网络结构及其关键技术[J]. 电脑与电信, 2006(10): 18-21.

[11] 邓永红. 4G通信技术综述[J]. 数字通信世界,2005(2): 58-63.

[12] 叶艳涛,金飞宇. 4G通信网络结构及关键技术分析[J]. 信息通信,2014(8):209-212.

[13] 曲玲玲. 基于4G通信的网络结构与关键技术分析[J]. 电子制作,2014(7):178-179.

[14] 叶艳涛,金飞宇. 4G移动通信的特点、关键技术与应用[J]. 科技创新与应用, 2014(26):67-68.

[15] 谢颖. SVG技术在WebGIS和移动GIS中的应用研究[D]. 长春:吉林大学,2009.

[16] 廖旺胜,范冰冰. 基于CMS的属性自定义方案的设计与应用[J]. 计算机与现代化,2013(8):140-144.

[17] 黄淑静,杨红梅. 利用JSON+WebService实现Android访问远程数据库[J]. 科技信息,2013(9):98-99.

[18] 熊文阔. 基于Android平台手机图形编辑软件的设计与实现[D]. 北京:北京邮电大学,2011.

[19] 马媛. 基于Android的手机游戏的设计与实现[D]. 兰州:兰州大学,2012.

[20] 朱玉超,鞠艳,王代勇. ASP. NET项目开发教程[M]. 北京:电子工业出版社,2008.

[21] 张杰,刘晓萍. SVG动画编程及其应用[J]. 汕头大学学报(自然科学版), 2013,20(2):69-74.

[22] 耿祥义,张跃平. Android手机程序设计实用教程[M]. 北京: 清华大学出版社, 2013.

[23] MEIER RETO. Android 4高级编程[M]. 3版. 余建伟,赵凯,译. 北京: 清华大学出版社,2013.

[24] 邓文渊. Android开发基础教程[M]. 北京: 人民邮电出版社,2014.

[25] 李佐彬. Android开发入门与实战体验[M]. 北京:机械工业出版社,2012.

[26] 梁晓涛,汪文斌. 移动互联网[M]. 武汉:武汉大学出版社,2013.

[27] 黄晓庆,王梓. 移动互联网之智能终端安全揭秘[M]. 北京:电子工业出版社,2012.

[28] 王国辉,李伟. Android 开发宝典[M]. 北京:机械工业出版社,2012.
[29] 王振世. 一本书读懂 5G 技术[M]. 北京:机械工业出版社,2021.
[30] 倪红军. 鸿蒙应用开发零基础入门[M]. 北京:清华大学出版社,2023.
[31] 柳伟卫. 鸿蒙 HarmonyOS 应用开发从入门到精通[M]. 北京:北京大学出版社,2023.
[32] 李永华. 鸿蒙应用开发教程[M]. 北京:清华大学出版社,2023.
[33] 钟元生,林生佑,李浩轩,等. 鸿蒙应用开发教程[M]. 北京:清华大学出版社,2022.
[34] 张传福,赵立英,张宇. 5G 移动通信系统及关键技术[M]. 北京:电子工业出版社,2018.
[35] 王映民,孙韶辉. 5G 移动通信系统设计与标准详解[M]. 北京:人民邮电出版社,2020.